新丰江水库水质生态保护研究

张虹鸥 温美丽 林建平 周霞 著

中山大学出版社
·广州·

版权所有　翻印必究

图书在版编目（CIP）数据

新丰江水库水质生态保护研究/张虹鸥等著. —广州：中山大学出版社，2015.12
ISBN 978-7-306-05524-8

Ⅰ. ①新… Ⅱ. ①张… Ⅲ. ①水库—水质管理—研究—广东省 ②水库—生态环境—环境保护—研究—广东省 Ⅳ. ①TV697.1 ②X524

中国版本图书馆CIP数据核字（2015）第276248号

出 版 人：	徐　劲
策划编辑：	鲁佳慧
责任编辑：	鲁佳慧
封面设计：	林绵华
责任校对：	杨文泉
责任技编：	黄少伟
出版发行：	中山大学出版社
电　　话：	编辑部 020-84111996，84113349，84111997，84110779
	发行部 020-84111998，84111981，84111160
地　　址：	广州市新港西路135号
邮　　编：	510275　　　传　真：020-84036565
网　　址：	http://www.zsup.com.cn　　E-mail:zdcbs@mail.sysu.edu.cn
印 刷 者：	虎彩印艺股份有限公司
规　　格：	850mm×1168mm　1/16　12.75印张　350千字
版次印次：	2015年12月第1版　2015年12月第1次印刷
定　　价：	40.00元

如发现本书因印装质量影响阅读，请与出版社发行部联系调换

前 言

饮用水安全是全球性的重大问题。目前,世界上许多国家正面临水资源危机。据有关资料显示,在我国,有近1/4的人口饮用不符合卫生标准的水。从广东特定省情来看,由于环境污染、局部和季节性干旱和供需不平衡等问题,饮用水安全保障也面临相当严峻的危机。广东的饮用水主要取自江河,但随着近年来江河水体的污染不断增加,大中型水库目前已成为我省各地区生产和生活的重要水源地。水库的泥沙淤积和水质恶化必将直接影响我省经济社会的可持续发展和人民生活质量的提高。因此,构建良好的水环境保障体系具有重要的社会经济战略意义。

新丰江水库是广东省最重要的水源地之一,除供应河源市本身的用水以外,每年还向下游的惠州、东莞、深圳、广州和香港等城市供应大量的水源,受惠人口达4 000万,不仅对广东意义重大,而且对全国也是举足轻重的。新丰江水库还是重要的区域绿地和水资源调配枢纽,对东江流域的水资源调配、东江中下游的用水安全和生态格局安全有十分重要的作用。保护好新丰江水库水质,对确保我省区域生态安全,促进东江中下游城市及深圳、香港等地经济社会可持续发展具有重要的战略意义。

目前新丰江水库水质良好,但随着社会经济的发展,尤其是随着珠三角地区的产业转移,新丰江上游地区人类活动加剧,对水质和水量造成严重威胁。城市化和工业化必然带来污染问题,同时也存在农业和农村面源污染问题、采矿和库区建设工程导致的污染问题等。此外,水库流域的旅游开发、修建公路、开矿、采石及其尾矿物侵占破坏林草植被现象屡禁不止,使森林生态系统涵养水源、保持水土等生态功能降低,水土流失日趋严重,水库泥沙淤积现象比较突出。根据广州地理研究所于1988年对新丰江的研究结果,建库前29年新丰江淤积泥沙1.3844×10^8万m^3。近年来一些地区为片面地追求经济利益,随意改变原有的植被,引入一些对库区生态和水质保护起反作用的树种,造成土地退化、生物多样性减少、地下水位下降、水土流失等生态环境退化问题等。

基于以上背景,在广东省科技计划项目"新丰江水库水质生态保护技术研究"(2006A36801002、2007A032400002、2008A030202011)的资助下,本书对新丰江水库水质保护问题进行了探讨,在系统调查分析新丰江水库流域自然资源、环境条件和人类活动等各种影响因素的基础上,从水库、库区到流域三个层面,针对植被质量不高、水土流失加重、面源污染增加、水质受到威胁等存在的问题,提出适宜上游地区水库的水质保护生态技术,以保证新丰江水库水量和水质的长期稳定,为河源、惠州、东莞、深圳、广州、香港供应稳定安全的饮用水源。

本书共分为7章。第1章为新丰江水库流域自然条件概述。简要介绍新丰江水库流域的自然条件，包括流域概况、地质特征、地貌特征、气候特征、林业状况和水资源状况。

第 2 章为新丰江水库流域生态环境的遥感监测。采用遥感与 GIS 技术，监测不同时段新丰江水库流域的土地利用信息和水网结构特征，分析流域土地利用时空格局变化特征，同时从水网基本结构特征、水网分枝特征和水网分维特征等方面分析和探讨流域水网结构演变特征，结合土地利用、气象、水文等数据，探索和挖掘水网结构时空变化特征和机制。

第 3 章为新丰江水库流域水质监测与评价。分别对新丰江支流流域、忠信水支流流域和库区进行水体采样，对近年流域在丰、枯水期的水质状况进行监测评价，并进一步分析水库供需量与水质之间的关系。

第 4 章为新丰江水库水质安全影响因素分析。从自然因素和人为因素的角度，对影响新丰江水库水质安全的原因进行了分析，并重点讨论污水排放、土地利用方式、矿山开采对水库水质的影响。

第 5 章为新丰江水库流域水土流失与水库泥沙淤积分析。概要介绍了水库流域水土流失与水库泥沙淤积研究方法，采用径流小区法和 USLE 模型对水库和流域水土流失进行监测和评价，并对水库泥沙淤积量进行了估算。

第 6 章为新丰江水库库区退化土地的生态恢复。提出水库边坡滑坡体治理、消涨带植被护坡、水源涵养林植被优化组合系统等库区生态修复技术，并对示范试验结果进行了分析。

第 7 章为库区典型小流域农业非点源污染模拟与综合治理示范。以顺天小流域为例，监测流域地表水的非点源污染现象，分析不同源类型农业非点源污染负荷强度和负荷总量，并提出针对农业非点源污染控制的对策和建议。基于生态治理理念，以东源县顺天镇金史村为例，提出村塘水质整治及周边景观配置的新农村建设技术。

本书由张虹鸥组织撰写。前言由周霞完成，第 1 章由方国祥、李鑫华完成，第 2 章由刘凯、朱远辉、宋莎完成，第 3 章由温美丽、方国祥、李鑫华、孙艳超完成，第 4 章由温美丽、方国祥、李鑫华、孙艳超完成，第 5 章由方国祥、温美丽、周璟、李鑫华、孙艳超完成，第 6 章由林建平、杨龙完成，第 7 章由程炯、刘晓南完成。全书统稿和校订由张虹鸥和周霞完成。

目　录

第1章　新丰江水库流域自然条件概述 ································· 1
 1　流域概况 ·· 1
 2　地质特征 ·· 1
  2.1　地层 ·· 1
  2.2　岩浆岩 ·· 5
  2.3　地质构造 ·· 5
 3　地貌特征 ·· 7
  3.1　侵蚀构造地形 ·· 7
  3.2　侵蚀剥蚀地形 ·· 8
  3.3　侵蚀堆积地形——山间河谷平原 ····························· 8
  3.4　岩溶地形 ·· 8
  3.5　溶蚀侵蚀构造地形 ·· 8
 4　气候特征 ·· 8
 5　林业状况 ·· 9
 6　水资源状况 ·· 9

第2章　新丰江水库流域生态环境的遥感监测 ······················· 11
 1　流域土地利用变化分析 ·· 11
  1.1　研究背景 ··· 11
  1.2　遥感数据及数据预处理 ··································· 14
  1.3　流域土地利用信息提取技术 ······························· 15
  1.4　时空变化分析方法 ······································· 15
  1.5　时空变化分析 ··· 16
  1.6　流域植被分析 ··· 19
 2　流域水网结构演变分析 ·· 24
  2.1　数据来源与数据预处理 ··································· 24
  2.2　研究方法 ··· 24
  2.3　结果分析 ··· 26
  2.4　新丰江水库流域水网结构演变因素分析 ····················· 29
 3　流域生态环境质量遥感分析与评价 ······························ 31

3.1　背景、技术、方法……………………………………………… 31
  3.2　基础数据……………………………………………………… 35
  3.3　生态环境质量评价指标……………………………………… 36
  3.4　生态环境质量综合评价模型………………………………… 38
  3.5　生态环境质量综合评价……………………………………… 39
 4　本章小结……………………………………………………………… 44

第3章　新丰江水库流域水质监测与评价 …………………………… 46
 1　水库水质研究背景及评价方法……………………………………… 46
  1.1　水库水质研究概述…………………………………………… 46
  1.2　评价方法……………………………………………………… 47
 2　新丰江水库流域水质研究方法……………………………………… 50
  2.1　采样…………………………………………………………… 50
  2.2　水质评价标准及方法………………………………………… 51
 3　新丰江水库流域水质年内变化……………………………………… 51
  3.1　全流域水质评价……………………………………………… 51
  3.2　分流域水质评价……………………………………………… 52
 4　新丰江水库水质年际变化…………………………………………… 67
  4.1　全流域水质评价……………………………………………… 67
  4.2　分区域水质评价……………………………………………… 68
 5　新丰江水库水质、水量与供水的关系……………………………… 71
  5.1　资料和方法…………………………………………………… 71
  5.2　结果分析……………………………………………………… 72
  5.3　讨论…………………………………………………………… 77
 6　本章小结……………………………………………………………… 78

第4章　新丰江水库水质安全影响因素分析 ………………………… 80
 1　水质安全影响因素概述……………………………………………… 80
  1.1　自然因素对水质的影响……………………………………… 80
  1.2　人为因素对水质的影响……………………………………… 81
 2　新丰江水库流域主要污染源调查…………………………………… 82
  2.1　生活污水……………………………………………………… 83
  2.2　畜禽养殖……………………………………………………… 83
  2.3　矿山开采……………………………………………………… 84
  2.4　林业结构不合理，速生丰产林比例大……………………… 85
  2.5　公路建设……………………………………………………… 86
 3　流域污水排放对水质的影响………………………………………… 86
 4　流域土地利用对水质的影响………………………………………… 88

  5 流域矿山开采对水质的影响 ……………………………………… 92
    5.1 水样监测 ……………………………………………………… 92
    5.2 底泥土样监测 ………………………………………………… 94
    5.3 主要污染物的迁移转化与危害性研究 ……………………… 95
  6 本章小结 …………………………………………………………… 97

第5章 新丰江水库流域水土流失与水库泥沙淤积分析 ………… 98
  1 水库流域水土流失与水库泥沙淤积研究方法概述 …………… 98
    1.1 坡面土壤流失量的小区监测和模型计算 ………………… 98
    1.2 基于遥感技术的流域水土流失量估算 …………………… 99
    1.3 基于流域因素的水库泥沙淤积推算 ……………………… 100
    1.4 基于流量－输沙率关系的年入库沙量计算 ……………… 101
    1.5 基于泥沙淤积速率和坡面侵蚀速率的水库泥沙淤积量计算
       ……………………………………………………………… 101
    1.6 基于水下探测仪器的水库泥沙淤积量测算 ……………… 101
    1.7 水库泥沙淤积调查方法的比较 …………………………… 102
  2 新丰江水库坡面小区水土流失监测 …………………………… 103
    2.1 径流小区的布设状况 ……………………………………… 103
    2.2 小区试验方法 ……………………………………………… 104
    2.3 小区产流、产沙分析 ……………………………………… 104
    2.4 结论 ………………………………………………………… 109
    2.5 讨论 ………………………………………………………… 110
  3 USLE模型在新丰江水库流域水土流失研究中的应用 ……… 110
    3.1 USLE模型各因子的分析 ………………………………… 110
    3.2 USLE在小区的模拟应用 ………………………………… 121
    3.3 USLE在新丰江水库流域的模拟应用 …………………… 122
  4 新丰江水库泥沙淤积量研究 …………………………………… 126
    4.1 前人对泥沙递送比的研究 ………………………………… 126
    4.2 新丰江水库流域泥沙递送比研究 ………………………… 128
    4.3 新丰江水库泥沙淤积状况 ………………………………… 131

第6章 新丰江水库库区退化土地的生态恢复 ……………………… 133
  1 公路退化边坡植被修复 ………………………………………… 133
    1.1 公路退化边坡的现状 ……………………………………… 133
    1.2 公路退化边坡的生物修复机理 …………………………… 134
    1.3 公路退化边坡的生态修复与植物选择 …………………… 134
    1.4 新丰江水库库区公路退化边坡植被修复示范 …………… 134
    1.5 试验观测情况及植被修复效果 …………………………… 135

2 水库消涨带植被修复 ………………………………………… 139
2.1 水库消涨带的退化现状及机理 ……………………… 139
2.2 水库消涨带的生态修复与植物选择 …………………… 139
2.3 新丰江水库消涨带修复示范 …………………………… 140
2.4 试验观测情况及治理效果 ……………………………… 140
3 水库塌岸生态修复 ………………………………………… 143
3.1 水库塌岸现状 …………………………………………… 143
3.2 水库塌岸的生态修复机理 ……………………………… 144
3.3 水库塌岸生态修复的植物选择 ………………………… 145
3.4 新丰江水库塌岸生态修复示范 ………………………… 145
3.5 试验观测情况及治理效果 ……………………………… 145
4 重金属污染植被修复 ……………………………………… 150
4.1 重金属污染的植物修复现状 …………………………… 150
4.2 重金属污染的植物修复原理 …………………………… 150
4.3 重金属污染修复的植物选择 …………………………… 151
4.4 南坑河重金属污染及河岸植物的富集能力调查 …… 151
5 本章小结 …………………………………………………… 157

第7章 库区典型小流域农业非点源污染模拟与综合治理示范 ……… 158
1 典型小流域基本特征 ……………………………………… 158
2 流域降雨径流水质评价 …………………………………… 159
2.1 地表水质评价方法 ……………………………………… 159
2.2 降雨径流水质动态监测 ………………………………… 160
2.3 水质测试与评价结果 …………………………………… 162
3 非点源污染模拟 …………………………………………… 167
3.1 模拟模型（AnnAGNPS）简介 ………………………… 167
3.2 模拟过程 ………………………………………………… 174
3.3 模拟结果 ………………………………………………… 177
4 农业非点源污染控制对策与建议 ………………………… 180
4.1 存在问题 ………………………………………………… 180
4.2 管理与控制措施 ………………………………………… 181
5 农村非点源污染控制技术应用示范——顺天镇金史村塘景观改造 …………………………………………………………… 182
5.1 鱼塘的景观改造 ………………………………………… 182
5.2 村塘水体景观改造 ……………………………………… 182
6 本章小结 …………………………………………………… 185

参考文献 ……………………………………………………… 186

第1章　新丰江水库流域自然条件概述

1　流域概况

新丰江水库集水面积5 813 km²，其中在河源境内集水面积4 340 km²，占总集水面积的74.7%，从行政区上看，其涉及源城区、东源县、和平县和连平县"一区三县"，其中源城区3镇/办事处、东源县13镇、连平县12镇以及和平县7镇。

新丰江水库大坝为混凝土结构，高程124 m，顶宽5 m，长度440 m，是世界上第一座经受里氏6级地震考验的超百米高混凝土大坝。大坝按千年一遇洪水设计，万年一遇洪水校核。设计洪水流量10 300 m³/s，相应水位121.6 m；校核洪水流量12 700 m³/s，相应水位123.6 m。水库正常蓄水位116 m，死水位93 m，总库容138.96亿m³，兴利库容64.89亿m³，为多年调节水库。水库设计移民高程120 m，实际移民高程118 m。通过水库滞洪，可使下游147万亩农田免受洪灾威胁，并能发展电力排灌，增加灌溉面积，还可压退东江下游河口咸潮上涌，改善农田及居民用水，提高下游航运能力。

新丰江水电厂是广东省最大的常规水力发电厂，位于广东省河源市境内的亚婆山峡谷，在东江支流新丰江上。电站最大水头81 m，最小水头58 m，设计水头73 m。1958年7月开工，1960年第一台机组发电，1962年基本建成。电站以发电为主，兼有防洪、灌溉、航运、供水、养殖、压咸、旅游等综合效益。电站设计装机容量29.25万kW（增容改造后现装机为31.5万kW），在系统中担负调峰、调频任务。厂房位于河床左侧，安装3台单机容量7.25万kW及1台7.50万kW的机组。

2　地质特征

新丰江水库流域在地质构造上位于东南洼地区的浙粤地穹系中段。区内既有古生代、中生代和新生代的沉积岩分布，也有大片的岩浆岩出露。（图1-1）

2.1　地层

流域内出露的地层主要有寒武系、奥陶系、泥盆系、石炭系、二叠系、三叠系、侏罗系、白垩系、第三系和第四系。由老到新为：

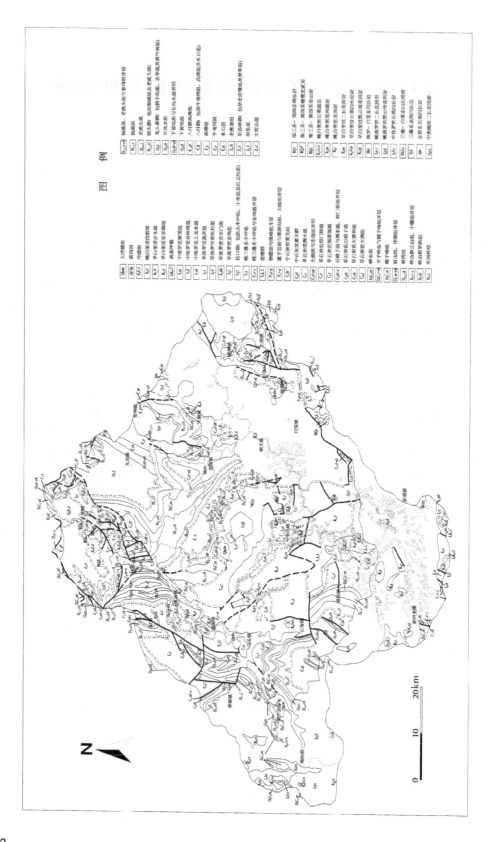

图1-1 新丰江水库流域地质

2.1.1 寒武系

寒武系主要为下寒武统八村群（包括牛角河组、高滩组及水石组）中细粒长石石英砂岩、长石石英粉砂岩、砂质板岩、绢云母板岩。为一套浅变质岩，底部以碳质页岩或石煤层为标志。其中，高滩组为厚-巨厚层状变余砂岩与灰绿色板岩、粉砂质板岩组成。顶部夹透镜状灰岩、泥灰岩或钙质板岩为标志层，分布在新丰县石角，连平县大湖、九连，和平县青州、热水等地。牛角河组为厚层变余砂岩夹青灰色薄层泥板岩组成韵律层，以含炭质页岩、石煤层与含磷硅质扁豆体与黄铁矿细核为特征，分布在新丰县黄礤，连平县隆街、溪山等地。水石组为变余结构砂岩与板岩、炭质板岩组成的复理石韵律层，分布在新丰县马头、石角，东源县锡场，连平县九连，和平县青州、热水、合水等地。寒武系地层岩石质地较硬，不易风化，风化层较薄。

2.1.2 奥陶系

奥陶系主要有下奥陶统下黄坑组、中奥陶统长坑水组和上奥陶统龙头寨群。下黄坑组为黑色页岩、炭质页岩为主的地层序列，含笔石，局部夹霏细斑岩及长石斑岩。分布在新丰县石角镇、东源县锡场镇等地。长坑水组为含笔石的黑色硅质岩、硅质页岩夹炭质页岩，分布在新丰县石角镇、东源县锡场等地。龙头寨群下部为石英粉砂岩、绢云母页岩及石英砂岩；中部为大理化粗晶灰岩；上部为砂岩夹页岩，分布在连平县上坪、九连以及和平县青州、利源、热水、合水等地。该地层岩石质地也较硬，不易风化，风化层较薄。

2.1.3 泥盆系

中下泥盆统桂头群由杨溪组、老虎头组组成。其中，杨溪组为砾岩、砂砾岩夹砂岩、粉砂岩，以含有复成分砾岩为特征，分布在新丰县黄礤、马头、石角，连平县元善、溪山、隆街、上坪，东源县锡场等地。老虎头组为石英质砾岩、含砾砂岩、粉砂岩及粉砂质页岩，分布在新丰县黄礤、马头，连平县元善、隆街、上坪、大湖，东源县锡场、曾田、骆湖、上莞、船塘，和平县青州等地。

中泥盆统东岗岭组为灰岩、泥质灰岩、泥灰岩，夹泥岩、含生物碎屑灰岩，分布于东源县上莞、船塘等地。罗段组为深灰色白云岩、白云质灰岩夹页岩，分布在连平县上坪等地。中上泥盆统春湾组为细砂岩、粉砂岩、页岩夹灰岩、钙质砂岩，分布于连平县元善、陂头、溪山、忠信、上坪、大湖，新丰县马头、石角、黄礤，和平县青州、利源、热水，东源县锡场、曾田、骆湖、上莞、新回龙等地。

上泥盆统帽子峰组为钙泥质粉砂岩、粉砂质泥岩，夹石英砂岩，分布于连平县元善、隆街、溪山、上坪、忠信、大湖，新丰县马头、黄礤、石角、回龙、梅坑、沙田，和平县青州、利源、热水，东源县船塘、骆湖、新回龙，龙门县平陵等地。

2.1.4 石炭系

下石炭统测水组为石英砂岩、粉砂岩为主，夹黑色页岩及无烟煤层，局部夹灰岩、泥灰岩，主要分布于新丰县丰城、马头，连平县隆街等地。大湖组为杂色泥岩、粉砂质泥岩、石英砂岩、含砾砂岩为主，夹钙质粉砂岩、泥岩，分布于东源县锡场、新港等地。大赛坝组为粉砂质泥岩、泥质粉砂岩、夹灰岩、泥灰岩、钙质泥岩，分布于连平县元善，新丰县马头、黄礤，东源县新回龙，龙门县平陵等地。石磴子组为生物碎屑粉晶泥晶灰岩夹白云质灰岩、白云岩，分布于新丰县丰城、马头等地。杨家源组为灰黑色泥质灰岩夹白云岩、白云质灰岩及钙质粉砂岩、泥岩，分布于连平县上坪等地。梓山组为灰色砂岩、粉砂岩、页岩互层，夹炭质页岩和煤层，分布于连平县上坪等地。中石炭统壶天群为灰白、灰、灰黑色厚层状灰岩夹白云岩及白云质灰岩，含少量燧石结核或条带，分布于东源县曾田、骆湖、上莞等地。黄龙组为厚层状灰岩，时夹白云质灰岩、白云岩，含燧石结核或条带，分布于连平县元善、陂头、上坪、大湖等地。石炭系岩石层理发育，质地坚实，但较破碎，风化层较薄。

2.1.5 二叠系

下二叠统孤峰组为深灰色页岩、粉砂岩，夹硅质页岩、灰岩凸镜体及薄层细砂岩，常见含磷结核。栖霞组为深灰色灰岩、含燧石结核夹薄层硅质岩、碳质页岩。地层分布于东源县灯塔、骆湖、上莞等地。童子岩组为细砂岩、粉砂岩、页岩互层，夹碳质页岩、煤，分布于连平县溪山、隆街、上坪和新丰县马头等地。

2.1.6 三叠系

上三叠系艮口群为灰黑色细粒砂岩及粉砂岩为主，底部夹砾岩，往上夹粉砂质页岩及碳质页岩和煤层，分布于连平县隆街，新丰县马头、黄礤、石角，连平县溪山、忠信，东源县半江、锡场、新港、新回龙等地。蓝塘群由砂岩、粉砂岩、泥岩组成，分布于东源县半江、锡场、新港、灯塔等地。

2.1.7 侏罗系

下侏罗系金鸡组为细粒石英砂岩、粉砂岩、粉砂质泥岩夹少量砂砾岩、含砾砂岩、碳质泥岩和煤线，分布于东源县半江、锡场、灯塔和新丰县马头等地。青坑村组为中厚层状长石石英砂岩、石英砂岩和粉砂岩夹泥岩，分布于东源县新回龙等地。嵩灵组为凝灰质砂岩、粉砂质页岩、沉凝灰岩、火山角砾岩和安山岩、安山质及英安质凝灰岩、流纹质凝灰岩，分布于连平县元善、上坪等地。

中侏罗系麻笼组为浅紫色砾岩、砂砾岩、粗砂岩与粉砂岩和泥岩，分布于连平县元善、忠信，东源县半江、锡场，新丰县马头等地。中侏罗系高基坪群以火山碎屑岩为主，火山碎屑沉积岩和熔岩为次，分布于东源县锡场、新回龙等地。

2.1.8 白垩系

下白垩系官草湖组为砾岩、凝灰质砾岩、砂砾岩、砂岩、凝灰质砂岩和凝灰岩、橄榄玄武岩、玄武—安山质凝灰熔岩、流纹岩，分布于东源县半江、锡场、新港、新回龙，新丰县马头、石角等地。合水组为砾岩、砂砾岩、含砾砂岩、砂岩、凝灰质砂岩、粉砂岩夹含铜砂岩和粉砂质泥岩，分布于连平县元善、溪山、隆街、大湖、忠信，东源县新港、半江、锡场、船塘、骆湖、顺天、灯塔，和平县合水等地。

中白垩系丹霞组为巨厚层状砾岩、砂砾岩、含砾砂岩、不等粒长石石英砂岩，夹杂砂质长石石英粉砂岩和粉砂质泥岩，分布于连平县元善、溪山、隆街、上坪、忠信等地。

2.1.9 第三系

下第三系地层主要由紫红色砾岩、含砾砂岩、粉砂岩和粉砂质泥岩组成。砾岩中砾石成分复杂，主要是前期老地层和岩浆岩的碎块，地层见于水库北部锯板坑的西侧。

2.1.10 第四系

第四系沉积层主要为河流冲积、冲积-洪积、洪积和坡积物。

河流冲积、冲积-洪积物主要沿新丰江、忠信河及其支流分布，常构成三级阶地。

第三级阶地仅见于周陂、坝仔、隆街水等地，卵砾粗碎屑物质较多，砾石成分为砂岩、脉石英。时代属中更新世。

第二级阶地分布较广，沿新丰江、隆街水、大席水、忠信河等河谷边缘分布。各地岩性变化较大，但总的趋势是卵砾粗碎屑物质较多。时代属晚更新世。

第一级阶地堆积分布广泛，尤以忠信至大湖一带最发育。主要由砂砾石、卵砾石、含卵砾中粗砂、含卵砾黏土、砂砾质淤泥、黏土及砂质黏土等组成。时代属全新世。

洪积和坡积物主要发育于花岗岩分布地区，由砂质黏土、砂、岩屑组成。

2.2 岩浆岩

印支期三叠纪花岗闪长岩分布于和平县青州、东源县上莞等地，为细粒、中粒（中粒斑状）花岗闪长岩。忠信一带还分布有三叠—白垩纪闪长玢岩。

燕山二期中侏罗世岩浆岩分布于新丰县梅坑，为细粒石英闪长岩。

燕山三期晚侏罗世的黑云母花岗岩是本区分布最广泛的岩浆岩，主要分布于东源县新港、锡场、新回龙、半江骆湖、灯塔、船塘、上莞，新丰县丰城、黄礤、马头、梅坑、石角，连平县元善、上坪等地，为粗粒、中粒、细粒（或斑状）黑云母花岗岩。燕山三期二长花岗岩分布于新丰县梅坑、沙田等地，为中粒斑状黑云母二长花岗岩。

葫芦圳北部有燕山四期的闪云二长花岗岩分布，岩石主要由石英、斜长石、正长石和角闪石组成。

燕山五期晚白垩世的花岗岩分布于东源县的新回龙镇，花岗斑岩分布于新丰县丰城、黄礤、梅坑、马头、东源县半江等地，细粒石英斑岩分布于新丰县丰城和和平县青州等地。

上述花岗岩类岩石都以石英和长石类矿物含量高为共同特征。石英稳定性好，抗风化能力强，可搬运很远的距离；而长石类矿物则易风化为黏土矿物。因此，花岗岩类的岩体表层每每发育厚层风化壳，据野外观测，水库东部、东北部和西南部的花岗岩岩体风化厚度为 1.0~40 m，风化层裸露地表，结构松散，极易被侵蚀。库区上游的大片花岗岩风化壳无疑是水库泥沙淤积的主要沙源之一。

2.3 地质构造

据 1:100 万广东省大地构造图，本区处于赣闽隆起区和粤桂湘赣褶皱带的接界处，由于经历了加里东期以来的多次构造运动影响，褶皱和断裂发育，构造颇为复杂。

2.3.1 褶皱

加里东期为全形褶皱，华力西—印支期为断续型褶皱，燕山及喜山期为宽展型褶皱。

2.3.1.1 加里东期

早古生代以颤荡运动为主,形成巨厚的复理式建造,末期构造运动强烈,形成全形褶皱,以复式背斜和复式向斜构成本区的基底褶皱,由于后期的破坏,保留的有九连山复背斜、谢洞背斜、下寨向斜及九曲岭向斜。褶皱轴线为北北东—南南西至北东—南西方向,绝大部分为紧密的倒转褶皱,岩层高角度倾斜,以 $50°\sim 70°$ 居多。褶皱枢纽呈波状,向南西方向倾伏。

2.3.1.2 华力西-印支期

自泥盆纪至二叠纪,为类磨拉式、砂页岩、碳酸盐岩和含煤建造。后期构造运动强烈,大型向斜褶皱发育,背斜为次级构造,轴线为北东—南西至北西—南东向,主轴与支轴呈平行状、分支状或边幕式排列。轴线北东—南西向的为正常褶皱,而北西—南东向则为倒转褶皱,西翼倒转,岩层倾角一般为 $40°\sim 50°$。各类型次级褶皱或小褶皱发育。本期主要褶皱有连平向斜、新丰向斜、上坪—忠信向斜。

2.3.1.3 燕山期

侏罗纪至白垩纪末,构造运动频繁,褶皱以负型构造为主,多以穹隆、向斜、盆式向斜、单斜及构造盆地等形态展布,轴向多为北北西—南南东至近南北向,次为北北东—南南西至北东—南西向。其中,早期(J_1)构造运动较强烈,以水平挤压为主,多出现短、宽的穹隆和向斜,岩层倾角一般为 $25°\sim 40°$,个别地段有倒转或扇形次级褶皱出现,如石背穹隆,水西、水口庄等向斜,中期(J_2—K_1)以垂直运动占优势,形成平宽开阔的盆式向斜,如麻笼嶂、风门凹、神石等向斜,岩层倾角以 $10°\sim 30°$ 为多;晚期(K_2)以拱曲运动为主,为宽展型的构造盆地,如灯塔盆地等,岩层倾角 $10°$ 左右。

2.3.1.4 喜山期

第三纪为磨拉红色建造。在构造上多形成宽展型褶皱,如马屎山、拱桥良等单斜构造和禾鸡尖、火焰岭等构造盆地。上述构造均处于标高 $450\sim 1\,003$ m。足见本期以上升运动为主及局部沉降为特征。

2.3.2 断裂

流域断裂构造以燕山中晚期至喜山期最为强烈,但规模较大的区域性断裂少见,以逆断层为多,发育方向有4组:北东向、北北西至北北东向、北东东至近东西向、北西向。以前者最发育,后者最少。

(1)北东—南西向断层,其规模较大,是全流域断裂之冠,断层倾向南东或北西,倾角 $40°\sim 60°$。沿断层两侧有角砾岩或糜棱岩分布,破碎带宽数米至数十米不等,逆断层居多。

(2)北北西—北北东向断层,其规模较小,多为逆断层,构造岩带不甚发育,最宽 20 m,部分断层性质难辨,所见者倾向北东或南西,倾角为 $50°\sim 70°$。

(3)北东东—近东西向断层,规模小,延伸不远,多在数千米之内,断层两侧岩石破碎,产状紊乱,多数断层性质不明。

(4)北西—南东向断层,不甚发育,且规模不大,断裂带内见角砾岩,破碎带宽在 20 m 之内,倾向南西或北东,倾角为 $60°\sim 80°$。

3 地貌特征

流域范围属南岭山脉东段，地势北高南低，九连山脉横亘北部，山脉呈北东—南西或近南北走向，平行岭谷地形明显，总体呈向南凸出的弧形山地，重峦叠嶂，坡陡谷深，最高峰为黄牛石顶，海拔标高为 1 430 m。亚婆髻为较陡峻的中山，南部多属低山高丘陵，灯塔一带则为低丘陵地形，高程不超过 300 m，第三系丹霞群形成特有的丹霞地形，连平陂头等地的石炭系灰岩多形成岩溶峰丛洼（谷）地。现按地貌成因类型及形态特征，将流域地貌划分为 7 种成因类型、11 个形态类型。

3.1 侵蚀构造地形

该地形分布最广。山脉走向受构造线控制，平行岭谷地形明显，"V"形谷发育，地形陡峭。可分为中山、低山及高丘陵三类。

3.1.1 中山地形

中山地形分布于贵东阿婆髻（标高930.4 m），连平黄牛石顶、野猪尖（913.0 m）、风吹蝴蝶（1 272.0 m），中部禾笔尖（1 232.9 m）、朝天马（1 320.4 m）、西部及南部青云山（1 245.9 m）、新丰亚婆髻（1 420.0 m），南部将军府（908.9 m）。海拔标高均在 800 m 以上，相对高度大于 300 m。山脉多呈北东—南西走向，平行岭谷地形明显，峰峦叠置，险峻异常。

由于岩性不同，常造成地貌上的差异，如下古生界变质岩或泥盆系砂岩，山棱尖锐，脊部狭窄，呈锯齿状。而花岗岩山顶一般浑圆，且多崩岗现象。水系呈树枝状，沟谷发育，切割深，主谷下切常达 400～500 m，横断面多呈"V"形，谷坡陡。河谷纵剖面坡降大，呈阶梯状，急滩瀑布常见。

3.1.2 低山地形

低山地形分布于东部忠信至合水、南部新丰至半江一带，东北部粤赣交界处亦有分布。标高在 500～800 m。山脉走向随构造线方向而变化，地貌形态随岩性不同而有差异。一般由花岗岩组成的山地，坡度较缓，而变质岩、碎屑岩及火山岩组成的山岭脊部较窄且连续性较好，呈锯齿状起伏。沟谷较发育，主谷切割深度多在 200～400 m。"V"形谷为多，部分为"U"形谷，谷坡多在 30°左右。

新丰马头石角—寨下一线以西，标高在 800 m 以下，只有天马山为 860 m，以东的山地由侏罗系及下白垩统组成，山岭连绵起伏，山脊呈锯齿状。

3.1.3 高丘陵地形

高丘陵地形主要分布于隆街、贵东、大吉山、杨村等地。标高一般为 250～500 m，局部大于 500 m，坡度较缓，沟谷发育。由花岗岩构成的山顶一般呈浑圆状，坡度多在 20°～25°，沟谷发育，为"U"形或宽"V"形谷，局部形成崩岗地貌。由碎屑岩或变质岩形成的山脊连续性好，丘陵延伸与岩层走向基本一致，且常呈垅状展布，沟谷较宽，坡度较缓。

3.2 侵蚀剥蚀地形

侵蚀剥蚀地形主要分布在灯塔盆地内。以低矮丘陵为主，灯塔至公白一带，大部分标高在150～200 m，而盆地东北缘金竹、公白一带地势略高，标高为200～280 m。主要由上白垩统灯塔群红层构成，四周为地势略高的侵蚀构造地形环抱。由于风化作用强烈，残坡积层发育，形成低矮山丘，山包浑圆状或馒头状，坡角10°～25°，波状起伏连绵三四千米，沟谷开阔，呈"U"形，切割不深，比高在50～60 m。

3.3 侵蚀堆积地形——山间河谷平原

呈带状沿新丰江、隆街水、忠信水等较大河谷分布，分别组成一至三级阶地。其中第三级阶地仅见于周陂、坝仔、隆街水等地，比高15～25 m，宽200～1 000 m，个别达2 000 m。阶面波状起伏，时有残丘点缀。第二阶地保存较完整，分布广，比高9～15 m，宽200～2 000 m，阶面微有起伏。第一阶地沿河两岸不对称分布，阶地比高1～4 m。河漫滩比高0.5～1 m。

3.4 岩溶地形

根据岩溶地貌的形态特征，岩溶地形可分为以下两类。

3.4.1 峰丛洼（谷）地

峰丛洼（谷）地分布于内莞、李田围及上莞。多由中、上石炭统灰岩构成。峰丛林立险峻，基座相连，峰脚高低不一，连座峰以笔塔状、锥状，大致沿北东方向排列。峰丛内可见石芽、石沟、漏斗、洼地天窗等微地貌形态。

此外，溶洞及暗河亦很发育，如李田围仙岩伏流。溶洞的发育方向主要为北东向。

3.4.2 孤峰波地

孤峰波地分布于忠信一带，中、上石炭统灰岩几乎全部隐伏于冲洪积层之下，仅残留少数孤峰。表面波状起伏，形成较开阔的孤峰波地地形。

3.5 溶蚀侵蚀构造地形

溶蚀侵蚀构造地形分布于连平西山、内莞、横岗、李田围，新丰黄礤等地。主要由泥盆系碎屑岩间天子岭组灰岩及部分石炭系地层组成的中山-低山地形，标高500～1 000 m，个别山顶大于1 000 m。山脉走向与岩层走向一致，地貌形态与侵蚀构造中山地形基本相似，溶蚀作用不强烈，溶洞、漏斗少见。灰岩呈条带状沿山坡展布，有时沿槽谷延伸，有时呈岩墙拔地而起。

4 气候特征

新丰江水库流域位于北回归线以北，属于亚热带南缘季风气候区，气候温和，日照充足，雨量充沛，季节交换明显。夏季高温多雨，冬季寒冷干燥。由于地形起伏较大，随着高度不同还有温度、日照和降雨量的差异形成垂直气候变化。流域区域的年平均温为20.7℃，极端最高气温39.2℃，极端最低气温-5.4℃。每年9月至10月间有寒露风侵袭。11月至次年3月寒潮入侵，并有冰雪及霜冻，对农作物有一定的影响。

流域多年平均降雨量为1793.2 mm，最大降雨量2732 mm，最小降雨量1050.9 mm。每年5月至8月为丰水期，占全年总降雨量的70%。其中5月、6月两个月降雨量占全年总降雨量的37%。11月至次年2月为枯水期，占全年总降雨量的7%。9月、10月及3月、4月为丰、枯水季节过渡期（平水期）。

从总体上看，流域降雨量由东往西有递增的趋势。由于受到地形、植被的影响，分布不均匀。大湖、船塘、灯塔一带为低山丘陵区，植被差，降雨量在1600 mm左右。贵东、新丰一带为中山、低山地形，降雨量在1800~1900 mm。

流域多年平均蒸发度1449.2 mm，最大蒸发度1825.7 mm，最小蒸发度1043.4 mm。每年3月至8月降雨量大于蒸发度，9月至次年2月降雨量小于蒸发度。年平均相对湿度78.9%。

本区历年的主要灾害性天气有"两寒一水一旱"，即低"温阴雨"、"寒露风"、"龙舟水"和"秋旱"。"龙舟水"多出现在5月、6月，暴雨频繁，山洪倾泻，每每造成大量的泥沙入库。

5 林业状况

本区过去森林茂密，树种繁多，计有松、杉、柏等天然林和人工林，树种逾百种。但是经过1958年、1974年、1976年3次大规模的砍伐，树木素质已经明显下降，导致林木稀疏，土壤侵蚀作用加强。现在剩余的很多是人工混合林。库区主要有回龙、锡场、半江、涧头和双江等乡镇，林业资源较丰富，是水库的重要水源涵养林区。新丰江和忠信水的上游源头群山连绵，宜林面积大，植被覆盖好，具有较大的林业优势。

6 水资源状况

新丰江水库是我国第四大水库，也是华南地区最大的水库，总库容138.96亿 m^3，兴利库容64.89亿 m^3，死库容43.07亿 m^3。库容系数达99%，属完全多年调节水库。水库集水面积5813 km^2，水库面积为364 km^2。水库多年平均水深28.7m，最大水深93m。新丰江水库的水力滞留时间长达2年。流域多年平均流量190 m^3/s，多年平均进库水量60亿 m^3。

新丰江水库径流主要由降水形成，径流年内分配不均匀。根据孔兰[1]的资料（图1-2、图1-3），4—9月为新丰江水库的丰水期，径流量占年径流量的79.15%；10月至次年3月为水库的枯水期，径流量占年径流量的20.85%。新丰江水库年平均流量具有明显的年代际变化，20世纪七八十年代年平均流量较大，20世纪90年代平均流量次之，20世纪60年代和21世纪初年平均流量较小。

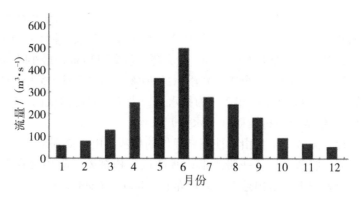

图1-2 新丰江水库多年月平均流量分配

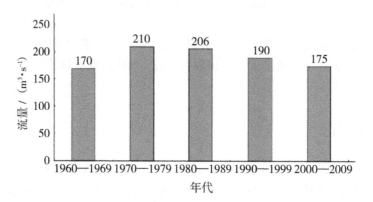

图1-3 新丰江水库各年代平均流量对比

第 2 章 新丰江水库流域生态环境的遥感监测

1 流域土地利用变化分析

1.1 研究背景

土地是人类生存和活动所依赖的最基本的自然资源，人类与自然环境的活动直接体现在区域土地利用变化当中。[2] 2005 年，全球土地极化（global land project，GLP）启动，强调综合集成与模拟地表系统中人类－环境耦合系统，以人类－环境耦合系统为核心的土地利用/土地覆盖动态变化监测和模拟成为研究关注的焦点问题，并成为土地变化科学研究的热点问题。[3] 全球变化研究工作的深入使得土地利用/覆被变化（Land-Use and Land-Cover Change，LUCC）研究逐渐成为全球环境变化研究的核心组成部分，早在 1988 年的 ICSU（国际科学协会理事会）大会上，叶笃正等提出将土地利用引发的全球环境问题作为除温室气体以外的另一重大问题加以重视，此后很多国家对此响应并一定程度上促成了 LUCC 计划的形成与发展。[4] 国内外学者为深入理解人类活动对土地覆盖的影响从而实现从人类角度去预测土地利用变化，人为干预生态环境的变化使其向积极和谐的方向发展，必须加深人类驱动力—LUCC—全球变化—环境反馈之间的相互作用机制的认识。随着土地利用可持续发展的概念影响范围越来越广，我国学者也在此开展了大量研究获得了不少收获。近年来，我国学者以深化对土地、环境、人口与发展之间相互关系的认识，从整体上把握人类驱动力与土地利用之间的因果关系，从而引导我国合理的土地利用。土地利用变化动态分析与模拟已成为当前地理学研究的热点之一。[5] 对中国土地利用/土地覆盖的现状特点及时空分布规律进行分析，是深入研究中国土地利用/土地覆盖的变化机制及驱动因子的必要条件和前提。[6]

土地利用和土地覆盖是一组相互联系相互作用的概念。土地利用是人类根据土地自身的特点，按照一定的经济或社会目的，采用一系列技术对土地进行长期的周期性的经营活动，是一个动态过程。[7] 土地覆盖的特征如土壤、植被、类型等是影响土地利用的方式和目的的基础条件和重要因素，是土地利用的前提；土地利用又是改变土地覆盖的直接或间接驱动力，决定了土地覆盖的结果。土地利用具有特定的时间和空间属性，土地利用的结果形态和状态可在多种时空尺度上变化。

土地利用是涉及地理学、土地科学、农学、林学、土壤学、经济学、生态学、水文学、气象气候学、地质学、植物学、水土保持学以及地球信息科学的一门交叉学科，具有综合性、区域性和时序性的特点。土地利用既是一个技术问题，也是一个经济问题。土地利用与土地覆盖变化是由自然、人口、经济发展、交通以及政策综合作用的结果，各个因素的差异性导致分析其变化原因十分复杂多样，变化的趋势也难以预测。由于自然环境的地方分异性规律是形成区域性的基础，因此区域的自然、经济、文化、政策、社会等各种因素都造成土地利用的区域性差异。土地利用变化除表达在空间上分布外，更重要的是体现在时间序列上。土地利用分布状况随时间推移而发生增加与减少或向不同地物转变的过程即为土地利用变化的时序特征。由于土地利用变化的以上特性，涉及的理论和技术十分庞杂，如地域分异、土地区位、人地协调与可持续发展、生态经济、系统工程等方面。

土地利用变化是全球变化的主要驱动力，这种驱动过程反映了气候、生态系统过程、生物地球化学循环、生物多样性以及人类活动之间的相互作用关系，引发自然资源、社会经济等的可持续发展问题。[8]由于土地利用变化反映了土地自然及经济条件的变化以及人为影响的变化，因此土地利用变化研究是改善和提高土地利用变化的认识，以及这种认识与环境变化的关系，以增进土地规划的能力，最终达到社会经济和生态环境的协调发展。

土地利用是人类经营土地从中获得物质产品和服务的经济活动过程，可以说人类的发展史就是土地利用的变化史。土地利用直接影响着环境生态变化方向，环境变化是其在时间和空间上的累计结果。土地利用变化在环境生态上造成的影响主要关注两方面，一个是土地利用变化对区域环境造成的后果，涉及水土流失、土地荒漠化、生物多样性损失、环境污染、农业自然灾害灾情等；另一个是土地利用变化的环境响应。[8]

土地利用变化模型用简化和抽象的方式将错综复杂的各种驱动因子和过程有效表达，描述各种驱动因素之间的关系和土地利用变化速率、格局等，还能支持在不同情境下土地利用和土地覆盖的趋势，为人类土地使用决定制定提供决策信息，是研究变化的常用方法。土地利用变化模型主要分为分布格局模型和动态变化模型两类，分布格局模型注重于计算不同类型用地的几何属性之间的关系，动态变化模型注重于不同用地类型之间的转换关系。景观生态格局指数常常是用于描述土地利用变化的定量化方法。[9]在土地利用变化时空模拟方面，主要基于几个理论，转移概率论、多变量统计方法、经济优化理论、控制论、系统论、信息论以及GIS技术，常用的模型有马尔可夫模型、多元统计模型、CA模型、系统动力模型等。[10]土地利用变化研究应该包括几个重要的方面，如变化监测、驱动力分析、全球变化对土地利用的影响、土地利用变化预测的建模以及土地利用变化导致的生物地球化学过程等。[11]

土地利用的变化是在自然环境因子和社会经济因子的共同作用下，使得土地使用方式、用途和结构特点不断变化，经历形成、演变及发展的过程。自然环境因子包括自然资源、气候、水文、土壤等，而社会经济因子包括人口、经济、政策等因素，经济政策因素又包括国家经济发展宏观调控、政府土地利用总体规划、土地资源分配方式、经济结构技术构成等。所有因素均不是单独对土地利用变化起作用的，每一种因素都会对土地利用产生影响，但又共同组成有机的驱动力系统。所有驱动因子在对区域土地利用的作用过程中，并非单一驱动而是相互影响共同作用的，一同驱动区域土地利用的变化，且由驱动因素所诱导的土地利用变化而引起的各种结果，发挥尺度升降效应产生的反馈作用，已成为目前区域土地利用变化的主要驱动力。[12]驱动因子在不同的尺度下其类型及作用各不相同，不存在适用于分析所有尺度的土地利用变化的驱动因子，因此，区域土地利用变化研究很有必要。[13]由于不同区域土地利用的驱动机制存在一定的差异，因此，驱动力方面的研究需根据区域性比较研究，分析影响土地利用行为者包括土地利用使用者与管理者改变土地利用与管理方式的自然（生物物理）、社会经济方面的主要驱动因子，并在此基础上建立各种区域性的土地利用与土地覆被变化经验模型。[14]

利用遥感技术与地理信息系统技术进行国土资源调查，可以很好地反映土地利用、土地覆盖的时空演变情况，从而为更好地研究土地利用、土地覆盖时空演变规律，为政府的宏观决策提供依据。[15]利用遥感对地观测技术，揭示土地利用/覆盖空间变化规律，分析引起变化的自然、经济驱动力，建立区域土地利用变化驱动力模型，已成为当前国际上开展土地利用与土地覆被变化研究的最新动向。[16]

区域土地资源的利用方式、区域土地利用结构和土地利用程度在时间和空间维度上都会产生显著的差异，开展区域土地利用的时空信息特征的空间差异性分析和对比分析，能够更好地了解土地利用的时空演变过程，保证区域宏观战略决策有效地制定和实施，从国土资源与环境可持续性方面保证区域经济的可持续性发展。本研究基于遥感与GIS技术，以广东省重要的水源地新丰江水库及其集水流域范围为研究对象，采用1988年、1998年和2014年3期卫星遥感数据，监测新丰江水库流域3个时相的土地利用信息，并分析流域土地利用时空格局变化特征。（图2-1）

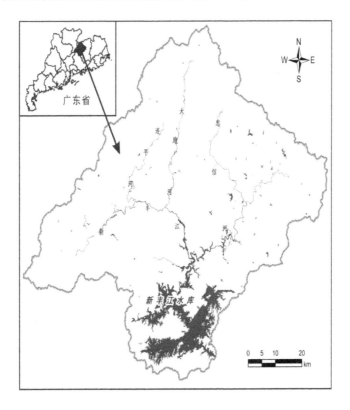

图2-1 研究区位示意

1.2 遥感数据及数据预处理

选取研究区 1988 年、1998 年和 2014 年 3 期卫星遥感影像来获取流域土地利用信息，其中 1988 年和 1998 年使用的是 Landsat TM 卫星影像数据，空间分辨率是 30 m，2014 年使用的是中国国产的高分一号（GF-1）卫星影像数据，空间分辨率是 16 m，使用的卫星数据的成像时间和轨道编号如表 2-1 所示。

表 2-1　研究使用的遥感数据

Landsat TM				GF-1	
轨道号	成像时间	轨道号	成像时间	轨道号	成像时间
121-043	1988/10/16	121-043	1998/4/6	603-233	2014/2/20
121-044	1988/12/14	121-044	1998/4/6		
122-043	1988/12/10	122-043	1998/10/3		

Landsat 卫星是美国陆地卫星，太阳同步轨道，回访周期为 16 天，已发射 8 颗卫星：Landsat 1～4 相继失效，Landsat 5 于 1984 年发射现仍超期运行，Landsat 6 发射失败，Landsat 7 于 1999 年发射但 2005 年出现故障，Landsat 8 于 2013 年发射。新丰江 1988 年和 1998 年土地利用时空信息选用的是 Landsat5 卫星。该卫星搭载有 TM 传感器，该传感器有 7 个波段从蓝光到红外波段。其基本参数如表 2-2 所示。

表 2-2　Landsat TM 基本参数介绍

波段数	7
波长	Band 1：0.45～0.53 μm
	Band 2：0.52～0.60 μm
	Band 3：0.63～0.69 μm
	Band 4：0.76～0.90 μm
	Band 5：1.55～1.75 μm
	Band 6：10.40～12.50 μm
	Band 7：2.08～2.35 μm
空间分辨率	30 m（Band 6 为 120 m）
幅宽	185 km

国产高分一号（GF-1）卫星搭载了 2 台 2 m 分辨率全色/8 m 分辨率多光谱相机，4 台 16 m 分辨率多光谱相机。卫星工程突破了高空间分辨率、多光谱与高时间分辨率结合的光学遥感技术、多载荷图像拼接融合技术、高精度高稳定度姿态控制技术、高分辨率数据处理与应用等关键技术。其基本参数如表 2-3 所示。

表 2-3 GF-1 基本参数介绍

参数	2 m 分辨率全色/8 m 分辨率多光谱相机		16 m 分辨率多光谱相机
光谱范围	全色	0.45~0.90 μm	
	多光谱	0.45~0.52 μm	0.45~0.52 μm
		0.52~0.59 μm	0.52~0.59 μm
		0.63~0.69 μm	0.63~0.69 μm
		0.77~0.89 μm	0.77~0.89 μm
空间分辨率	全色	2 m	16 m
	多光谱	8 m	
幅宽	60 km（2 台相机组合）		800 km（4 台相机组合）
覆盖周期	41 天		4 天

遥感数据的预处理主要是图像的几何纠正和图像拼接。首先选取地面控制点，将 2014 年的 GF-1 数据纠正到 1:10 万的地形图上，以纠正后的 2014 年 GF-1 数据为基础，将 1988 年和 1998 年的多幅 TM 数据进行几何配准纠正，再分别将 1988 年和 1998 年的 TM 数据进行拼接处理。几何纠正过程中的均方根误差小于 0.5 个像元。

1.3 流域土地利用信息提取技术

首先需将研究区域内土地利用类型提取出来，再对 3 个时期的土地利用类型做进一步分析，得到其变化趋势及其驱动因素。

在 3 个时相土地利用信息提取过程中，首先利用决策树分类算法，根据野外实测的分类样本数据训练决策树，并产生分类规则。如果训练精度低于 80%，则需要重新优化样本库，并适当补充训练样本；当训练精度高于 80% 时，则利用产生的分类规则对遥感图像进行分类，得到决策树算法的分类结果。对分类结果数据利用目视解译来修改分类错误，使最终得到的多时相土地利用数据分类精度不小于 95%。土地利用信息提取的技术路线如图 2-2 所示。本研究中提取的土地利用类型包括建设用地（城镇用地、工矿、道路交通用地等）、水库（包括大水库和小水塘）、农用地（包括耕地与园地）、河流和林地。

1.4 时空变化分析方法

为有效地反映各种土地利用类型的变化幅度与速度，本研究使用土地利用变化率指数对 2 个时相的土地利用数据进行分析，用到的评价指数主要有变化幅度和变化速率。

变化幅度 (P)[17] 是最基本的一个度量指标，也是计算其他指标的基础。变化幅度 P 的计算公式为：

$$P = \frac{U_1 - U_0}{U_0} \times 100\% \qquad (2-1)$$

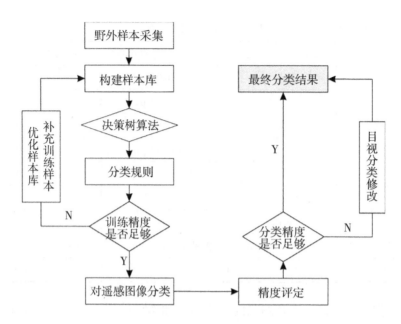

图2-2 土地利用信息提取技术路线

式中：U_0 和 U_1 分别代表研究区域某一种土地利用类型在研究时段初期和末期的面积。

变化速率（R）[17]是指研究区域内某种土地利用类型在研究时段内的年均变化率，变化速率 R 的计算公式为：

$$R = \frac{U_1 - U_0}{U_0} \times \frac{1}{T} \times 100\% = \frac{P}{T} \quad (2-2)$$

式中：T 是研究时间段。变化速率等于变化幅度除以研究时间段。

1.5 时空变化分析

利用遥感分类方法获取的新丰江水库流域土地利用图，如图2-3所示。

表2-4是利用遥感解译方法获取的1988年、1998年和2014年新丰江水库流域土地利用数据。

表2-4 1988年、1998年和2014年新丰江水库流域土地利用数据

土地利用类型	1988年		1998年		2014年	
	面积/km²	比例	面积/km²	比例	面积/km²	比例
农用地	895.03	15.55%	917.30	15.94%	947.67	16.47%
林地	4650.89	80.82%	4423.69	76.87%	4285.59	74.47%
水域	182.59	3.17%	331.60	5.76%	298.63	5.19%
建设用地	26.46	0.46%	82.38	1.43%	223.08	3.88%
总计	5754.97	100%	5754.97	100%	5754.97	100%

第2章 新丰江水库流域生态环境的遥感监测

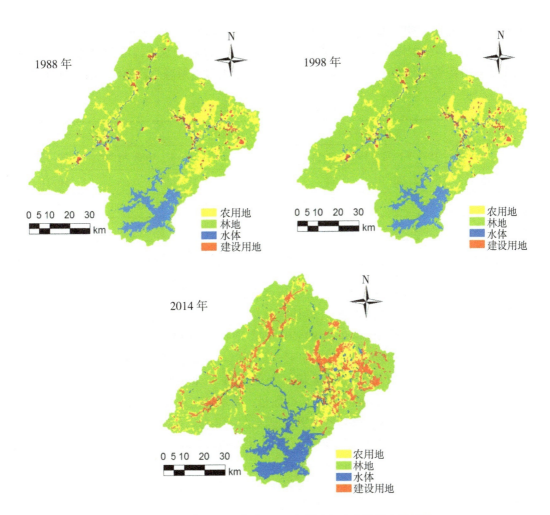

图 2-3 1988 年、1998 年和 2014 年新丰江水库流域土地利用

从表 2-4 中可以看出，新丰江水库流域内各种土地利用类型所占的比例从大到小依次是：林地、农用地、水域、建设用地，3 个时相流域内的土地利用结构没变。但是，农用地的面积持续增加，由 1988 年的 895.03 km² 增加至 2014 年的 947.67 km²；林地面积持续减少，由 1988 年的 4 650.89 km² 减少至 2014 年的 4 285.59 km²；水域面积先增加后减少；建设用地持续增加。

为了量化对比各种地物类型的变化特征，对新丰江水库流域土地利用信息的变化幅度（P）和变化速率（R）两个指标进行定量化对比计算。表 2-5 为土地利用变化评价指标计算结果。

表 2-5 反映了新丰江水库流域 1988—2014 年间土地利用信息特征。①1988—1998 年，林地的变化量最大，减少了 227.2 km²；除了林地之外，其他土地利用类型的面积均增长。其中水域的增长量最大，达到了 149.01 km²，农用地的增长量最小，仅增长了 22.27 km²。值得注意的是，建设用地的增长幅度和增长速率最大，分别是 211.34% 和 170.79%。②1998—2014 年，林地依旧减少，变化幅度和变化速率较 1988—1998 年都有

所减小;农用地继续增加,变化幅度较1988—1998年增加,变化速率比前10年要小;水域面积减少,但减少幅度要小于1988—1998年的;建设用地变化幅度和变化速率在同期的土地利用类型中仍然最大,但是与前10年相比,幅度有所减少,速率也有所降低。

表2-5 土地利用变化评价指标

土地利用类型	变化量/km²		变化幅度		变化速率	
	1988—1998	1998—2014	1988—1998	1998—2014	1988—1998	1998—2014
农用地	22.27	30.37	2.49	3.31	0.25	0.21
林地	-227.2	-138.1	-4.89	-3.12	-0.49	-0.20
水域	149.01	-32.97	81.61	-9.94	8.16	-0.62
建设用地	55.92	140.7	211.34	170.79	21.13	10.67

在1988—2014年间,新丰江水库流域的农用地面积持续增加。新丰江水库流域各县均属于广东省的山区县,素有"八山一水一分田"之说,流域内农用地面积相对较少,虽然农用地面积从1988年的895.03 km²增长到2014年的947.67 km²,增长了52.64 km²,仅仅占到流域总面积的16.47%,这其中还包含了部分园地。虽然农用地面积上得到增加,但是农用地的质量却在降低。26年来流域的建设用地面积增长了196.62 km²,远远高于农用地面积增长的数量,新增的建设用地中,除了少量新增工矿用地是分布在山区外,其他都是侵占平原地区的农用地,尤其是耕地,虽然新增的部分建设用地也执行了"占补平衡"政策,但"占"的是良田,"补"回来的大多是难以利用的"开荒地"。

新丰江水库流域作为广东省重要水源地,控制建设用地的增长和保护水源地的林业资源一直是重要的发展策略。虽然20年来建设用地增加幅度和增加速率都很高,但是到2014年,流域内的建设用地面积也仅占流域总面积的3.88%,远远低于广东省其他地区。有效地发挥建设用地的效率,避免浪费、闲置建设用地现象,将是流域今后发展需要重视的问题。流域内的林地26年间减少了365.3 km²,主要是由于农用地的发展占用了林地资源以及工矿用地侵占林地。农用地占用林地主要分布于流域内的平原与山区交界处,山区中的水源发源地和水源涵养林破坏很少。而流域内的工矿用地开发侵占林地现象则需要重视,这些工矿点往往分布于河流两岸,若对污染源控制不当,则对下游地区的生态环境和人民生活造成巨大的影响。

水域的面积呈现先增加后减少的变化特征,1988年到1998年变化幅度达88.61%,但是1998年到2014年变化幅度只有9.94%,主要是与流域内的降水和新丰江水库的水量调节有关。遥感图像提取河流、水库信息,获取的仅仅是图像成像当天的实际水面面积,反映的并不是新丰江水库实际的库容,新丰江水库建库规划的水面面积是370 km²,但实际的水面面积要小于规划面积。本研究中使用的1988年和2014年的遥感图像是冬季(枯水期)成像的,而1998年的遥感数据是夏季(丰水期)成像的,因此遥感监测的1998年的水库和河流的面积大于其他2个时相的面积。因此本研究中河流、水库的面积变化特征受人为影响较小，属于自然变化特征。

重要水源地的土地利用信息变化，对流域内的用地结构、生态环境变化、区域持续发展和下游地区的社会生活都将造成重要影响，本研究基于遥感和 GIS 技术，利用 1988、1998 和 2014 年的遥感影像数据，获得了较高精度的 3 个时相新丰江水库流域土地利用信息，并利用变化幅度和变化速率等定量评价指标，对新丰江水库流域土地利用信息进行定量分析评价，得到以下主要结论。

1988—1998 年，新丰江水库流域的林地减少，农用地、河流、水库和建设用地都增加，其中建设用地的增长幅度和增长速率最大；1998—2014 年，新丰江水库流域的建设用地和农用地都有增长，而林地、河流和水库的面积均减少。1988—2014 年新丰江水库流域的农用地和建设用地均有增加，其中建设用地主要是侵占农用地；耕地增加主要是通过开垦平原与山区交界处的荒地和疏林地等，或者将一些林地改为果园。受到流域内的降水和新丰江水库的水量调节的影响，流域内的河流和水库呈现先增加后降低的变化特征。

经济发展城市扩张使得城镇用地大为增加，其次沿河两岸的工矿用地侵占林地，这些林地面积缩小；而农业政策的实施如"退耕还林"、"占补平衡"等，使得农用地没有下降并有一定的增加；由于自然因素的影响，河流水库有一定的增加或者不稳定性。总体来说，人类活动对新丰江水库流域土地利用的影响比自然因素的影响大，起主要作用。这包括经济水平的发展、经济政策的实施、城市化进程的推进，均改变着该地区的用地类型，其中农用地和林地受到影响最大。自然因素对河流水库的影响较大，其影响主要体现在季节因素上，枯水期和丰水期的影响。对于水库，受人为影响较大，在蓄水和向下游补水的情况下水库面积变化较大。

1.6　流域植被分析

植被是土地覆盖中的主要类型，植被覆盖状况在很大程度上决定了土地覆盖状况，是陆地表面能量交换、生物化学循环过程和水文循环过程的重要组成部分之一，与气候的变化紧密相关、相互作用。植被与地表生态环境一般认为是气候、地形、植被生态环境、土壤水文变量的函数。[18]植被覆盖是影响全球变化的主要驱动力，对区域性环境变化以及社会可持续发展产生深远影响。[18]

植被覆盖状况对区域生态环境有着重要影响，区域植被覆盖特征可以间接地反映区域生态环境状况。[19]

遥感技术现已广泛应用于区域植被覆盖的研究，除植被分类外，植被指数也是从遥感影像中获取植被信息的有效办法，它与植被覆盖度、叶面积指数、生物量、植被健康状况有很强相关性。现使用的植被指数多达数十种，均是利用传感器各个波段对植被不同反应提出，特别是红光波段和近红外波段对植被反射有特征曲线，这两个波段往往是设计植被指数时的首选。

1.6.1　区域指标指数计算

遥感图像上的植被信息，主要是通过绿色植物叶子和植被冠层的光谱特性及其差异、变化来反映的。众多研究认为：归一化植被指数（Normalized Difference Vegetation

Index,NDVI)是植被生长状态及植被覆盖度的最佳指示因子,NDVI与叶面积指数、绿色生物量、植被覆盖度、光合作用等植被参数都有关系,此外,NDVI计算过程中经过比值处理,可以部分消除与太阳高度角、卫星观测角、地形、云/阴影和大气条件有关的辐照度条件变化(大气程辐射)等的影响。对于陆地表面主要覆盖而言,云、水、雪在可见光波段比近红外波段有较高的反射作用,因而其NDVI值为负值;岩石、裸土在两波段有相似性的反射作用,因而其NDVI值接近于0;而在有植被覆盖的情况下,NDVI为正值,且随植被覆盖度的增大而增大。几种典型的地表覆盖类型在NDVI图像上区分鲜明,植被信息得到有效的突出。

NDVI是TM图像的近红外波段与可见光红波段的数值之差与这两个波段的数值之和的比值,并归一化到-1~1之间,NDVI的计算公式为[20]

$$NDVI = \frac{(DN_{NIR} - DN_R)}{(DN_{NIR} + DN_R)} \quad (2-3)$$

式中,DN为遥感图像的像元灰度值。

计算得到的新丰江水库流域NDVI图像,如图2-4所示。

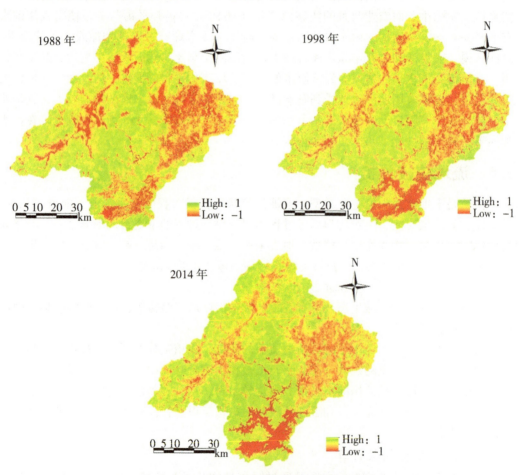

图2-4 1988年、1998年和2014年新丰江水库流域NDVI图

1.6.2 区域指标覆盖度计算

植被覆盖度是指植被（包括叶、茎、枝）在地面的垂直投影面积占统计地区总面积的百分比。植被覆盖度是衡量地表植被状况的主要指标之一，是描述生态系统的重要基础数据，也是评价区域生态系统环境优劣的重要指标。监测植被覆盖状况的有效方法是利用卫星多光谱通道影像的反射值得到植被指数。常用的植被指数有比值植被指数、归一化植被指数、差值植被指数等。

NDVI 是单位像元内的植被类型、覆盖形态、生长状况等的综合反映，其大小取决于叶面积指数 LAI（垂直密度）和植被覆盖度 f_{NDVI} 等要素。根据像元中植被覆盖结构的不同，可以分为均一像元和混合像元两类。当像元完全被植被覆盖时，其植被覆盖度为 1（100%），属于均一像元；如植被不能完全覆盖整个像元，其植被覆盖度小于 1，是植被与非植被构成的混合结构，属于混合像元。植被覆盖度计算模型为[21]：

$$f_{NDVI} = \frac{(NDVI - NDVI_{min})}{(NDVI_{max} + NDVI_{min})} \qquad (2-4)$$

式中，f_{NDVI} 为植被覆盖度；$NDVI_{min}$、$NDVI_{max}$ 分别为每类土地覆被类型的 NDVI 最小值、每类土地覆被类型的植被覆盖度约为 100% 时相对应的像元 NDVI 值。

根据上述公式计算得到新丰江水库流域 1988 年、1998 年和 2014 年的植被覆盖度图（图 2-5）。

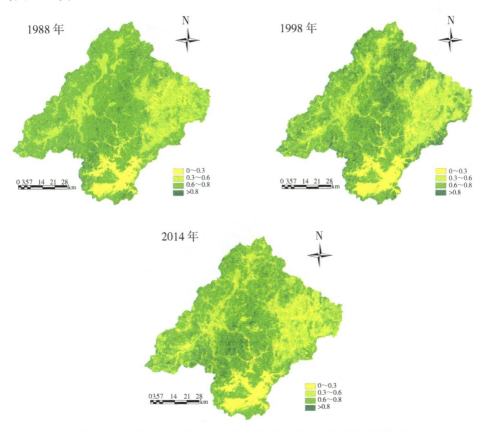

图 2-5 1988 年、1998 年和 2014 年新丰江水库流域植被覆盖度

根据上图汇总统计得到不同植被覆盖度范围的面积及占流域总面积的比例（表2-6）。

表2-6 新丰江水库流域植被覆盖度统计

植被覆盖度取值范围	1988年		1998年		2014年	
	比例	面积/km²	比例	面积/km²	比例	面积/km²
0～0.3	2.03%	116.83	5.98%	344.15	4.66%	268.18
0.3～0.6	25.05%	1441.62	27.13%	1561.32	30.44%	1751.81
0.6～0.8	70.47%	4055.53	64.36%	3703.90	61.61%	3545.64
0.8～1.0	2.45%	141.00	2.53%	145.60	3.29%	189.34

从图2-5和表2-6中可以看出，在研究时间段中，覆盖度区间为0.6～0.8占地面积最大，但是从1988—2014年逐渐减少，而0.3～0.6区间的面积则呈增加的趋势。说明在研究时间段内，研究区域内有大量的中等植被覆盖度地区植被有所流失，植被覆盖度降低为低等植被覆盖（0.3～0.6），区域植被覆盖状况有所退化。但高等植被覆盖区变化不大且略有增加，说明高等植被保护较好，保护区林用地未被其他用途占用。

1.6.3 基于网格统计的植被覆盖度分析

为了进一步分析和探讨区域植被退化的空间特征，本研究将区域划分为若干网格，来对比分析不同空间位置的网格在2个时相的植被信息变化特征。

1.6.3.1 网格划分

本研究以5 km×5 km的网格，将新丰江水库流域划分为288个网格对象。图2-6是流域网格划分示意图及网格编号。

图2-6 新丰江水库流域网格划分编号

1.6.3.2 基于规则格网的植被覆盖度分析

利用 GIS 空间统计分析方法,将规则格网数据与 2 个时相的流域覆盖度数据进行区域统计分析,将每一个网格内的所有像元的植被覆盖度求和并附给该网格,并与网格面积做比值计算,得到每一个网格内的平均植被覆盖度,计算公式为:

$$\bar{f}_{\text{grid}} = \frac{\sum f_{\text{NDVI}_i}}{A_{\text{grid}}} \times 100\% \times 1\,000 \qquad (2-5)$$

式中:$\bar{f}_{\text{grid}}$ 是规则格网的平均植被覆盖度,f_{NDVI_i} 是格网内的像元植被覆盖度,A_{grid} 是规则格网的面积,1 000 是一个调整系数,使得计算结果控制在 0～5 之间。

经过计算得到流域内格网植被覆盖度图,如图 2-7 所示。

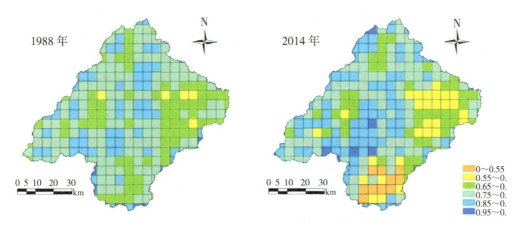

图 2-7　1988 年和 2014 年流域格网植被覆盖度

从图 2-7 中可以看出,流域 1988 年植被覆盖度明显高于 2014 年的植被覆盖度。为了清楚地反映流域植被覆盖度变化的空间位置,将 2 个时相的格网植被覆盖度数据做差值运算,得到差值图如图 2-8 所示。

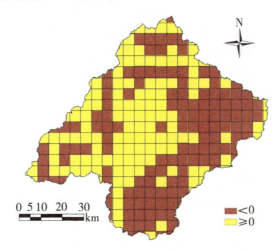

图 2-8　新丰江水库流域植被覆盖差值

图 2-8 是利用 2014 年的格网覆盖度数据减去 1988 年的格网覆盖度数据。图中小于 0 的格网说明在研究时间段内，该格网内的植被总体呈增加的趋势。流域内植被覆盖度下降的格网占区域总面积的 51.43%，流域植被退化明显。

2 流域水网结构演变分析

水资源是人类生存和经济社会发展不可缺少的自然资源，水流动构成的水网更是无价的自然遗产，具有重要的遗产价值和历史价值。水网的长度、数目、几何特征、形状特征、结构特征和分形特征等自然属性对流域的河流形态、水循环过程及区域水资源景观格局特征都有重要影响。[22]近年来，一些学者从河流水网变化与区域生态效应、城市化响应、城市空间格局变化以及调蓄洪水能力等不同角度，对经济发达和快速城市化地区、平原地区进行了深入研究，取得了不少研究成果。[23-27]但对山区，尤其是对重要水源地或水源涵养林地区的水网结构时空变化研究较少。这些区域水网结构虽然没有城市地区变化速度快，但从一个长周期来看，区域的人为活动、自然因素的变化，会对区域水网结构造成一定影响。因此，研究这些区域水网结构时空变化特征和机制，对稳定区域生态安全格局、了解和掌握流域土壤侵蚀状况具有重要意义。

本研究以新丰江水库流域为研究对象，利用 2 个时期的水网结构数据，从水网基本结构特征、水网分枝特征和水网分维特征等方面分析和探讨流域水网结构演变特征，结合土地利用、气象、水文等数据，探索和挖掘水网结构时空变化特征和机制。

2.1 数据来源与数据预处理

本研究使用 1968 年和 2005 年的水网数据。其中 1968 年水网数据是根据 1968 年成图的 1∶5 万地形图，经过图幅扫描、纠正、拼接后，对图中的水系数据进行数字化处理得到。2005 年水网数据是利用 1∶5 万矢量地形数据中的水网数据，经过图幅拼接得到。对 2 期水网数据的预处理操作主要是进行水网分级。从河流地貌的角度讲，水网等级的划分是流域地貌和水系形态结构定量评价的基础和关键。[28]研究应用了目前使用最为广泛的斯特拉勒（Strahler）分级法对流域水网进行分级。Strahler 分级法将所有从河流起源地出发的河流定为 1 级，同等级的两条河流汇流后增加 1 个等级，而不同等级的两条河流汇流后的河流等级取决于两条支流中等级较高的河流。如此类推直到河流干流，干流是流域水系中最高级别的河流。[29,30]

2.2 研究方法

2.2.1 水网基本特征

水网基本特征用水网长度、水网密度和水网频度表示。

（1）水网长度：指研究区域内所有水系长度的总和，是计算其他水网结构参数的基础。

（2）水网密度：指单位面积内水网的长度之和，水网密度越大说明研究区域内河流的总长度越大。计算公式[31]：

$$D = \frac{L}{S} \qquad (2-6)$$

式中：D 是水网密度（km/km²），L 代表流域内河流的总长度（km），S 为研究区域总面积（km²）。

（3）水网频度：指单位面积内河流的数目，水网频度越大说明研究区域内河流的数目越多。计算公式[32]：

$$C = \frac{N}{S} \qquad (2-7)$$

式中：C 是水网频度（条/km²），N 代表流域内河流的总数目（条），S 为研究区域总面积（km²）。

2.2.2 水网分枝

水网分枝反映流域水网分枝的指标有水网分枝比和水网分枝能力[31,33]。水网分枝比是指某一级水网的数目与其高一级的水网数目的比，反映了各级水网向低一级水网的分枝能力，计算公式[31]：

$$r_x = \frac{N_x}{N_{x+1}} \qquad (2-8)$$

式中：r_x 是 x 级水网分枝比；N_x 为第 x 级水网的数目；N_{x+1} 为第 $x+1$ 级水网的数目。

水网分枝能力反映了某一级水网的分枝情况，计算公式[31]：

$$R_x = \frac{N_1 + N_2 + \cdots + N_{x-1}}{N_x} \qquad (2-9)$$

式中：R_x 是第 x 级的水网分枝能力，数值越大，说明流域水网的分枝能力越强。一般认为水网分枝能力遵循水道发育的二叉理论[33]，因此一般将水网分枝能力值 R_x 以 2^n 的形式表示。

2.2.3 水网分维

多等级的水网结构符合分形结构的两个基本特征，即自相似性和非平滑性[34]。因此利用分形研究中的分维数来描述流域水网复杂程度。本研究采用 La Barbera 和 Rosso 提出的水网分维数公式来计算研究区的水网分维数。

$$D = \frac{\lg R_b}{\lg R_l} \qquad (2-10)$$

式中：D 是水网分维数，R_b 是水网分枝比，R_l 是水网长度比。水网分维数越大表示流域水系结构越复杂。R_b 和 R_l 可以通过在 $x - \lg N_x$ 坐标系和 $x - \lg L_x$ 坐标系（其中 x 为横坐标，代表水网等级；N_x 为第 x 级水网的数目，L_x 为第 x 级水网的平均长度）上的拟合直线的斜率 k 来计算，计算公式：

$$R_b = 10^{|k_b|} \qquad R_l = 10^{|k_l|} \qquad (2-11)$$

式中：k_b 和 k_l 分别是 $x - \lg N_x$ 坐标系和 $x - \lg L_x$ 坐标系中拟合直线的斜率。

2.3 结果分析

2.3.1 水网基本特征变化分析

将 2 个时相的新丰江水库流域水网数据利用 Strahler 法分级，得到水网分级图（图 2-9 和图 2-10）。

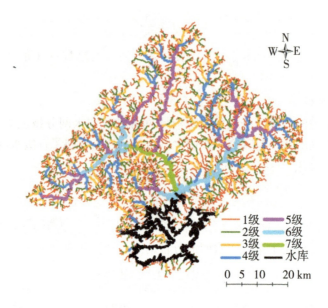

图 2-9 1968 年新丰江水库流域水网分级结构

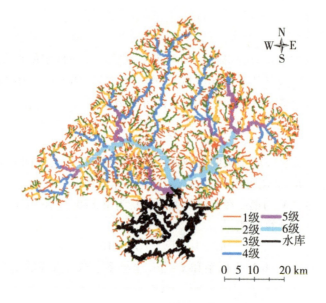

图 2-10 2005 年新丰江水库流域水网分级结构

根据 Strahler 法分级获取的 1968 年和 2005 年新丰江水库流域水网分级图，统计各等级的水网长度、水网密度河网水频度等基本特征参数（表 2-8）。

表 2-8　新丰江水库流域 1968 年和 2005 年水网基本特征参数

水网级别	1968 年					2005 年				
	水网条数	水网长度/km	水网平均长度/km	水网密度 km/km²	水网频度 条/km²	水网条数	水网长度/km	水网平均长度/km	水网密度 km/km²	水网频度 /条·km⁻²
1	2784	2972.60	1.07	0.5165	0.4838	2157	2693.24	1.25	0.4680	0.3748
2	794	1465.61	1.85	0.2547	0.1380	656	1371.98	2.09	0.2384	0.1140
3	218	813.69	3.73	0.1414	0.0379	178	724.20	4.07	0.1258	0.0309
4	43	423.76	9.85	0.0736	0.0075	35	344.26	9.84	0.0598	0.0061
5	11	252.10	22.92	0.0438	0.0019	9	205.49	22.83	0.0357	0.0016
6	4	153.20	38.30	0.0266	0.0007	2	168.15	84.08	0.0292	0.0003
7	1	46.71	46.71	0.0081	0.0002					
总计	3855	6127.67	1.59	1.0648	0.6699	3037	5507.32	1.81	0.9570	0.5277

2.3.1.1　水网条数和等级变化分析

1968—2005 年，新丰江水库流域的水网条数从 3 855 条降低至 3 037 条，作为流域水网结构基础支撑的 1 级水网的条数减少了 627 条，减少率达到了 22.52%；2～5 级的水网条数均降低，降低率均在 17%～19%；全流域水网条数的平均减少率也达到了 21.22%。在研究时间段内，流域内最高级的水网等级从 7 级降为 6 级，主要是流域内 1 级水网的减少，降低了局部的水网等级，1 级水网降低较多的区域主要是流域内几条主要河流（新丰江、大席河、连平河、忠信河）的源头区。

2.3.1.2　水网长度变化分析

随着新丰江水库流域水网条数的减少，各个等级水网的长度也在减少，1968 年流域内的水网总长度为 6 127.67 km，2005 年减少至 5 507.32 km，减少了 620.35 km，减少率为 10.12%。1 级水网长度变化最大，减少了 279.36 km，减少率为 9.40%。但从平均水网长度看，2005 年各级水网平均长度均接近或高于 1968 年平均长度，其中 1 级水网的平均长度增加了 0.18 km，增加率为 16.82%，这是由于研究时间段内减少的 1 级河流大多为较短（低于 1968 年的平均长度）的支流，减少的水网条数与水网长度的比例失衡，致使各级水网的平均长度增加。较短的支流的稳定性不高，易受周边区域的自然、人为因素的影响。平均河网长度的增加，说明流域内水系结构的稳定性增加，对局部影响的敏感性降低。

2.3.1.3　水网密度与水网频度的变化分析

新丰江水库流域水网平均长度的增加反映了流域水网稳定性的增强，但水网密度和水网频度能更好地反映流域水资源量丰富和稳定性。1968—2005 年，新丰江水库流域

1～5级水网的密度和频度均降低，其中1级水网的密度和频度的变化量最大，分别降低了 0.048 5 km/km² 和 0.109 条/km，5级水网的密度和频度的变化率最大，分别降低了 18.75% 和 18.68%。

（2）水网分枝分析

新丰江水库流域 1968 年和 2005 年水网分枝比和水网分枝能力计算结果如表 2-9 所示。

表 2-9　新丰江水库流域 1968 年和 2005 年水网分枝特征参数

水网级别	1968 年		2005 年	
	水网分枝比	水网分枝能力	水网分枝比	水网分枝能力
1	3.51	20	3.29	20
2	3.64	22.17	3.69	22.10
3	5.07	24.12	5.09	24.07
4	3.91	26.48	3.89	26.43
5	2.75	28.45	4.50	28.40
6	4.00	29.91	—	210.57
7	—	211.91	—	—

由于在两个研究时间中 5、6、7 级河流的个数都很少，因此这几个级别的水网分枝比变化差异较大，对比分析意义不大。1968—2005 年，1 级水网的分枝比下降较多，4 级水网仅下降了 0.02，2、3 级水网的分枝比反而增加。表明 1 级水网减少的条数超过了正常的分枝比例，其他等级的水网均按照相似比例减少。从分枝能力指标看，1968—2005 年新丰江水库流域各级水网的分枝能力均降低，分枝能力的降低说明流域内水网的自然分形特征被破坏，水网结构趋于简单化。

2.3.3　水网分维分析

根据水网分维数计算公式，构建 2 个时相的 $x-\lg N_x$ 坐标系和 $x-\lg L_x$ 坐标系，如图 2-11 所示。利用拟合直线的斜率来计算 2 个时相流域的综合分枝比和长度比，进而可以计算得到 2 个时相的水网分维数（表 2-10）。

表 2-10　新丰江水库流域 1968 年和 2005 年水网分维特征参数

时间	$x-\lg N_x$ 斜率	$x-\lg L_x$ 斜率	R_b	R_l	$\lg R_b$	$\lg R_l$	水网分维数
1968 年	-0.579	0.298	3.798	1.986	1.95	0.989	1.945
2005 年	-0.613	0.361	4.103	2.297	20.36	1.199	1.698

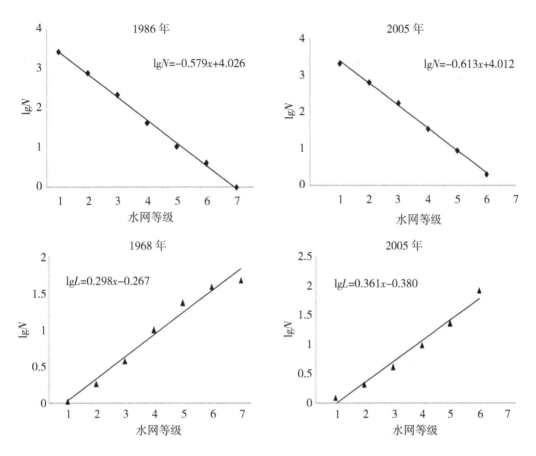

图 2-11　1968 年和 2005 年流域水网级别与水网条数、水网平均长度的半对数关系曲线

从图 2-11 中可以看出，在两个研究时相中，新丰江水库流域水网等级与河流数目之间呈现较好的半对数关系，两个时相的相关系数 R^2 分别为 0.997 和 0.998，符合 Horton 定律；水网等级与水网平均长度之间也具有较好的半对数关系，R^2 分别为 0.977 和 0.978，符合河流长度定律。由表 2-10 可知，1968—2005 年，新丰江水库流域的水网分维数从 1.945 降至 1.698，减少幅度较大，说明流域水网结构简单化趋势非常明显。已有一些研究对比了世界上不同区域的水网分维数，一般认为高原地区水网分维数在 1.9 左右，丘陵、平原地区在 1.7 左右，快速城市化地区在 1.5 左右。本研究区域位于广东省北部，区域内以山地丘陵和河谷盆地地形为主，2005 年流域水网分维数也十分接近丘陵、平原地区的平均分维数，说明流域内水网结构虽然受到一定破坏，但水网现状仍属于一个较正常的水平。

2.4　新丰江水库流域水网结构演变因素分析

2.4.1　自然因素

流域水网的发育与地质地貌、土壤、岩性、水文要素、气象、坡度和植被等因素有关。在本研究的研究周期内新丰江水库流域的地质地貌、土壤、岩性等自然因素没有发生巨大的变化，对流域水网结构的影响较小。本研究重点分析气象信息，尤其是气温与降水对流域水网结构的影响。一般研究认为，随着流域降雨量的增加，水网密度增大；随着气温的增高，地表蒸发增大，进而导致水网密度降低。本研究收集了新丰江水库流域内的气象站点1951—2005年历年平均气温和平均降雨量（图2-12和图2-13）。

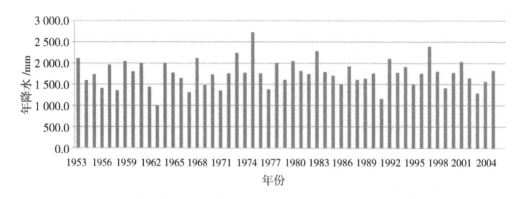

图2-12　1951—2005年新丰江水库流域历年平均降水量

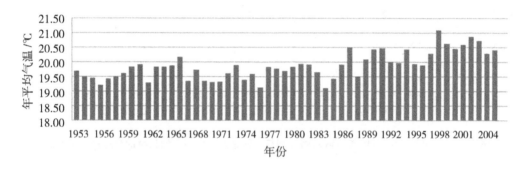

图2-13　1951—2005年新丰江水库流域历年平均气温

从图2-12和图2-13可以看出，新丰江水库流域多年平均气温集中在1 500～2 000 mm，只有较少年份的降雨量低于1 000 mm和超过2 500 mm，流域降水基本上还是处于一种稳定状态，2005年前后的降雨量并没有明显高于1968年前后的降雨量。流域的年平均气温在20 ℃左右，但1985年后的年平均气温明显高于1985年前的平均气温。相近的降雨量和增加的平均气温，对流域的水网结构造成了一定的影响，尤其是对1级水网的影响，1级水网的减少也降低了流域水网结构的复杂性和稳定性。

2.4.2　人为因素

人为因素的影响主要是通过区域土地利用格局变化来改变局部地区水网结构。新丰江水库流域作为广东省重要的水源保护地，一直以来是重点限制开发地区。但近些年来随着城镇人口及非农业人口增长，区域内城市化进程加快，工业用地规模不断扩大。虽然工业化规模和城市化进程相对于珠三角等经济高度发达地区还有差异，但相对于改革开放以前，流域内的建设用地面积也增长了较大的幅度。根据流域1988年的Landsat TM和2014年的GF-1卫星影像数据分类，发现流域内建设用地（包括城镇用地、农村居民点、工矿、道路等用地类型）从1988年的26.46 km^{2}增长至2014年的223.08 km^2，虽然增长幅度较大，相对于流域5 754.97 km^{2}的总面积来说，2014年建设用地也仅占流域总面积的3.88%，对全流域的基础生态环境影响较小。在新增建设用地中，较多都是道路、工矿用地，这些对局部及区域的水网结构影响较大，尤其是在河流的源头区，水网结构变化较大。流域内的植被状况对水网演变也造成一定的影响。从植被覆盖度角度看，流域的林地、园地覆盖率一直在80%以上，植被覆盖较好。但是流域内在1958年、1974年和1976年曾经历过3次大规模的砍伐，林木质量明显下降，导致林木稀疏，土壤侵蚀作用加强。现在剩余的很多是人工混合林。库区主要有回龙、锡场、半江、涧头和双江等乡镇，林业资源较丰富，是水库的重要水源涵养林区。新丰江和忠信河的上游源头群山连绵，宜林面积大，植被覆盖好，具有较大的林业优势。

3 流域生态环境质量遥感分析与评价

3.1 背景、技术、方法

3.1.1 背景

生态环境质量是在一个具体的时间和空间范围内生态系统的总体或部分生态环境因子的组合对人类的生存及社会经济持续发展的适宜程度。[35]生态系统是地球生命支持系统的核心组成部分，健康的生态系统及不断改善的生态系统服务，是人类和区域经济社会可持续发展的核心和基础。研究流域的生态环境质量及其演变，有助于制定和规划流域经济发展计划，可为流域污染控制、环境管理与决策提供科学合理的定量依据，同时对流域可持续发展战略决策具有重要的现实意义。[36, 37]

随着全球和区域社会经济的发展，人类活动强度的逐渐增大，自然生态系统受到人类的干扰越来越严重，受人为控制的生态系统面积迅速增加，生态系统的结构与功能受到了不同程度的破坏，全球和区域生态环境日益恶化一旦超过生物圈的承载能力，将可能会导致整个生态系统功能的破坏，并成为社会经济进一步发展的严重障碍。[38]因此，如何改善生态环境并使之与社会经济发展相适应，从而真正实现可持续发展是当前亟待解决的问题。[39]

当前由于我国人口不断增加，工业化和城市化迅速发展以及对自然资源的不合理开发利用，经济发展过分依赖利用自然资源的消耗，导致水旱灾害频繁、水土流失严重、荒漠化扩展、水体污染加剧、外来物种入侵以及生物多样性丧失等严重的生态问题[38]。为改善生态系统管理和提高生态系统服务能力，首先需要对当前的生态环境质量有一个宏观的了解和评价，辨析不同区域生态系统存在的主要问题。[40]国内外研究者先后对一些特定的生态系统尝试着进行了评价，由于空间和时间尺度的变异，生态环境状况和生态系统类型复杂多样，生态系统评价的内容、方法和结果也存在很大差别，国内外在生态系统评价研究的空间尺度选择、评价指标和评价方法上没有形成统一的理论和方法。

联合国于2001年耗资2 100万美元启动了千年生态系统评估计划（Millennium Ecosystem Assessment，MA）。该计划大约有来自95个国家的1 500名杰出科学家、专家和非政府组织的代表参加，历时4年，是在全球范围内第一个针对生态系统及其服务与人类福祉之间的联系，通过整合各种资源，对各类生态系统进行自局地到全球的多尺度、全面、综合评估的重大项目，将检验地球上主要生命支撑系统，如农田、草地、森林、河流、湖泊和海洋，并将向决策者提供有关全球生态系统变化对人类生存环境影响的权威科学认识，为政府和社会各界提供更好的信息，以逐步恢复全球生态系统的生产力和服务功能。[41]

尽管我国政府在发展经济的同时也一直强调生态环境的保护和建设，近年来也先后颁布实施了《全国生态环境建设规划》和《全国生态环境保护纲要》，从宏观政策层面上提出了生态环境建设和保护的重点和措施，也投入了大量的资金和人力进行预防和恢复，取得了一定的成绩，但效果却很不理想，生态环境总体上形势依然十分严峻。为更好地满足国家发展的战略需求、探索新形势下中国环保新道路提供科学基础，由国务院批准，经财政部同意，环境保护部和中国科学院联合实施"全国生态环境10年（2000—2010年）变化遥感调查与评估项目"（以下简称"生态10年项目"），以系统地掌握过去10年生态环境变化趋势和存在问题，全面总结我国10年期间的生态环境保护工作成效和经验，研究提出新时期我国生态环境保护的对策。

新丰江水库是华南地区最大的人工湖，水源水质好，矿物质丰富，为东江沿岸大部分地区及香港等地提供饮用水源，其环境质量的变化会直接影响到库区水质和下游城市的供水问题。鉴于传统的环境综合评价方法需要花费大量的人力、物力以及存在很多的人为主观性等不确定因素的影响，[42]本研究基于遥感和GIS技术，通过遥感影像、土地利用数据、气象数据和DEM等数据建立生态环境质量评价指标体系，采用主成分分析方法综合评价新丰江水库流域生态环境质量现状，试图探讨其生态环境质量时空分布格局，以期为各部门的流域污染控制决策、环境管理决策及生态环境整治提供依据。

3.1.2 技术

传统的生态环境质量评价的缺点是高投入、长周期、低效率，而生态环境质量评价要求快速、准确地进行区域资源与生态环境状况调查，提供全面、准确、宏观、直观的调查资料。遥感技术提供了快速更新、从宏观到微观的各种形式的数据，能够高效、快速地评价生态环境质量。[43]近年来，国内外学者开始应用景观生态学、遥感和地理信息系统（GIS）等手段评价区域生态环境，研究手段和研究范围深度得到了很大的加强。遥感具有重复覆盖、大空间尺度、数据获取周期短、同步且高频动态观测等优势，在宏观生态环境监测与评估中有着广泛的应用前景，能够对生态、资源环境、气候变化等进行连续观测。[44]遥感技术的发展受到了世界各国的重视，根据遥感卫星观测系统的应用目的，可以分为环境遥感、城市遥感、农业遥感、林业遥感、海洋遥感、地质遥感、气象遥感、军事遥感等。[45]在宏观的生态环境遥感监测与应用的研究领域中，根据不同卫星数据特点，选择不同的数据源。目前适用于大面积陆地表面生态环境监测的卫星资料信息源有很多种，按照时空分辨率的不同，可以将常用的宏观生态遥感监测的遥感信息源大致分为以下几种（表2-11）。

表 2-11　宏观生态环境监测常用的遥感信息源

类型	信息源名称	波段数	空间分辨率	数据存档情况	所属国家
高时间分辨率卫星	NOAA/AVHRR	5	1.1 km	1982 年至今	美国
	风云 1C/1D	10	1.1 km	1999 年至今	中国
	Meteosat	3	2.5 km	1999 年至今	欧洲空间局
	GMS	4	1.1～4 km	1989 年至今	日本
中等空间分辨率资源卫星	Landsat 系列	7	15～120 mm	1986 年至今	美国
	环境减灾卫星 HJ-1A/1B CCD	4	30 m	2008 年至今	中国
	资源 3 号	4	6 m	2012 年至今	中国
	资源一号 02C	4	10 m	2011 年至今	中国
	SPOT 系列	4	6～20 m	1998 年至今	法国
	CBERS-01/02	5	19.5 m	2000 年至今	中国/巴西
	MODIS	36	250 m～1 km	2000 年至今	美国
高空间分辨率卫星	QuickBird	5	0.6 m（全色）	2001 年至今	美国
	IKONOS	5	0.8 m（全色）	1999 年至今	美国
	WorldView-2	8	0.5 m（全色）	2009 年至今	美国
星载微波数据	ERS-1/2	1（C 波段）	25 m	1995 年至今	美国
	RADARSAT-1/2	1（C 波段）	10～30 m	1995 年至今	中国
	EVISAT	1（C 波段）	10～30 m	2002 年至今	欧洲空间局

（1）高时间分辨率数据。时间分辨率是评价遥感系统动态监测能力和"多日摄影"系列遥感资料在多时相分析中应用能力的重要指标。高时间分辨率的气象卫星数据，如美国 NOAA 系列极轨业务气象卫星、我国风云系列气象卫星、日本静止气象卫星 GMS 等，空间分辨率 1 km 至几千米，时间分辨率高（小时至日），可以对大范围重复观测，提供全国乃至全球资源环境的动态信息。根据地球资源与环境动态信息变化的快慢，可选择适当的时间分辨率范围。按研究对象的自然历史演变和社会生产过程的周期划分为：超短期（需以小时计）、短期（以日数计）、中期（以月或季度计）、长期（以年计）和超长期（长达数十年以上）。

（2）中等空间分辨率资源卫星数据。如美国 Landsat TM 数据、法国的 SPOT 资料、中国-巴西合作 CBERS-01/02、中国环境减灾卫星 HJ-1A/1B CCD、美国中尺度 MODIS 数据等，空间分辨率一般为几十米（MODIS 为 250 m～1 km），具有多个波段，是反演森林、草地等植被状态参数的主要信息源。

（3）高空间分辨率的卫星数据。如 QuickBird 数据、IKONOS 数据、WorldView-2 数据等，其空间分辨率能够达到亚米级，可以提供局部地物分布的详细信息。

（4）星载微波数据。如加拿大的 RADARSAT 数据、欧洲空间局的 ENVISAT 数据等。

3.1.3 方法

生态环境质量评价始于 20 世纪 80 年代，在生态环境质量评价工作中，评价方法作为其必不可少的手段而具有重要意义。国内外目前应用的生态环境质量评价方法主要有以下几种：层次分析法、模糊评价法、人工神经网络评价法、物元分析评价法、主成分评价法等。[46]近年来国内外学者开始应用景观生态学、遥感和地理信息系统（GIS）等手段评价区域生态环境，研究手段和研究范围深度得到了很大的加强。Basso 等[47]基于 GIS 和遥感手段评价了意大利南部 Agri 流域环境脆弱性；Smith 等[48]利用遥感、GIS 地图制图技术对坦桑尼亚 Batemi 河谷的土地利用状况和生态环境状况进行了监测和评价研究；国内学者申文明[49]、王鹏[50]、任斐鹏等[51]利用遥感和 GIS 手段对流域生态环境质量、土地利用时空差异进行了综合评价。

3.1.3.1 层次分析法（AHP）

目前被用于生态环境质量评价的方法已有多种，由于层次分析法具有高度的逻辑性、系统性、简洁性与实用性的特点，且较为成熟，因此层次分析法是进行生态环境质量综合评价中运用较多的一种方法。它是模拟人脑对客观事物的分析与综合过程，将定量分析与定性分析有机结合起来的一种系统分析方法。层次分析法的应用研究很多，例如朱晓华、曹长军等将层次分析法用于生态环境质量的综合评价中。[52, 53]

3.1.3.2 模糊评价法

生态环境质量具有精确与模糊、确定与不确定的特性，各指标之间也存在着复杂多变的联系，因此生态环境质量评价中引入模糊评价法。常采用的模糊评价法有模糊综合评价法、模糊聚类评价法等。王宗仁等利用特尔斐－模糊综合比较法评价了平顶山市生态环境质量变化。[54]

3.1.3.3 人工神经网络评价法

BP（Back Propagation）神经网络模型具有的分布并行处理、非线性映射自适应学习和联想存储功能，具有较高的计算效率和精确地逼近复杂的非线性函数的能力。[55, 56]BP 神经网络有类似人的大脑思维过程，可以模拟人脑解决某些模糊性和不确定性问题的能力。因此，利用人工神经网络对已知环境样本进行学习，获得先验知识，学会对新样本的识别和评价。[57]李洪义等利用人工神经网络对福建省福州市的生态环境质量进行遥感评价，在生态环境遥感本底值理论及福建省生态环境遥感本底值评分体系的基础上，将生态环境类型的遥感本底值评分作为网络输出，从遥感影像、气象、地形数据中提取生态环境指标作为网络输入，构建生态环境遥感本底值 BP 预测模型。[58]

3.1.3.4 物元分析评价法

由于环境质量的单因子评价结果之间往往具有不相容性，利用关联函数可以取负值的特点，使评价与识别能全面地分析环境系统属于某评价等级集合的程度。物元分析理论以研究处理矛盾问题的思维过程并将其数学形式化为核心。"物元理论"是可拓理论的两大重要支柱之一，和"可拓数学"构成了其理论体系的"硬核"。[59]物元，是把事物的质和量有机联系在一起的重要概念，也是物元理论的首要基本概念，"事物"、"特征"及"量值"构成了物元三要素。从数学角度,给定事物的名称 N,它关于特征 C 的量值为 X,以有序三元 $R = (N, C, X)$ 组作为描述事物特征的基本元。[60]生态环境综合评价中质量等级的归属问题实质上是一个典型的矛盾问题,利用物元分析法可以建立事物多指标性能参数的质量评定模型,以定量的数值较完整地反映质量的综合水平。吴华军等基于物元分析的生态环境综合评价研究,用物元分析理论对小城镇生态环境质量综合评价进行了探索,在依据不同小城镇特点,建立多因子生态环境指标体系的基础上,以 3 个小城镇为对象进行案例研究,将物元分析法与模糊矩阵、灰色关联评价法进行比较评价。

3.1.3.5 主成分分析法

空间主成分分析法则是在地理信息系统软件的支持下,通过将原始空间坐标轴旋转,将相关的多变量空间数据转化为少数几个不相关的综合指标,实现用较少的综合指标最大限度地保留原来较多变量所反映的信息。与层次分析法和群组决策特征根法不同,主成分分析过程中利用各个成分的载荷又可以确定其权重,整个过程不再需要专家打分。因此结合地理空间的优越性和主成分分析的客观性,可以快速、准确地对生态环境质量进行综合评价。李丽[61]、王思远[62]等基于遥感、GIS 技术获取了一系列指标,利用空间主成分分析对区域生态环境质量进行了综合评价,得到的结果与客观事实较为相符。

3.2 基础数据

遥感影像数据:选取 1988 年、1998 年的 Landsat TM 卫星影像数据(分辨率为 30 m)以及 2011 年中国环境卫星 HJ-1B/CCD。其中中国环境卫星 HJ-1B 是中国国务院批准的专门用于环境和灾害监测的对地观测系统,空间分辨率为 30 m,有 4 个波段,包括蓝色波段、绿色波段、红波段和近红外波段(图 2 - 14 - a)。遥感数据的预处理利用 ENVI 4.7 软件对图像进行几何纠正和图像拼接:首先选取地面控制点,将 2011 年 HJ-1B/CCD 数据纠正到 1∶50 000 的地形图上,以 HJ-1B/CCD 数据为基础,将 1988 和 1998 年的多幅 TM 数据进行几何配准纠正,几何纠正过程中的均方根误差(root mean square error,RMSE)小于 0.5 个像元,再分别与 1988 年和 1998 年的 TM 数据进行拼接处理。

为了对新丰江水库流域生态环境质量进行综合评价,本研究收集了新丰江地形数据、水热气象数据、土地利用数据、行政区划数据和土壤类型分布数据等。地形数据:基于 1∶50 000 地形图的等高线,采用不规则三角网法生成 TIN 数据,再由 TIN 数据转化成 DEM,DEM 数据重采样的栅格大小采用与遥感数据相同的 30 m(图 2 - 14 - b)。水热气象数据:收集了 1988 年、1998 年和 2011 年广东省范围内 26 个气象站点观测数据的日降雨量和日平均气温数据(图 2 - 14 - c、d),经过计算得出各站点的年降雨量和积温(>10 ℃积温)。土地利用数据:利用 1988 年、1998 年和 2011 年的卫星影像数据,通过实地调查建立的具有代表性的解译标志作为训练样本,采用最大似然法进行监督分类,并结合人工目视解译修改分类错误,经过精度评定,3 期基于遥感数据的土地利用分类结果的精度不低于 85%。其他数据:研究区行政区划数据、1∶250 000 新丰江水库流域土壤类型分布图(图 2 - 14 - e)等。

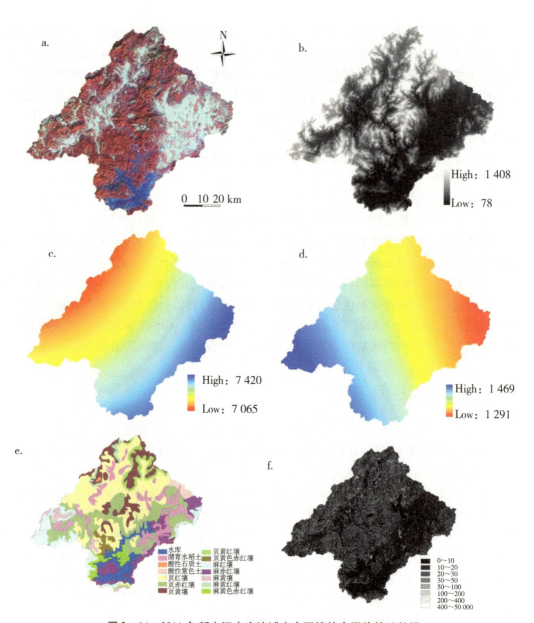

图 2-14 2011 年新丰江水库流域生态环境综合评价基础数据
a. 遥感影像；b. DEM；c. 积温分布；d. 降雨分布；e. 土壤类型分布；f. 土壤侵蚀强度

3.3 生态环境质量评价指标

3.3.1 指标体系选择的原则

任何生态环境问题都不是孤立存在的，指标体系必须能够全面反映生态环境各个方面，既要有反映资源、环境的自然指标，又要有反映人类影响的社会和经济指标，还要有反映各系统之间相互协调的指标，充分体现人类活动对生态系统的影响程度。[43,63]

（1）科学性与系统性原则。指标体系要客观反映生态环境的本质和基本特征，指标概念明确，并尽可能应用现代科学技术予以权衡和科学化的定量表达，以便于研究结果的空间区域分异对比。并按照系统论的观点确定相应的评价层次，将评价目标和评价指标有机地联系起来，构成一个层次分明的评价指标体系，达到科学性、系统性兼备。

（2）综合性原则。要全面衡量与生态环境质量密切相关的各种指标，进行综合分析和评价。

（3）主导性原则。生态环境质量受地质、地貌、水文、土壤、植被、气候以及人为活动等多种因素影响的制约，在众多的因子中，各种因子的作用过程及作用方式是不同的。

（4）实用性原则。指标体系必须建立在科学的基础上，概念必须明确，制定评价指标体系及构建评价模式时，应当遵循简洁、方便、有效、实用的原则，保证评价结果的真实性和客观性，能够充分度量和反映生态环境综合状况。

（5）可操作性原则。在选取评价因子时，即要通过相关学科理论的概括，反映生态环境综合变化和可持续状况，又要使用易于获取的观测资料，并有利于生产及管理部门掌握的因子及模式，使理论与实践得到良好的结合。

3.3.2 评价指标体系及数据获取

区域生态环境质量受到包括自然环境因子和人为干扰因素在内的多因素共同影响。为了科学地实现对流域环境质量进行综合分析，评价指标的选取要充分考虑科学性、区域的特殊性及数据的可获取性[64,65]。本研究在参考王思远、周小成等[66]的研究成果基础上，选取水热气象、地形地貌、土地覆盖和土壤侵蚀4个一级指标，其中又包括了湿度指数、积温指数、降雨量指数、高程指数、坡度指数、坡向指数、植被指数、土壤亮度指数、土地利用和土壤侵蚀强度10个二级指标（表2-12）。

表2-12 新丰江水库流域生态环境质量综合评价指标

一级指标	二级指标	数据获取或方法
水热气象因子	湿度指数 NDMI（1988和1998年） 归一化差异水体指数 NDWI（2011年）	$NDMI = (Green - Mir) / (Green + Mir)$ $NDWI = (Green - Nir) / (Green + Nir)$
	积温指数（>10℃积温）	气象站点实测资料
	降雨量指数（年降雨量）	气象站点实测资料
地形地貌因子	高程指数	DEM 数据
	坡度指数	基于 DEM 数据计算
	坡向指数	基于 DEM 数据计算
土地覆盖因子	植被指数 NDVI	$NDVI = (Nir - Red) / (Nir + Red)$
	土壤亮度指数 NDSI	$NDSI = (Red - Green) / (Red + Green)$
	土地利用数据	遥感影像解译

续表 2 – 12

一级指标	二级指标	数据获取或方法
土壤侵蚀因子	土壤侵蚀强度	根据降雨侵蚀力因子（R）、坡度因子（S）、坡长因子（L）、植被覆盖与管理因子（C）、土壤可蚀性因子（K）和土壤保持措施因子（P）等因素评价生态系统土壤侵蚀强度，公式为：$A = R \cdot K \cdot L \cdot S \cdot C \cdot P$

注：1988 和 1998 年用 $NDMI$ 计算，2011 年的 HJ-1B/CCD 数据没有中红外波段，故采用与 $NDMI$ 较为接近的指数 $NDWI$ 代替。

（1）遥感派生数据。在遥感数据预处理的基础上，计算得到归一化植被指数（NDVI）、土壤亮度指数（NDSI）、湿度指数（NDMI）和归一化差异水体指数（NDWI）。

（2）地形地貌数据。在对地形数据进行处理的基础上，获取高程指数，并利用 ArcGIS 软件中的 SLOPE 函数和 ASPECT 函数分别生成坡度、坡向指数图。

（3）水热气象数据。对广东省各站点气象数据进行处理后，利用克里金插值生成新丰江水库流域的年降雨量和积温（>10 ℃积温）要素的分布图。

（4）土壤侵蚀数据。利用通用的土壤流失方程 USLE 进行计算，[67]基于 DEM 数据、气象数据、土地利用数据、土壤类型分布等数据，参考潘美慧等[68]研究成果进行 USLE 模型计算（见图 2 – 14 – f），土壤侵蚀强度越大，环境质量越差。

3.4 生态环境质量综合评价模型

在生态环境质量综合评价中，如何将多指标转化为综合评价指数是生态环境评价的重点和难点。目前常用的方法有层次分析法、模糊评价法、人工神经网络评价法、物元分析评价法、主成分评价法等。[66,69]本研究在建立新丰江水库流域生态环境质量综合评价指标的基础上，应用 ArcGIS 的空间主成分分析方法，综合评价了流域生态环境质量。该方法可以避免人为地赋予权重而造成的主观性误差，更加客观、准确地对流域生态环境质量进行评价。[70]图 2 – 15 是评价流程。

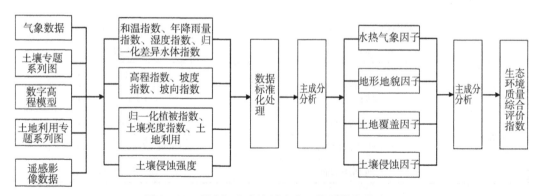

图 2 – 15　新丰江水库流域生态环境质量评价流程

3.4.1 数据标准化

由于各种专题数据性质不同，量纲各异，直接进行评价较为困难。因此在分析和评价之前，需按照一定的标准对参评因子进行标准化处理。[71]参评因子的一般标准化量化公式为：

$$Q_i = \frac{X_i - X_{\min}}{X_{\max} - X_{\min}} \tag{2-12}$$

式中：Q_i 为某参评因子的第 i 级分级标准化值；X_i 为某参评因子第 i 级编码值；$X_{\min}$ 为参评因子的最小编码值；$X_{\max}$ 为参评因子的最大编码值。这样，所有参评因子都被标准化在 0~100 之间，消除了量纲的影响，增强了评价结果的可信度。

3.4.2 空间主成分分析

主成分分析是通过将原来众多的具有一定相关性的指标，重新组合成一组新的相互无关的综合指标来代替原来的指标，而保持其原指标所提供的大量信息。[72]空间主成分分析法则是在空间数据的基础上，通过将原始空间坐标轴旋转，将相关的多变量空间数据转化为少数几个不相关的综合指标，实现用较少的综合指标最大限度地保留原来较多变量所反映的信息。[73]与层次分析法和群组决策特征根法不同，主成分分析的整个过程不再需要专家打分。

基本原理：将 N 个相关变量 X_i 线性组合成 M 个独立变量 Y_j $(M<N)$，Y_j 中保持了 X_i 中大部分信息，于是 N 个相关变量 X_i 就缩减成 M 个独立变量 Y_j，Y_j 就是通常所说的主成分。

综合评价指数定义为 M 个主成分的加权和，而权重用每个主成分对应的贡献率来表示，即：

$$E = a_1 Y_1 + a_2 Y_2 + L + a_j Y_j \quad (j=1, 2, L, M) \tag{2-13}$$

式中：E 为生态环境综合评价指数；Y_j 为第 j 个主成分；a_j 为第 j 个主成分对应的贡献率。

在地理信息系统软件 ArcGIS 9.3 支持下，在与相关数据保持一致的前提下，以 30 m×30 m 大小的栅格为评价单元对生态环境进行综合评价。

3.5 生态环境质量综合评价

3.5.1 空间主成分结果分析

利用标准化后的各评价指标数据执行空间主成分分析，提取累计贡献率达 85% 的主成分因子，具体方法为：

（1）将湿度指数、积温指数和降雨量指数进行主成分分析，生成水热气象因子；将高程指数、坡度指数和坡向指数进行主成分因子提取，生成地形地貌因子；将植被指数、土壤亮度指数和土地利用数据进行主成分分析，生成土地覆盖因子。

（2）在上述分析的基础上，将水热气象因子、地形地貌因子、土地覆盖因子和土壤侵蚀因子进行主成分综合评价，计算出生态环境质量综合指数。

根据上述方法进行主成分分析，确定各个要素的权重，得到新丰江水库流域生态环境综合指数。从主成分分析结果可知（表2-13），在第一次主成分分析时，1988年、1998年和2011年的前2个主成分占据了绝大部分的信息，其累计贡献率达到90%以上，在进行生态环境因子分析时，主要分析前2个主成分。在第二次主成分分析时，根据生成的最终生态环境质量综合指数，1988年、1998年和2011年都选取了前3个主成分，其累计贡献率都达到了99%以上，保留了原来变量所反映的主要信息，可信度较高。根据主成分分析结果和特征值的大小可知（表2-14），水热气象因子、地形地貌因子和土地覆盖因子的主成分特征向量值较高，而土壤侵蚀因子的特征向量值较低。本研究利用USLE计算的土壤侵蚀强度较小，且土壤侵蚀强度较大的区域主要集中在山区等海拔较高区域（图2-14-f），而山区的生态环境质量普遍较好，刘凯等[74]研究结果也表明新丰江水库流域水网目前处于较正常的水平，因此可认为水土流失并没有显著影响流域水网结构和区域生态环境质量，土壤侵蚀对流域生态环境质量影响较小；而水热气象因子、地形地貌可以归结为自然因素对生态环境造成的影响；土地覆盖因子涉及自然因素和人为因素的综合影响，但因自然因素对于人为干扰因素来说变化较为缓慢，可认为土地覆盖因子在新丰江30多年来变化主要是由于人为干扰造成，并对流域生态环境造成影响。因此，新丰江水库流域生态环境质量主要受到了水热气象因子、地形地貌因子和土地覆盖因子的影响，而土壤侵蚀因子对新丰江水库流域生态环境质量作用影响较小，在进行生态环境评价时，可不考虑土壤侵蚀因子。

表2-13 各主成分的特征值、贡献率和累计贡献率

指标	主成分	1988年			1998年			2011年		
		特征值	贡献率	累计贡献率	特征值	贡献率	累计贡献率	特征值	贡献率	累计贡献率
水热气象因子	SPCA1	432.72	84.65%	84.65%	428.32	74.70%	74.70%	353.33	65.38%	65.38%
	SPCA2	42.76	8.36%	93.02%	103.66	18.08%	92.77%	139.28	25.77%	91.16%
	SPCA3	35.68	6.98%	100.00%	41.43	7.23%	100.00%	47.79	8.84%	100.00%
地形地貌因子	SPCA1	445.42	65.10%	65.10	445.42	65.10%	65.10%	445.42	65.10%	65.10%
	SPCA2	182.08	26.61%	91.72%	182.08	26.61%	91.72%	182.08	26.61%	91.72%
	SPCA3	56.67	8.28%	100.00%	56.67	8.28%	100.00%	56.67	8.28%	100.00%
土地覆盖因子	SPCA1	283.50	92.96%	92.96%	273.06	90.95%	90.95%	274.10	81.69%	81.69%
	SPCA2	18.37	6.02%	98.98%	19.95	6.64%	97.60%	61.37	18.29%	99.98%
	SPCA3	3.10	1.02%	100.00%	7.21	2.40%	100.00%	0.08	0.02%	100.00%
生态环境综合评价指数	SPCA1	331.42	43.68%	43.68%	290.40	43.90%	43.90%	243.66	52.94%	49.85%
	SPCA2	283.96	37.43%	81.11%	239.84	36.26%	80.16%	136.74	29.71%	76.85%
	SPCA3	141.55	18.66%	99.76%	129.18	19.53%	99.68%	79.65	17.31%	99.98%
	SPCA4	1.78	0.24%	100.00%	2.09	0.32%	100.00%	0.18	0.04%	100.00%

表 2-14 各主成分特征向量

主成分	1988 年				1998 年				2011 年			
	水热气象因子	地形地貌因子	土地覆盖因子	土壤侵蚀因子	水热气象因子	地形地貌因子	土地覆盖因子	土壤侵蚀因子	水热气象因子	地形地貌因子	土地覆盖因子	土壤侵蚀因子
SPCA1	-0.803	0.459	0.381	0.006	-0.386	0.665	0.639	0.004	-0.388	0.744	0.544	0.001
SPCA2	0.565	0.383	0.731	0.000	0.895	0.100	0.435	-0.005	0.903	0.425	0.062	0.000
SPCA3	-0.189	-0.802	0.567	-0.002	-0.225	-0.740	0.634	-0.009	0.185	-0.515	0.837	0.000
SPCA4	0.004	-0.004	-0.001	1.000	0.004	-0.009	0.005	1.000	0.001	0.000	0.000	1.000

3.5.2 流域生态环境演变分析

生态环境质量综合评价指数的结果反映着新丰江水库流域生态环境质量状况，通过分析收集的资料，对比主成分分析结果发现环境质量综合评价指数越高，生态环境质量越好。为了便于比较生态环境质量状况，根据生态环境质量综合评价指数的大小，结合新丰江水库流域的实际情况，参考周小成等[66]的分级处理方法，将新丰江水库流域划分为四级不同生态环境质量区，分别为"优"、"良"、"中"和"差"。新丰江水库流域生态环境综合评价结果与变化信息见表 2-15 和表 2-16。图 2-16、2-17 为新丰江水库流域生态环境质量等级分布与 3 个时相综合评价结果。

表 2-15 新丰江水库流域生态环境综合评价结果

生态环境质量等级	1988 年		1998 年		2011 年	
	面积/km²	百分比	面积/km²	百分比	面积/km²	百分比
生态环境质量一级区（差）	50.28	0.93%	36.32	0.67%	157.94	2.93%
生态环境质量二级区（中）	56.01	1.04%	470.30	8.72%	302.78	5.61%
生态环境质量三级区（良）	430.11	7.97%	356.96	6.62%	292.77	5.43%
生态环境质量四级区（优）	4857.91	90.06%	4530.73	83.99%	4640.80	86.03%

表 2-16 新丰江水库流域生态环境质量等级变化信息

生态环境质量等级	变化量/km²		变化幅度		变化速率	
	1988—1998 年	1998—2011 年	1988—1998 年	1998—2011 年	1988—1998 年	1998—2011 年
生态环境质量一级区（差）	-13.96	121.62	-27.76%	334.83%	-2.776%	25.76%
生态环境质量二级区（中）	414.29	-167.52	739.69%	-35.62%	73.97%	-2.74%
生态环境质量三级区（良）	-73.15	-64.18	-17.01%	-17.98%	-1.701%	-1.38%
生态环境质量四级区（优）	-327.18	110.08	-6.74%	2.43%	-0.674%	0.19%

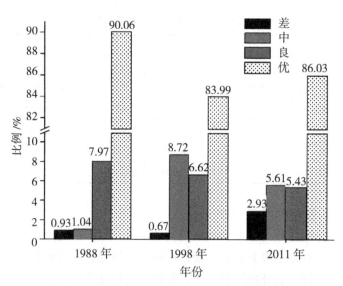

图 2-16 新丰江水库流域生态环境质量等级分布

3.5.2.1 流域生态环境时间演变分析

从时间上的变化来看，新丰江水库流域生态环境质量总体上较好，生态环境质量"优"所占据的比例达到 80% 以上，而"差"和"中"所占据的比例之和在 10% 以下。2011 年生态环境质量等级"差"的面积占据流域总面积的 2.93%，相较 1988 年的 0.93% 和 1998 年的 0.67% 有较大的增幅，等级"中"的面积占流域总面积的 5.61%，相较 1998 年的 8.72% 有一定的下降，但是与 1988 年相比还具有一定差距；2011 年生态环境质量等级"优"和"良"的面积占据流域总面积的 91.46%，与 1998 年面积的 90.61% 相当，相较 1988 年的 98.03% 有一定程度的下降。1988—1998 年生态环境质量等级"中"和 1998—2011 年等级"差"的变化幅度和变化速率较大，这主要是由于生态环境质量等级"中"和"差"面积较小，轻微的变化都会导致变化幅度和速率产生较大范围的波动。新丰江水库流域 1988—2011 年生态环境质量优良，但随着时间的推移，区域生态环境质量有轻微下降，主要原因可能是随着珠三角产业升级及产业转移的推进，经济辐射扩展至东源县、连平县等山区，对区域生态环境质量有一定的负面影响。

3.5.2.2 流域生态环境空间分布特征

从空间分布来看，新丰江水库流域生态环境质量等级分布不平衡，具有明显的区域分布特点。1988 年、1998 年和 2011 年新丰江水库流域大部分地区生态环境质量处于等级"优"，总体环境质量较好；1988—2011 年生态环境质量等级空间分布格局相似，生态环境质量较差的区域主要位于西部和东部的平原地带，其中西部区域以连平河、大席河沿岸区域生态环境质量等级较差，而东部区域主要为东源县北部和连平县东部区域。这些区域主要以建设用地和耕地为主，居民及工矿用地密集，受人口快速增长及经济高速发展等因素影响较大。总体而言，新丰江水库流域生态环境质量差异明显，山区较平原地区更好。同时发现生态环境质量分布连续性高，平原和山地区分明显。

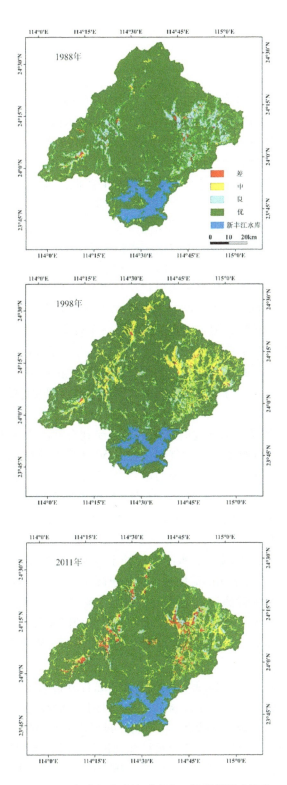

图 2-17 新丰江水库流域生态环境质量综合评价

4　本章小结

（1）本研究利用新丰江水库流域 2 期 1∶50 000 DEM 数据，提取水系数据，利用 Strahler 分级法对流域水网进行分级，对比分析流域水网结构演变特征。结果表明，1968—2005 年间，新丰江水库流域水网结构发生了较大变化，主要表现为水网条数、水网密度、水网频度等指标均呈减少趋势。其中，1 级水网减少了 627 条，随着流域 1 级水网的大幅减少，进一步导致了流域水网等级的降低，最高级水网从 1968 年的 7 级降至 2005 年的 6 级。虽然水网条数减少较多，但是流域河流总长度减少较小，进而导致流域各级水网的平均长度均有不同程度的增加。对比 1～4 级水网的分枝比和分枝能力发现，1、4 级水网分枝比降低，而 2、3 级水网的分枝比增加，说明 1 级水网减少的条数超过了正常的分枝比例，1～4 级水网的分枝能力均降低，分析表明流域内水网的自然分形特征被破坏，水网结构趋于简单化。对比水网分维指标可以看出流域分维数从 1968 年的 1.945 降至 2005 年的 1.698，减少幅度较大，但与其他地区标准值对比显示流域水网虽然受到一定破坏，但水网目前仍处于一个较正常的水平。

（2）1968 年和 2005 年新丰江水库流域水网等级与河流数目、水网平均长度之间均具有较强的半对数线性关系，两个时相的相关系数 R^2 均在 0.977～0.998，符合 Horton 定律和河流长度定律；水网分枝比和分值能力值也遵循水网发育的二叉理论，说明流域水网目前也处于正常状况。

（3）新丰江水库流域水网结构的变化主要是受到自然因素和人为因素共同作用的结果。自然因素主要是流域的降水和气温，在近 50 年中，流域内的降水还处于一种稳定状态，从 20 世纪 80 年代起，流域内的年平均温度持续增高，蒸发量的增加对流域的 1 级水网造成了一定的影响。人为因素主要是区域的土地利用变化以及流域内对植被的破坏等人为活动影响了流域的水网结构，主要体现为通过直接破坏和对土壤侵蚀的影响来破坏初级水网的发育。

（4）1968 年新丰江水库流域的水网结构处于一种"高度健康"的状态，但是经过近 40 年的区域发展和人为干扰，流域水网结构已降至"健康"或"正常"状态。为了防止流域水网结构向"亚健康"状态发展，今后应降低人为因素对流域水网结构的干扰和影响，尤其是要增大对流域主要河流源头区的保护以及入库河流的治理力度，在优化现有建设用地空间布局，逐渐控制和减少新增建设用地，修复和保护流域植被，尤其是水库的水源涵养林地区。

（5）生态环境状况是一个体现多专题要素的综合分析结果，各个专题要素都是在已有的环境条件下不断发育和演变，因而带有各自的时空分布特征，由此所形成的环境综合评价结果也具有明显的区域特点。[47]本研究根据叠加相关的地理环境要素，并制图进行综合分析，提取出了流域生态环境质量综合评价指数，得到如下结论：①在遥感、地理信息系统技术支持下，利用空间主成分分析获取了新丰江水库流域 1988、1998 和 2011 年生态环境质量信息，主成分分析方法避免了人为赋权造成的误差，并保留了 90% 以上的原数据信息。从主成分分析得到的结果来看，新丰江水库流域生态环境质量主要受水热气象因子、地形地貌因子和土地覆盖因子的影响。②新丰江水库流域生态环境质量总体保持较好。1988年、1998年和2011年生态环境质量处于等级"优"的区域占据了流域面积的80%以上，而等级"差"的面积分别仅占流域面积的0.93%、0.67%和2.93%。随着时间的推移，流域生态环境质量有轻微下降的趋势；在空间分布上，生态环境质量较差的区域主要分布在以建设用地和耕地为主的平原地带，生态环境质量分布连续性高，平原和山地区分明显。③遥感与地理信息系统技术在区域环境质量评价中能够起到很好的作用，能准确判定区域环境质量变化趋势。与常规方法相比，具有数据获取相对容易、信息丰富、分析快速的优点，能客观准确地评价区域环境质量现状，在生态环境评价中具有广泛的应用前景。本研究为新丰江水库流域生态环境保护提供了一定科学依据和决策支持，但由于受到数据和手段的限制，所建立的指标体系并不完善，未能全面结合相关环境指标，也未能对生态环境动态变化的内在机理进行深入探讨，未来应该加强此方面的相关研究，提出有针对性的应对策略。

第3章　新丰江水库流域水质监测与评价

1　水库水质研究背景及评价方法

1.1　水库水质研究概述

水是人类赖以生存的自然之源，水资源是国民经济持续发展的重要保障。水质的优劣直接影响着人类的生存条件和生活质量。随着全球工业化进程的不断加速、世界人口城市化进程的加快以及人类生活水平的提高，城市的需水量在逐年增加。城市的水资源短缺和水质污染问题已引起各国的广泛关注和不安。1996年"世界水日"的口号是"为干渴的城市供水"。目前，水资源危机已成为继石油危机之后的第二大危机。我国也同样面临着城市用水危机。据统计，在全国668个城市中有400多个城市缺水，50多个城市经常闹水荒。据《2013中国环境状况公报》显示，中国水环境质量不容乐观，全国地表水总体轻度污染；在全国4 778个地下水监测点位中，较差和极差水质的比例高达59.6%。根据中国《地表水环境质量标准》，2013年长江、黄河、珠江、浙闽片河流、西南诸河等十大水系的国控断面中，Ⅳ～Ⅴ类水质以及劣Ⅴ类水质的断面比例分别高达19.3%和9.0%，即有近30%达不到生活饮用水标准，也不适于水产养殖和游泳。进行城市饮用水源的保护研究，确保城市居民饮水的质和量问题无疑是摆在全社会面前的紧迫问题。

水库能调控水资源时空分布、优化水资源配置，具有供水、灌溉、防洪、发电、航运、养殖、旅游等多种功能。随着世界水资源短缺形势日益严重，水库功能由发电、防洪等功能转向供水已成为世界性的趋势。新中国成立以来，我国兴建各类水库816万座，水库总库容6 345亿 m^3，相当于全国河流年径流总量的1/5。[75] 由于我国江河水量逐渐减少、污染日趋严重，今后改由水库供水的城市和农村会越来越多。

目前，大中型水库已成为广东省各地区生产和生活的重要水源地。由于50多年的水利建设，我省境内技术和经济指标较高、工程效益显著、开发条件较好、库容较大的水库已基本开发了，剩余尚未开发的库址主要能建河道型水库，这类水库将是造价高、库容小、水质较差、淹没损失大，需搬迁大量的移民，占用大量的肥田沃土。而2010年前规划兴建的大型水库只有3座，仅可以新增加库容5.6亿 m^3，远远滞后于水资源需求增长的步伐。现有水库因库容淤损和污染而日益减弱其原有功能，迫切需要挖掘蓄水潜力和提高水质。水库的泥沙淤积和水质恶化将直接关系到我省经济社会的可持续发展和人民生活质量的提高，构建良好的水环境保障具有重要的社会经济战略意义。

水资源是以流域为基本单元，相互转化，相互补给。流域水循环不仅构成了社会经济发展的资源基础,是生态环境的控制因素,同时也是诸多水问题和生态问题的共同症结所在。因此以流域为单元对水环境实行统一管理已成为目前国际公认的科学原则。

欧共体国家在20世纪六七十年代纷纷修改水法,建立了以流域管理为基础的水资源管理体制。[76,77]日本提出了面向21世纪的河流治理策略。[78]近10年来,澳大利亚联邦政府对水问题进行了各种方式的调查研究,新成立的水土保持局正在制定一套环境质量标准推进水费制度改革,以满足澳大利亚各联邦政府联席会议公报的要求。[79]在水环境治理方面从20世纪50年代开始美国的资源开发进入了一个综合资源规划和全面质量管理的时期,1965年颁布的《水资源规划法》实施了水环境的流域保护计划,极大地改善和保护了美国流域水环境。加拿大政府也通过不同的行动来改善水质,自1987年加拿大"联邦水政策"颁布以来,加拿大联邦和各省相继出台了一些改革措施,陆续制定和颁布了一系列水政策。在这些水政策中,水被当作大生态系统中的一个方面,与土地、环境、经济等要素结合起来加以综合考虑。

冯玉琦在《我国水环境的现状、存在问题及治理方略》中指出中国是世界上人口最多的发展中国家,而水资源的匮乏短缺是中国的基本国情,并分析了我国水环境的现状、存在问题及治理方略。[80]张寿全在《中国的水环境与水资源可持续利用若干问题》中分析了我国水环境的状况与趋势,水资源分布与利用的若干特点,并着重分析了降水利用、节水、矿山排水利用、咸水利用以及污水回用对我国北方缺水地区的意义;并重点讨论了我国北方地表水与地下水联合运用的几种方式,提出人工回灌、优化调控、系统规划、联合运用,井渠结合、合理开发利用水资源的三种持续利用模式。[81]

1.2 评价方法

水环境质量评价是环境质量评价中的重要组成部分,自20世纪50年代以来,国内外学者对水体环境质量进行了深入的研究。环境质量评价在我国的开展已有30多年的历史,经过多年的发展,在评价理论、评价方法等方面均有了较大的进展。[82,83]但目前国内还没有制定出统一的评价方法标准。

水环境质量评价可分为单项评价法和多项综合评价法,单项评价一般是根据国家标准或本底值采用超标指数法,评价其超标程度,做起来相对容易;而综合评价则要考虑水体中所有污染物的综合作用,确定水质的综合级别。[83]

基于环境系统的复杂性亦呈多种多样,目前比较流行的评价方法概括起来大致分为以下几种。

1.2.1 模糊数学法

水环境是一个多污染因子耦合的复杂动态系统,本身存在大量的确定和不确定的特性,例如各个项目的检测结果是唯一确定的,而每个项目的级别划分是不确定的区段,因此根据每一个污染项目的检测结果很难做出确定性的评价。模糊数学的兴起为确定和不确定、精确与模糊的沟通建立了一套数学分析方法,也为解决水环境质量评价中的不确定性开辟了又一条途径。

模糊评价法的基本思路是,通过建立各污染因子检测指标对各级标准的隶属度集,形成隶属度矩阵,然后将因子的权重集与隶属度矩阵相乘,得到模糊积,也就是得到一个综合评判集,表明评价水体水质对各级标准水质的隶属程度,也反映了综合水质级别的模糊性。[84]由于模糊数学的突出特点在于对事物的判别与评价,因此模糊数学在水质综合评价中得到广泛应用。

1.2.2 灰色评价法

水环境系统是一个多因素、多层次的复杂系统,有已知的信息,也有未知的或不确定的信息。在对水质进行评价时,"水质级别"、"污染程度"都是一些灰色概念,水环境质量监测数据是在一定的时间和空间范围内得到的,因此水环境可视为一个灰色系统。基于灰色系统理论的水质评价法通过计算水质中各因子的实测浓度与各级标准的关联度大小,从而确定水质的级别。灰色评价法主要包括灰色聚类法、灰色关联评价法、灰色贴近度分析法、灰色决策评价法等。[85]

1.2.3 层次分析法

层次分析法,是在20世纪70年代初期由美国运筹学家T. L. Saaty教授提出的。它的特点是把复杂问题中的各种因素通过划分为相互联系的有序层次,使之条理化,根据对一定客观现实的主观判断结构(主要是两两比较)把专家意见和分析者的客观判断结果直接而有效地结合起来,将每个层次元素两两比较的重要性进行定量描述。而后利用数学方法计算反映每一层次元素的相对重要性次序的权值,通过所有层次之间的总排序计算所有元素的相对权重并进行排序。[85]应用层次分析法具有较强的逻辑性、实用性和系统性,能准确评价水体的水质状况,可以为水环境问题的相关决策提供参考依据[86]。

1.2.4 物元分析法

蔡文创立的物元分析,是用关联度将模糊集合的[0,1]闭区间的连续取值拓展到($-\infty$,$+\infty$)实数轴,将物元的量值表达为实轴上一点,这极大地丰富了事物的内涵。[87]

物元分析法是物元分析理论在水环境质量评价领域的应用。它是根据各级水质标准建立经典域物元矩阵,根据各因子的实测浓度建立节域物元矩阵,然后建立各污染指标对不同水质标准级别的关联函数,取关联度最大值对应级别即为所评价水质级别。运用物元分析方法探讨水质污染的综合评价问题,丰富和发展了水质污染评价方法。

1.2.5 人工神经网络评价法

人工神经网络的研究始于20世纪40年代,但一直发展缓慢。到80年代后期,Hopfield的工作大大推动了人工神经网络的研究及应用,90年代以来在水文水资源系统中得到广泛应用。国内在水环境领域应用最多的是水质综合评价,该方法的主要优势是具有高速的计算能力和高容量的记忆能力、自主的学习能力和良好的容错能力。

由于人工神经网络有类似人的大脑思维过程,可以模拟人脑解决某些具有模糊性和不确定性问题的能力。因此,应用人工神经网络进行水质综合评价,先将水质标准作为"学习样本",经过自适应、自组织的多次训练后,网络具有了对学习样本的记忆联想能力,然后将实测资料输入网络系统,由已掌握知识信息的网络对它们进行评价。在实际应用中,80%~90%的人工神经网络模型是采用误差反传算法或其变化形式的网络模型（简称 BP 网络），它是目前人工神经网络模式中最具代表性，应用最广泛的一种模型。[88]

1.2.6 地理信息系统（GIS）的应用

地理信息系统技术应用于水环境质量评价，主要是利用其在数据采集、空间查询、空间分析与模型分析方面的基本功能，使流域水环境信息摆脱单一的表格和数据的格式，以生动形象的图形和图像方式呈现出来，而且以地理空间数据库为基础的地理模型分析方法，可以为地理研究和决策快速地提供多视角、动态的地理信息服务。[89]

1.2.7 指数评价法

指数评价法可分为单因子污染指数法和水质综合污染指数法，单因子污染指数表示单项污染物对水质污染影响的程度，水质综合污染指数表示多项污染物对水质综合污染的影响程度。

单项水质参数标准指数法是将某种污染物实测浓度与该种污染物的评价标准进行比较以确定水质类别的方法。运用该方法，新丰江水库对照Ⅱ类水质标准限值来确定主要污染指标，计算平均超标倍数。单项水质参数 i 在第 j 点的标准指数 $S_{i,j}$ 定义为：

$$S_{i,j} = \frac{C_{i,j}}{C_{si}} \tag{1}$$

式中：$S_{i,j}$ 是水质参数 i 在第 j 点的标准指数；$C_{i,j}$ 是水质参数 i 在监测 j 点的浓度（mg/L）；C_{si} 是水质参数 i 的地表水水质标准（mg/L）。

1.2.8 综合评价法

综合评价法是指在求出各个单一因子污染指数的基础上，再经过数学运算得到一个水质综合污染指数，据此评价水质，并对水质进行分类的方法。《环境影响评价技术导则——地面水环境》（HJ/T 23—P3）推荐的多项水质参数综合方法有幂指数法、加权平均法、向量模法等。对于各种指数法存在的不足，有人提出了各种改进的指数公式，如分指数分级评分迭加法、用分指数合成计算环境质量综合指数的方法、把水质类别考虑进综合指数以求评价方法统一的综合指数计算公式等。

1.2.9 综合污染指数法

综合污染指数法是对整体水质做出定量描述，在总体上是可以基本反映水体污染性质与程度的，而且便于同一水体在时间上、空间上的基本污染状况和变化的比较，所以现在进行水质污染评价时常采用这种方法。内梅罗指数法是当前国内外进行综合污染指数计算的最常用方法。

内梅罗水质指数对流域水质污染情况作评价。其数学表达式为：

$$I = \sqrt{\frac{(P_i)_{max}^2 + (P_i)_{ave}^2}{2}}$$

式中：I 为内梅罗水质指数；P_i 为 i 污染物的污染指数，$P_i = M_i / S_i$；M_i 为污染物的浓度；S_i 为 i 污染物的地表水Ⅱ类水质标准（mg/L）；$(P_i)_{max}$ 为参评污染物的最大污染指数；$(P_i)_{ave}$ 为参评污染物的算术平均污染指数。

参考《内梅罗水质指数污染等级划分标准》，根据内梅罗水质指数 I，将流域水环境污染程度进行分级（表 3-1）。

表 3-1　内梅罗水质指数污染等级划分标准

I	<1	1~2	2~3	3~5	>5
水质等级	清洁	轻污染	污染	重污染	严重污染

2　新丰江水库流域水质研究方法

2.1　采样

为了研究新丰江水库流域内不同河段水质状况，分析不同河段水质对新丰江水库水质的影响，我们将新丰江水库分为 3 个区域（分别为新丰江支流流域、忠信水支流流域和库区）。新丰江支流流域的主要河流有新丰江、连平河、大席河等。忠信水支流流域主要河流有忠信河、船塘河、骆湖河、灯塔水等。由于前人围绕库区已经做了大量的工作，本项目主要对新丰江和忠信水支流流域河流采样。

2007 年 9 月（丰水期采样 39 个）、2008 年 3 月（枯水期采样 65 个）、2010 年 10 月初（丰水期采样 46 个）在新丰江和忠信水的部分河段及其支流进行采样。按照国家环境保护总局《水和废水监测分析方法》，对水样氨氮、总氮、总磷、化学需氧量（重铬酸钾法）COD_{cr} 4 项指标进行测定。其采样点分布见图 3-1。

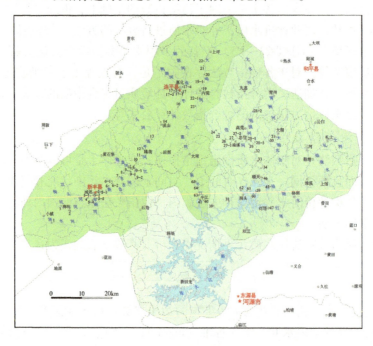

图 3-1　新丰江水库流域采样点分布图

2.2 水质评价标准及方法

水环境质量评价标准是整个评价工作的依据，依照 GB 3838—2002，Ⅰ类水主要适用于源头水、国家自然保护区；Ⅱ类水主要适用于集中式生活饮用水地表水源地一级保护区、珍稀水生生物栖息地、鱼虾类产卵场、仔稚幼鱼的索饵场等。

根据广东省水功能区划，新丰江水库流域内有新丰江水库保护区、新丰江源头水保护区、连平水源头水保护区、船塘河龙川-东源源头水保护区等4个保护区。保护区水质保护目标均为Ⅱ类。因此，以地表水环境质量标准 GB 3838—2002 中Ⅱ类水为评价标准（表3-2）。

表3-2 地表水环境标准

项 目	Ⅰ类	Ⅱ类	Ⅲ类	Ⅳ类	Ⅴ类
氨氮（NH$_3$—N）≤	0.15	3.00	4.00	6.00	10.00
总磷（以P计）≤	0.02（湖、库0.01）	0.10（湖、库0.025）	0.20（湖、库0.05）	0.30（湖、库0.1）	0.40（湖、库0.2）
总氮（湖、库，以N计）≤	0.2	0.5	1.0	1.5	2.0
化学需氧量（COD）≤	15	15	20	30	40

根据国标Ⅱ类标准，分析每次各流域样点的达标情况、各指标的达标情况、流域样点的沿程水质变化，并以内梅罗水质指数进行综合评价。

3 新丰江水库流域水质年内变化

3.1 全流域水质评价

根据2007年、2008年在流域的采样测定4项指标表明（由于2次采样点数不同，故用比例进行比较），丰水期和枯水期，不同断面的水质虽有明显变化，但主要污染项目均为总氮。

表3-3显示了2008年3月枯水期的采样结果，4项指标均达到国家《地表水环境质量标准》（GB 3838—2002）Ⅰ类标准的样点占全部采样点的3%（仅有2个），达到Ⅱ类标准的样点约占37%（24个），其余约60%的采样点达不到Ⅱ类水标准（其中Ⅲ类水占32.3%，Ⅳ类水占12.3%，Ⅴ类和劣Ⅴ类水各占7.7%），枯水期水质情况不容乐观。2007年9月丰水期的采样结果虽没有Ⅰ类水，但4项指标均达到Ⅱ类标准的样点占59%（达23个）；Ⅲ类水样点占33.3%（13个）；Ⅳ类水样点占7.7%（3个）。从采样点水质分布情况看，丰水期的水质要明显优于枯水期的水质，枯水期近60%样点水质达不到Ⅱ类，水质堪忧。

表3-3　4项指标均达到同一水质标准的样点比例

水质类别	Ⅰ类	Ⅱ类	Ⅲ类	Ⅳ类	Ⅴ类	劣Ⅴ类
枯水期	3.1%	36.9%	32.3%	12.3%	7.7%	7.7%
丰水期	0	59.0%	33.3%	7.7%	0	0

表3-4显示，枯水期各单项指标达到地表水Ⅱ类标准的采样点比例分别为：氨氮82%、总氮43%、总磷85%、COD_{cr} 95%，即总氮达标率最低，超标样点最多。从超标倍数来看，尽管总氮平均超标2.81倍不是最高的，但其最高超标达14倍之多，是其他指标所没有的；总磷、COD_{cr} 超标倍数高过总氮（分别是3.8倍和5.8倍），主要是个别样点超标严重，高达近10倍，而超标样点数量较少所致。从2项指标综合来看，近60%的样点总氮超过Ⅱ类，总氮是新丰江水库枯水期的主要污染项目。而在丰水期，各指标达到地表水Ⅱ类标准的水样点比例分别为：总氮67%、氨氮100%、总磷95%、COD_{cr} 92%。从超标倍数来看，总氮超标样点（13个）平均超标1.47倍；总磷仅有2个点超标，超标倍数均为3倍，故平均超标倍数高过总氮。综合而言，近40%的样点总氮超过Ⅱ类，且超标倍数较高，故总氮也是新丰江水库丰水期的主要污染项目。即不论丰、枯水期，总氮均为新丰江水库的主要污染项目。通过表3-4也可看出丰水期各个指标达标比例均高于枯水期，且超标倍数更小些，说明丰水期水质要好于枯水期。

表3-4　达到Ⅱ类标准样点的比例及超标样点的平均超标倍数

采样时间	氨氮	总氮	总磷	COD_{cr}
枯水期	82%（1.62）	43%（2.81）	85%（3.80）	95%（5.80）
丰水期	100%（0）	67%（1.47）	95%（3.00）	92%（1.24）

根据内梅罗指数将不同时期采样点分别统计（表3-5），数据显示，丰水期清洁样点比枯水期高出近17%，轻污染的比例略低于枯水期，而且丰水期没有重污染和严重污染，枯水期有1个样点为重污染，占总采样点数的1.5%，而有4个样点为严重污染，比例达6.2%。枯水期水质达到清洁的采样点比例超过50%，丰水期达到近70%。可见新丰江水库水质整体良好，丰水期的水质情况总体优于枯水期的水质情况。

表3-5　新丰江水库不同时期采样点的内梅罗指数分布比例

内梅罗指数	<1	1~2	2~3	3~5	>5
水质等级	清洁	轻污染	污染	重污染	严重污染
枯水期	50.8%	26.2%	15.4%	1.5%	6.2%
丰水期	69.2%	25.6%	5.1%	0	0

3.2　分流域水质评价

本研究的新丰江水库流域包括2个支流新丰江和忠信水。新丰江支流主要分为4个河段——新丰江干流及其上游支流河段（马头镇以上）、连平河、大席河、新丰江下游入库河段。忠信水支流主要有忠信河、船塘河、骆湖河、灯塔水等。下面将分别进行论述。

3.2.1 新丰江干流及其上游支流水质情况

（1）新丰江干流水质情况。

表3-6显示了新丰江干流总体水质情况。枯水期新丰江干流共采集15个水样，4项指标均达Ⅱ类的样点8个，占53%，Ⅳ类的样点4个，约占27%，Ⅴ类和劣Ⅴ类的样点各2个和1个，分别占13%和7%。而在丰水期66%的样点（6个样点有4个达标）4项指标均达Ⅱ类标准，Ⅲ类和Ⅳ类的样点各1个，占17%。可见，丰水期的水质要明显优于枯水期，枯水期近一半样点水质不到Ⅱ类。

表3-6 新丰江干流四指标均达到同一水质标准的样点比例

水质类别	Ⅰ类	Ⅱ类	Ⅲ类	Ⅳ类	Ⅴ类	劣Ⅴ类
枯水期	0	8	0	4	2	1
丰水期	0	4	1	1	0	0

表3-7显示，新丰江干流枯水期总氮达标率最低，其次是氨氮、总磷。COD_{cr}虽然达标率最高，仅1个样点超标，但其超标倍数最大，水质已为劣Ⅴ类。总磷超标倍数较高，是由于超标样点少（仅2个），有1个样点超标倍数较大所致。总氮超标样点多，且超标倍数很高，故为枯水期的主要污染项目。丰水期只有总氮和COD_{cr}各有1个样点超标，倍数分别是1.12和1.40，分别为Ⅲ类和Ⅳ类。丰水期水质远好于枯水期水质。而总氮是新丰江干流的主要污染项目。

表3-7 新丰江干流达到Ⅱ类标准样点的比例及超标样点的平均超标倍数

采样时间	氨氮	总氮	总磷	COD_{cr}
枯水期	73.3%（1.42）	53.3%（3.58）	86.7%（6.50）	93.3%（11.33）
丰水期	100%（0）	83.3%（1.12）	100%（0）	83.3%（1.40）

新丰江干流沿程枯水期共采样15个，其中马头镇以上干流采样11个（1至9-3），其余样点为库区采样。沿程丰水期共采样6个，其中5个位于马头镇以上干流。枯水期新丰江干流水质较差。新丰县城以上河段（点5-3之前共4个样点）和马头镇以下河段（自点9-3以下共5个点），水质均属Ⅱ类。主要原因为该段区域内人口密度低，生态环境受人类活动干扰少，污染物排放少。但上源源头清水河（点1）的总氮为劣Ⅴ类，需要关注源头的水质保护。位于新丰县城到马头镇（5-3至9-1采样点）河段的样点水质较差，均在Ⅲ类以下。水质最差的是位于新丰县城附近的点6，氨氮是Ⅴ类，其余3个指标均为劣Ⅴ类。枯水期该点水浮莲布满整个水面，水体富营养化十分严重。该点上游不远处有一氮肥厂和建材厂，而下游约1 000 m处设有水电站，由于水电站的拦截过滤作用，使大量的水生植物聚集于此，由于水生植物的繁殖代谢作用使水中的溶

解氧含量大大减少，加上上游生活污水、工业废水的排放使该区域水质严重恶化。其中该点总氮、总磷的含量严重超标，很可能与上游氮肥厂的生产有关。而后随着距离愈远河流的自净作用导致水质略有好转。但点 9-1 因受马头镇生活污水排放的影响总氮含量仍相对较高。马头镇下游（采样点 9-3）水质达 Ⅱ 类，是因为生活污水排放量减少及水质较好的鲁谷河支流汇水稀释的结果。采样点 65 位于南坑河茅岭水电站处，由于该点所在区域有矿山分布，采样时发现南坑河水体十分浑浊，对重金属做全分析，结果表明该点 Hg 超标 6 倍。丰水期除个别点外水质整体较好。

根据内梅罗指数 I 值（表 3-8），新丰江干流枯水期一半的样点水质为清洁，1/3 的样点水质达污染，点 6 已达严重污染。而丰水期仅 1 个样点为轻污染，其余均达清洁。丰水期采样点 I 值明显小于枯水期。从空间分布看，I 值较低水质清洁的样点主要位于新丰县城以上和马头镇以下河段。新丰县城到马头镇河段 I 值相对较高。

表 3-8 新丰江干流内梅罗指数

采样点编号	丰水期		枯水期	
	I	级别	I	级别
1	0.84	清洁	2.34	污染
5-4			0.71	清洁
5-2			0.68	清洁
5	0.65	清洁	0.71	清洁
5-3			2.18	污染
6	0.94	清洁	12.43	严重污染
6-2			2.48	污染
7	0.34	清洁	2.44	污染
8	1.15	轻污染	2.03	污染
9-1			1.73	轻污染
9-3			0.72	清洁
65			0.73	清洁
64			0.46	清洁
63			0.42	清洁
40	0.33	清洁	0.31	清洁

图 3-2 为新丰江干流水质情况。

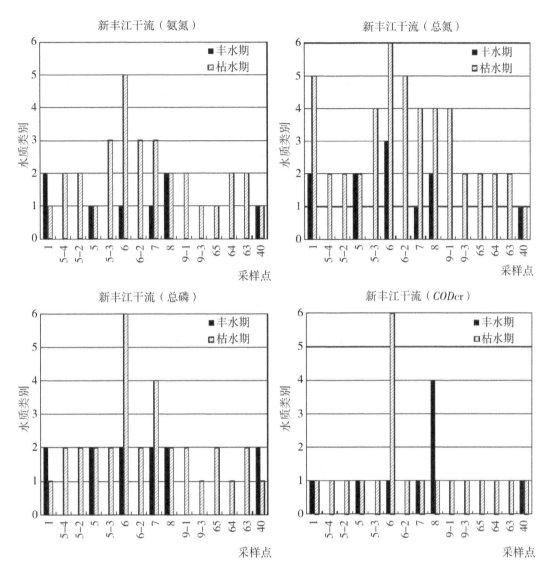

图3-2 新丰江干流水质情况

注：纵坐标水质类别1～5分别代表水质标准的Ⅰ～Ⅴ类，6代表劣Ⅴ类。

（2）新丰江上游支流水质情况。

表3-9显示，新丰江上游支流枯水期共采集8个水样，总体有一半的样点4项指标均达到Ⅱ类标准，Ⅲ类的样点3个占37.5%，1个样点为Ⅴ类占12.5%。丰水期样点全部达标。

表3-9 新丰江上游支流四指标均达到同一水质标准的样点个数

水质类别	Ⅰ类	Ⅱ类	Ⅲ类	Ⅳ类	Ⅴ类	劣Ⅴ类
枯水期	0	4	3	0	1	0
丰水期	0	4	0	0	0	0

从表3-10中显示,新丰江上游支流枯水期总氮达标率最低,平均超标1.99倍;氨氮、总磷、COD_{Cr}各1个超标。丰水期全部样点均达标。

表3-10 新丰江上游支流达到Ⅱ类标准样点的比例及超标样点的平均超标倍数

采样时间	氨氮	总氮	总磷	COD_{Cr}
枯水期	87.5%（1.08）	62.5%（1.99）	87.5%（2.00）	87.5%（1.07）
丰水期	100%（0）	100%（0）	100%（0）	100%（0）

新丰江上游沿程采样根据主要支流依次分布有梅坑河（点3、2）、新丰县城上游的城西河（点4、5-1）、新丰县城上游的朱峒河（5-5）、位于新丰县城下游的下峒河（6-1）、马头镇上游的和乐围河（9）和马头镇下游鲁谷河（9-2）。梅坑河上游水质良好,仅总氮为Ⅱ类,其余均为Ⅰ类;下游的2号点位于梅坑镇附近,由于受居民点的影响,总氮、COD_{Cr}分别为Ⅴ类和Ⅲ类。城西河水质上下游均为Ⅲ类,上游氨氮、总氮两项为Ⅲ类,下游总氮为Ⅲ类。位于新丰县城下游的下峒河未流经新丰县城,不受新丰县城的影响;取样目的是将该点水质情况作为和干流（点6-2）做对照,此点水质均达标,而流经新丰县城后的采样点6和6-2多项指标严重超标,充分说明人类活动是对该河段水质影响主要因素。朱峒河、和乐围河、鲁谷河由于生态环境良好,人类活动影响小,水质较好,均为Ⅱ类。从整体上看,除流经梅坑的采样点外,新丰江上游支流水质整体良好。

根据内梅罗指数Ⅰ值（表3-11）,新丰江上游支流枯水期3/4的样点水质为清洁,点2水质为污染。而丰水期均达清洁,丰水期Ⅰ值明显小于枯水期。除个别点外,新丰江上游支流Ⅰ值普遍较低,空间变化不大。

表3-11 新丰江上游支流内梅罗指数

采样点编号	丰水期		枯水期	
3	0.26	清洁	0.37	清洁
2	0.61	清洁	2.74	污染
4	0.82	清洁	0.97	清洁
5-1			0.96	清洁
5-5			0.87	清洁
6-1			0.79	清洁
9	0.45	清洁	0.72	清洁
9-2			1.53	轻污染

图3-3 新丰江上游支流水质情况。

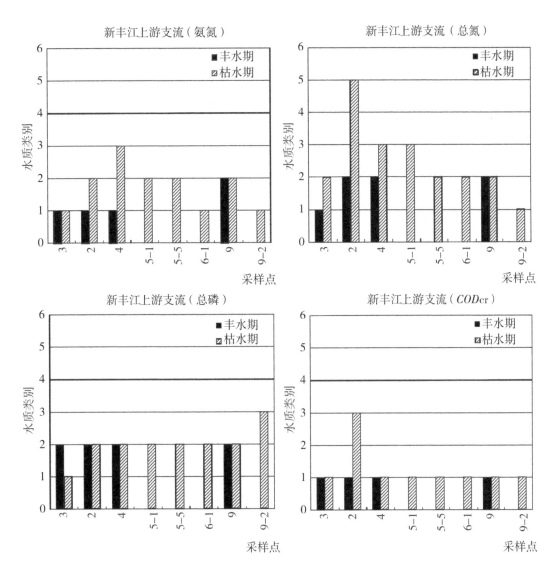

图 3-3 新丰江上游支流水质情况

注：纵坐标水质类别 1~5 分别代表水质标准的Ⅰ~Ⅴ类，6 代表劣Ⅴ类。

3.2.2 连平河水质情况

表 3-12 显示，在枯水期，连平河干、支流水质状况整体很差，11 个样点中仅有 1 个样点 4 项指标全部达到Ⅱ类标准，不足采样点的 10%；90% 以上的样点达不到标准，还有 3 个样点水质为劣Ⅴ类，占采样点的比例为 27%。而在丰水期，达标样点比例达到 25%，Ⅳ类水样点仅 1 个，Ⅲ类水样点占 62.5%。丰水期水质总体情况要好于枯水期。

表 3-13 显示，枯水期各单项指标达到地表水Ⅱ类标准的水样点比例分别为：氨氮 64%、总氮 18%、总磷 55%、COD_{Cr} 100%，即总氮达标率最低，超标样点最多。从超标倍数看，总氮平均超标最高，达 3.46 倍，其次是总磷。从两项指标综合来看，总氮

是连平河枯水期的主要污染项目。而在丰水期，各指标达到地表水Ⅱ类标准的水样点比例分别为：氨氮100%、总氮38%、总磷88%、COD_{cr} 75%。从平均超标倍数看，总磷超标最高为3倍，其次是总氮1.62倍。但实际总磷仅1个样点超标。综合而言，近60%的样点总氮超过Ⅱ类，且超标倍数较高，故总氮是连平河丰水期的主要污染项目。综上所述，总氮是连平河的主要污染项目，这与新丰江水库全流域的分析是一致的。通过丰水期、枯水期各单项指标的比较也可看出丰水期水质远好于枯水期。

表3-12 连平河4项指标均达到同一水质标准的样点个数

水质类别	Ⅰ类	Ⅱ类	Ⅲ类	Ⅳ类	Ⅴ类	劣Ⅴ类
枯水期	0	1	4	2	1	3
丰水期	0	2	5	1	0	0

表3-13 连平河达到Ⅱ类标准样点的比例及超标样点的平均超标倍数

采样时间	氨氮	总氮	总磷	COD_{cr}
枯水期	64%（1.48）	18%（3.46）	55%（3.00）	100%（0）
丰水期	100%（0）	38%（1.62）	88%（3.00）	75%（1.17）

图3-4为连平河干流及各支流的水质情况。

图3-4中水质类别的6表示水质为劣Ⅴ类。图中17-3、17-2、17为连平河上游3条支流，17-4以后为连平河干流从上游到下游的采样点。连平河上游3条支流分别是位于连平县城上游的鹤湖河、流洞河及两支流汇合流经连平县城后的下游位置。

总的来看，连平县城的污水排放造成流经县城下游采样点水质恶化，随着距离县城渐远，生态环境受人类干扰减少，采样点水质逐渐好转。

枯水期支流水质情况总体很差，鹤湖河（17-3）氨氮为Ⅱ类，总磷为Ⅴ类，总氮是劣Ⅴ类。实地调查发现该点附近村庄较为密集，并且村与村之间有大片农田分布，该点Ⅰ值较高可能与农村污水排放和农田化肥农药的使用有关。流洞河（17-2）附近受人类活动干扰小，水质较好，总磷是Ⅳ类，总氮为Ⅱ类，氨氮、COD_{cr} 均为Ⅰ类。两条支流水质较差，汇合后又流经县城，生活污水的排放加剧了水质恶化，导致县城下游采样点17总氮是劣Ⅴ类，总磷为Ⅴ类，氨氮也成了Ⅲ类。连平河干流采样是从县城上游开始。位于连平县城上游河段（17-4），污水排放量少，水质情况较好，氨氮为Ⅲ类、总氮是Ⅳ类，总磷为Ⅱ类。流经连平县城后，位于县城下游（点16、15）总氮、总磷含量突然增大，严重超标，靠近县城的样点甚至为劣Ⅴ类，是由于有一水质较差的支流汇入所致（点17）。而距县城较远的采样点（14-10）总氮含量逐渐降低，则是河段生态环境受人类活动影响较少，河流长距离自净作用的结果。

丰水期连平河也是随距离县城渐远，总氮含量逐渐降低。其他3项指标除个别样点超标外，整体含量较低，这种规律不明显。

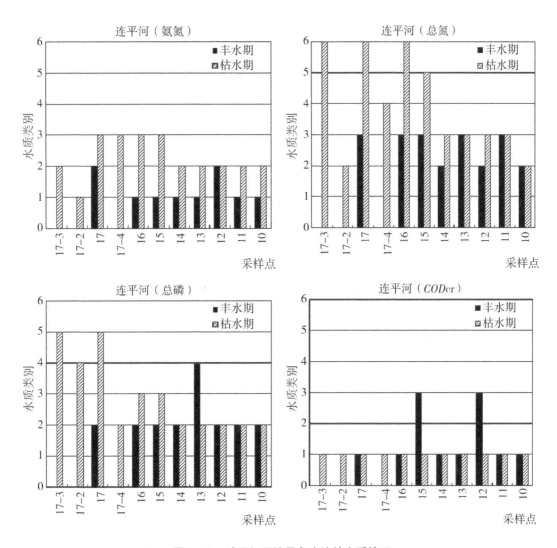

图 3-4 连平河干流及各支流的水质情况

注：纵坐标水质类别 1～5 分别代表水质标准的 Ⅰ～Ⅴ 类，6 代表劣 Ⅴ 类。

表 3-14 显示，连平河内梅罗指数的时间变化特征是：在枯水期水质达到清洁的样点占 18%（2 个），轻污染的占 27%（3 个），污染的占 27%（3 个），重污染的 1 个，占 9%，严重污染的占 18%（2 个）。而丰水期水质达清洁的样点占 37.5%（3 个），轻污染占 50%（4 个），污染的仅 1 个，占 12.5%。除个别点外，丰水期采样点 I 值明显小于枯水期。空间变化特征是：上游连平县城附近 I 值较大，随着采样点距离连平县城越远，I 值也逐渐减少。

表 3-14　连平河内梅罗指数

采样点编号	丰水期		枯水期	
17-3	—	—	5.53	严重污染

续表 3-14

采样点编号	丰水期		枯水期	
17-2	—	—	2.23	污染
17	1.65	轻污染	5.18	严重污染
17-4	—	—	2.10	污染
16	1.35	轻污染	3.73	重污染
15	1.30	轻污染	2.69	污染
14	0.77	清洁	1.47	轻污染
13	2.36	污染	1.45	轻污染
12	0.95	清洁	0.88	清洁
11	1.00	轻污染	1.33	轻污染
10	0.71	清洁	0.56	清洁

3.2.3 大席河

如表 3-15 所示,大席河枯水期 57% 的样点水质达到 Ⅱ 类标准,43% 的样点为 Ⅲ 类。而丰水期 80% 的样点水质达到 Ⅱ 类标准,另有 1 个样点为 Ⅳ 类,占 20%。大席河水质整体较好。丰水期水质略好于枯水期水质。

表 3-15 大席河 4 项指标均达到同一水质标准的样点个数

水质类别	Ⅰ类	Ⅱ类	Ⅲ类	Ⅳ类	Ⅴ类	劣Ⅴ类
枯水期	0	4	3	0	0	0
丰水期	0	4	0	1	0	0

如表 3-16 所示,枯水期除总氮外其余 3 项指标均 100% 达到地表水 Ⅱ 类标准。43% 的样点总氮超标,超标倍数为 1.22 倍,均达 Ⅲ 类标准。而丰水期全部样点均达标的是氨氮、总氮和 COD_{Cr},总磷达标比例为 80%。仅 1 个样点(占 20%)超标 3 倍,为 Ⅳ 类。综合而言,即总氮是大席河枯水期的主要污染项目,而总磷是丰水期的主要污染项目。

表 3-16 大席河达到 Ⅱ 类标准样点的比例及超标样点的平均超标倍数

采样时间	氨氮	总氮	总磷	COD_{Cr}
枯水期	100% (0)	57% (1.22)	100% (0)	100% (0)
丰水期	100% (0)	100% (0)	80% (3.00)	100% (0)

图3-5为大席河干流及各支流的水质情况。

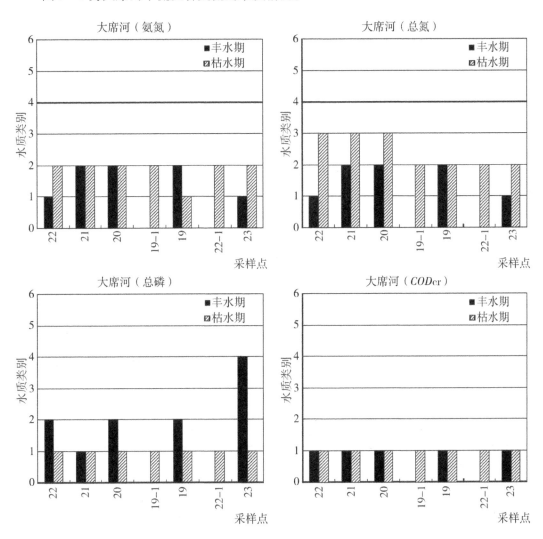

图3-5　大席河干流及各支流的水质情况

注：纵坐标水质类别1～5分别代表水质标准的Ⅰ～Ⅴ类，6代表劣Ⅴ类。

由于交通不便，大席河仅采集中上游河段（上坪镇坑口到内莞镇煅背）的水样，由于沿岸没有城市分布，仅有2个乡镇和零星村庄分布，生态环境受人类活动影响较少，水质情况很好。根据大席河水样沿程分布图，枯水期全部样点均达到Ⅲ类水质。仅上游3个样点水体总氮为Ⅲ类。全河段总磷、COD_{cr}均为Ⅰ类，氨氮均达到Ⅱ类。丰水期除1个点总磷超标外，其余样点水质分布较均匀，均达到Ⅱ类标准。与枯水期相比，氨氮、总氮的Ⅰ类水样点明显增多，而总磷却是丰水期含量更高，这与大席河附近农田分布较多，受农业面源污染影响有关。

表3-17显示，内梅罗指数的时间变化特征：在大席河分布比较均匀，丰水期点23达到污染，枯水期的点20为轻污染。丰水期和枯水期其余采样点的Ⅰ值均小于1，

水质为清洁。丰水期大部分（占60%）采样点 I 值明显小于枯水期。空间变化特征：I 值的空间分布比较均匀。

表3-17　大席河内梅罗指数

采样点编号	丰水期		枯水期	
22	0.46	清洁	0.87	清洁
21	0.74	清洁	0.90	清洁
20	0.47	清洁	1.07	轻污染
19-1	—	—	0.37	清洁
19	0.87	清洁	0.53	清洁
22-1	—	—	0.49	清洁
23	2.23	污染	0.74	清洁

3.2.4　忠信水支流流域水质情况

3.2.4.1　忠信水支流顺天镇以上河段水质情况

如表3-18所示，忠信水支流顺天镇以上河段，丰水期水质略好于枯水期水质。枯水期37.5%的样点水质达到Ⅱ类标准，56%的样点为Ⅲ类，还有1个样点为V类，占6.5%。而丰水期45%的样点水质达到Ⅱ类标准，近55%的样点为Ⅲ类。

表3-18　4项指标均达到同一水质标准的样点个数

水质类别	I类	Ⅱ类	Ⅲ类	Ⅳ类	V类	劣V类
枯水期	0	6	9	0	1	0
丰水期	0	5	6	0	0	0

如表3-19所示，枯水期总氮达标率最低，其次是氨氮和总磷，COD_{cr} 达标率为100%，均为I类标准。总氮有10个样点超标，其中9个样点为Ⅲ类，1个样点为V类标准，超标率为62.5%，平均超标倍数为1.75倍。氨氮和总磷虽然超标倍数略高于总氮，但其超标样点个数少，分别是2个（氨氮）和1个（总磷）。而丰水期除总氮外，其余3项指标均达Ⅱ类标准。总氮有6个样点超标，超标率为54.5%，超标倍数为1.45倍，水质均为Ⅲ类。综合而言，总氮是忠信水支流顺天镇以上河段各个时期的主要污染项目。

表 3-19　达到Ⅱ类标准样点的比例及超标样点的平均超标倍数

采样时间	氨氮	总氮	总磷	COD_{cr}
枯水期	87.5%	37.5%	93.8%	100.0%
	(1.93)	(1.75)	(2.00)	(0)
丰水期	100.0%	45.5%	100.0%	100.0%
	(0)	(1.45)	(0)	(0)

顺天镇以上忠信水支流共采样 16 个，其中支流长坑河采样 5 个（24 至 27），支流高莞河采样 4 个（28-2 至 32），船塘河大湖水系采样 2 个（30、31），其余为忠信河干流采样共计 5 个（27-2、28、33、34、46）。由于忠信水沿岸没有城市分布，工业区也很少，生态环境受人类活动影响较少，整体水质尚可。上游支流水质较好，越到下游水质越差，忠信镇附近的水质最差。

枯水期，支流长坑河上游（点 24、25）水质为Ⅱ类，到中游水质开始恶化为Ⅲ类（点 26），由于另外一条水质较好的支流金主角河（点 27-1）在油溪镇上游的汇入，使得交汇后的水质（点 27）较之前略有好转，仅总氮为Ⅲ类，氨氮恢复为Ⅱ类。

支流高莞河上游高莞水库（点 28-2）水质较好，为Ⅱ类，经过高莞镇到忠信镇附近 3 个样点总氮、总磷均变为Ⅲ类，主要还是受城镇居民点的人类活动影响。

由于时间所限，船塘河水样采集较少，仅大湖水支流流经的三角镇和大湖镇附近采 2 个水样，水质良好，均为Ⅱ类水。

忠信河干流，水质基本为Ⅲ类。流经忠信镇的水样（点 28）受生活污水影响而到Ⅴ类，但经过一定距离的自净和支流高莞河水的大量注入，在赤竹径水库下游（点 33）水质又恢复为Ⅲ类。船塘河汇入后，在顺天镇入库前水样（点 46）仍维持Ⅲ类。

在丰水期，绝大部分的采样点各指标均低于枯水期。但大湖水 2 个样点的总氮、总磷均是高于枯水期，长坑河支流的点 24 氨氮、点 27 总磷均高过枯水期，提示需要关注这些地方的面源污染。

图 3-6 为忠信水支流顺天镇以上河段水质情况。

时间变化特征：根据内梅罗指数（表 3-20），枯水期 44% 的样点水质为清洁，50% 的样点为轻污染，尚有 6% 的样点为污染。丰水期 55% 的样点水质为清洁，其余为轻污染。丰水期绝大部分（占 80%）采样点 I 值明显小于枯水期。

空间变化特征：上游支流水质清洁，越到下游干流水质污染加重，经过忠信镇的水质污染最严重。

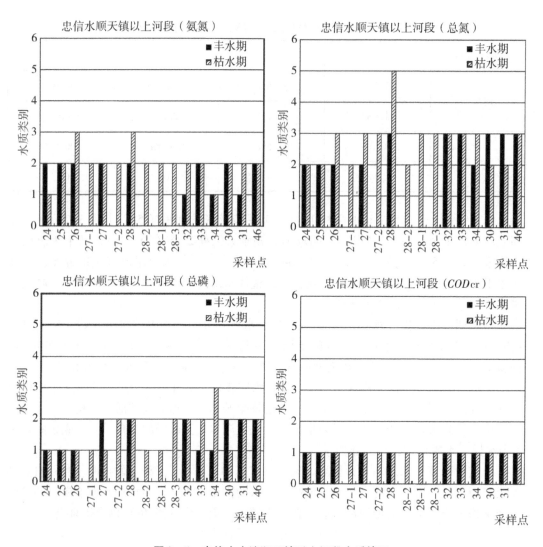

图 3-6 忠信水支流顺天镇以上河段水质情况

注：纵坐标水质类别1～5分别代表水质标准的Ⅰ～Ⅴ类，6代表劣Ⅴ类。

表 3-20 忠信水支流顺天镇以上河段内梅罗指数

采样点编号	丰水期		枯水期	
24	0.58	清洁	0.52	清洁
25	0.52	清洁	0.60	清洁
26	0.40	清洁	1.61	轻污染
27-1	—	—	0.72	清洁
27	0.52	清洁	1.18	轻污染
27-2	—	—	1.00	轻污染
28	1.11	轻污染	2.56	污染

续表 3-20

采样点编号	丰水期		枯水期	
28-2	—	—	0.57	清洁
28-1	—	—	0.85	清洁
28-3	—	—	1.28	轻污染
32	1.28	轻污染	1.57	轻污染
33	1.04	轻污染	1.40	轻污染
34	0.68	清洁	1.57	轻污染
30	1.01	轻污染	0.53	清洁
31	0.82	清洁	0.71	清洁
46	1.56	轻污染	1.39	轻污染

3.2.4.2 忠信水支流顺天镇下游及库区水质情况

如表 3-21 所示，忠信水支流顺天镇下游河段枯水期水质恶劣，而丰水期水质较好。枯水期仅 37.5% 的样点水质达Ⅱ类标准，Ⅲ类、Ⅳ类的样点各占 25%，有 1 个样点为劣Ⅴ类，占 12.5%。而丰水期 80% 的样点水质达Ⅱ类标准，另有 1 个样点为Ⅲ类，占 20%。丰水期水质远远好于枯水期。

表 3-21　4 项指标均达到同一水质标准的样点个数

水质类别	Ⅰ类	Ⅱ类	Ⅲ类	Ⅳ类	Ⅴ类	劣Ⅴ类
枯水期	0	3	2	2	0	1
丰水期	0	4	1	0	0	0

如表 3-22 所示，枯水期总氮达标率最低，仅 37.5%，5 个超标样点平均超标 2.95 倍，其中 1 个样点超标达 7 倍之多，已为劣Ⅴ类。其余 3 指标各有 1 个样点超标，占 12.5%，总磷、COD 超标严重，已达劣Ⅴ类。丰水期除总氮外其余 3 项指标均 100% 达到地表水Ⅱ类标准。总氮有 1 个样点（占 20%）超标 1.24 倍，为Ⅲ类。可见总氮是忠信水顺天镇下游及库区的主要污染项目。

表 3-22　达到Ⅱ类标准样点的比例及超标样点的平均超标倍数

采样时间	氨氮	总氮	总磷	COD_{Cr}
枯水期	87.5%（1.70）	37.5%（2.95）	87.5%（6.00）	87.5%（5.00）
丰水期	100%（0）	80.0%（1.24）	100.0%（0）	100.0%（0）

顺天镇下游采样点包括支流骆湖水（点45）、灯塔水（点47）、涧头镇到半江镇之间的更古潭河（点38）和西溪河（点39），此外在库区采集4个样品（点59到62）。

枯水期，在骆湖水、灯塔水入库前采样，发现总氮为Ⅳ类，其余3项保持在Ⅱ类。一方面，此处分布有规模较大且人口较多的骆湖镇、灯塔镇，另一方面据实地考察灯塔、骆湖镇有多个养猪基地，废水对河流影响严重。西溪河水质良好，仅总磷为Ⅱ类。更古潭河水质为Ⅰ类。西溪和更古潭二支流附近无城镇，人类活动影响较少，故水质较好，但水量较小。库区有3个水样保持在Ⅱ～Ⅲ类，但59号点水质非常恶劣，除氨氮外，其余3项指标均为劣Ⅴ类，经调查发现，上游不远位置有一种猪繁育场，除此之外并无大的污染源，说明水质恶化与养猪场的废水排放有关。丰水期水质较好，除骆湖水外，其余样点均达到Ⅱ类。点38的总磷超过枯水期，应为农业面源污染所致。

整体而言，由于该采样区内分布有较大型的城镇，靠近居民点的水质较差，生活污水和养殖等人类活动是引起水质恶化的主要原因。

时间变化特征：根据内梅罗指数（表3-23），枯水期一半的样点水质为清洁，37.5%的样点水质为轻污染，有1个采样点水质已达严重污染。丰水期内梅罗指数明显小于枯水期，全部样点均为清洁。

空间变化特征：骆湖水和灯塔水为轻污染，59号为严重污染。这些采样点周围分布大型的城镇和多个养殖基地，导致水质受到污染。

表3-23　忠信水支流顺天镇下游及库区内梅罗指数

采样点编号	丰水期		枯水期	
45	0.96	清洁	1.85	轻污染
47	0.82	清洁	1.87	轻污染
59	—	—	6.46	严重污染
60			0.91	清洁
61	—	—	1.05	轻污染
62	0.48	清洁	0.75	清洁
38	0.45	清洁	0.38	清洁
39	0.47	清洁	0.48	清洁

图3-7为忠信水支流顺天镇下游及库区水质情况。

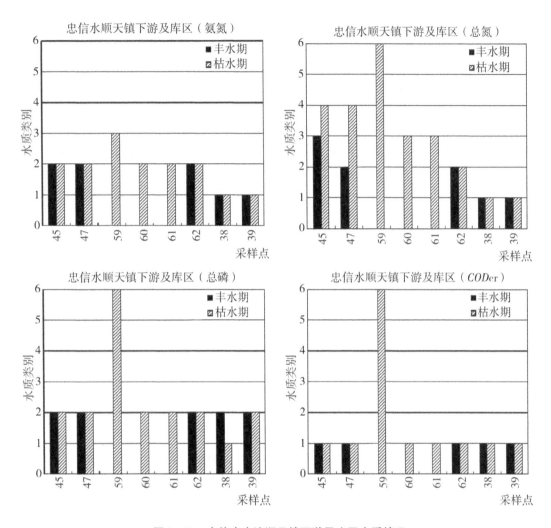

图3-7 忠信水支流顺天镇下游及库区水质情况

注：纵坐标水质类别1～5分别代表水质标准的Ⅰ～Ⅴ类，6代表劣Ⅴ类。

4 新丰江水库水质年际变化

4.1 全流域水质评价

全流域不同年份的水质变化可以大致反映水质整体变化趋势。从新丰江水库全流域水质指标的达标率看（表3-24），与2007年相比，2010年达标率降低，水质达到地表水Ⅱ类标准的样点从50%下降至仅39.1%，而且出现了Ⅴ类和劣Ⅴ类。由此说明水质恶化了。

表3-24 4项指标均达到同一水质标准的样点比例

采样时间	I类	II类	III类	IV类	V类	劣V类
2010年	0%	39.1%	45.7%	8.7%	4.3%	2.2%
2007年	0	50%	40.6%	9.4%	0	0

从水质指标看（表3-25），与2007年相比，除COD_{cr}外，其余3项指标的达标率均有不同程度的下降，总氮达标率下降20%，降幅最大；其次是总磷，下降6%；氨氮下降2%。2010年总氮达标率最低，故总氮仍是新丰江水库丰水期的主要污染项目。以平均超标倍数看，总磷超标2.4倍，幅度最大；其次是COD_{cr}和氨氮，总氮平均超标最少。但单点超标最高的是总氮，达5倍之多。

表3-25 达到II类标准样点的比例（%）及超标样点的平均超标倍数

采样时间	氨氮	总氮	总磷	COD_{cr}
2010年	98%（1.94）	46%（1.84）	89%（2.40）	98%（2.09）
2007年	100%（0）	67%（1.47）	95%（3.00）	92%（1.24）

从内梅罗指数看（表3-26），2010年清洁水质的比例从2007年的69.2%降至65.2%；轻污染水质的比例从25.6%增至32.6%；污染水质的比例从5.1%降至2.2%。总体来看，与2007年相比，2010年清洁和污染的水质比例减少了，轻污染的比例有所增加。但清洁水质仍达到较高的比例，水质整体较好。

表3-26 新丰江水库丰水期不同年际内梅罗指数分布比例

内梅罗指数	<1	1~2	2~3	3~5	>5
水质等级	清洁	轻污染	污染	重污染	严重污染
2010年	65.2%	32.6%	2.2%	0	0
2007年	69.2%	25.6%	5.1%	0	0

4.2 分区域水质评价

本研究将新丰江水库流域分为2个区域（分别为新丰江支流流域、忠信水支流流域）。下面分别讨论各区域水质。新丰江支流流域又分为新丰江（马头镇以上河段）、连平河和大席河共3部分。

4.2.1 新丰江支流水质情况

4.2.1.1 新丰江水质情况

从总体水质（表3-27），2010年新丰江上游河段II类水达标率为26.7%，III类水达标率为66.7%，仅6.7%的样点为V类水标准。与2007年相比，II类水达标率降低，III类水达标率增加，还有V类水的出现。可见2010年新丰江干流及上游河段水质较

2007年有所恶化。

表3-27 新丰江上游2年4项标均达到同一水质标准的样点个数及比例

水质类别	Ⅰ类	Ⅱ类	Ⅲ类	Ⅳ类	Ⅴ类	劣Ⅴ类
2010年	0（0）	4（26.7%）	10（66.7%）	0（0）	1（6.7%）	0（0）
2007年	0（0）	8（80%）	1（10%）	1（10%）	0（0）	0（0）

从各指标的具体情况（表3-28）看，2010年新丰江干流及上游河段，总氮达标率最低，故总氮仍是主要污染项目。两年氨氮均无超标。与2007年相比，2010年总氮、总磷的达标率均降低；COD_{cr}达标率增加。2010年总氮超标倍数不到2倍，较之2007年略有增加；而总磷的超标2倍多，远远高于2007年。

表3-28 新丰江上游两年达到Ⅱ类标准样点的比例及超标样点的平均超标倍数

采样时间	氨氮	总氮	总磷	COD_{cr}
2010年	100%（0）	47%（1.341）	80%（2.67）	100%（0）
2007年	100%（0）	83.3%（1.12）	100%（0）	83.3%（1.40）

从超标样点的位置看，总氮的超标样点主要分布在新丰县城附近和马头镇附近。虽然总氮和总磷超标的样点不重合，总磷超标的样点也主要在新丰县城附近。

2011年3月，补测新丰江支流进入新丰江水库的水样5个，A点位于新丰江支流的新丰江大桥下，B点位于大席河支流，C点是A和B两支流汇合后下游约2km的上顺土，D点位于C点下游的恶马河口下游江中，E点位于D点下游南坑河口与朱坑村之间。分析发现（表3-29），新丰江上游干流（新丰江大桥附近）和大席河支流水质交汇前，水质状况良好，4项指标均未超标。在两水系交汇后的下游，3项指标均达Ⅱ类水质标准，有2个采样点总氮略有超标。野外调查发现，2个超标样点附近共有3个村庄依水而建，捕鱼等人为活动影响较多，由于各支流水系汇集，水量较大，水体自净能力较强，所以新丰江支流入库后水质较好。

表3-29 新丰江支流入库河段水质情况

位置	编号	氨氮 /mg·L^{-1}	总氮 /mg·L^{-1}	总磷 /mg·L^{-1}	COD_{cr} /mg·L^{-1}
新丰江大桥下	A	0.205	0.342	0.0375	12.93
大席河支流	B	0.274	0.410	0.0312	8.45
上顺土	C	0.137	0.752	0.0264	6.38
恶马河口下游江中	D	0.137	0.478	0.0144	5.27
南坑河口与朱坑村间	E	0.068	0.547	0.0096	5.03

4.2.1.2 连平河水质情况

从总体水质（表3-30）看，2010年连平河Ⅱ类水达标率27.3%，Ⅲ类水达标率仅36.4%。Ⅳ类、Ⅴ类水的样点尚有36%之多，水质非常恶劣。与2007年相比，Ⅱ类水达标率有小幅增加，但Ⅲ类水达标率大幅下降，Ⅳ类水增加，甚至出现Ⅴ类水。2010年整体水质较2007年恶化。

表3-30 连平河2年4项指标均达到同一水质标准的样点个数及比例

水质类别	Ⅰ类	Ⅱ类	Ⅲ类	Ⅳ类	Ⅴ类	劣Ⅴ类
2010年	0（0）	3（27.3%）	4（36.4%）	3（27.3%）	1（9.1%）	0（0）
2007年	0（0）	2（25%）	5（62.5%）	1（12.5%）	0（0）	0（0）

从单项指标看（表3-31），2010年连平河是总氮达标率最低，故总氮仍是主要污染项目。2010年除COD_{cr}外，其余3项均有超标。与2007年相比，氨氮、总氮、总磷的达标率均有不同程度的降低。从超标倍数看，2010年总磷超标倍数低于2007年，总氮、氨氮的超标率高于2007年。超标样点的分布呈线状，而非点状。总氮超标最高是连平县城附近的样点，达3.6倍。

表3-31 连平河达到Ⅱ类标准样点的比例及超标样点的平均超标倍数

采样时间	氨氮	总氮	总磷	COD_{cr}
2010年	91%（1.94）	27%（2.14）	82%（2.00）	100%（0）
2007年	100%（0）	38%（1.62）	88%（3.00）	75%（1.17）

4.2.1.3 大席河水质情况

2010年大席河共采样6个点，除1个样点总氮达Ⅲ类外，其余样点各指标均达到Ⅱ类标准，达标率为83.3%。而2007年大席河共采样5个点，除1个样点总磷为Ⅳ类外，其余样点各指标均达到Ⅱ类标准，达标率为80%。

与2007年相比，大席河2010年水质略有好转，总体水质较好。虽然附近也有上坪、内莞2个村镇，但由于地势偏远，村镇规模不大，所以水质保持良好。

4.2.2 忠信水支流水质情况

从达标率看（表3-32），与2007年相比，2010年忠信水支流水质略有恶化，Ⅲ类水达标率持平，而Ⅱ类水达标率下降，出现Ⅳ类水质。

表3-32 忠信水支流2年4项指标均达到同一水质标准的样点个数及比例

水质类别	Ⅰ类	Ⅱ类	Ⅲ类	Ⅳ类	Ⅴ类	劣Ⅴ类
2010年	0（0）	6（43%）	6（43%）	1（7%）	0（0）	1（7%）
2007年	0（0）	9（56.2%）	7（43.8%）	0（0）	0（0）	0（0）

从单项指标（表 3-33）看，2010 年忠信水支流流域是总氮达标率最低，故总氮仍是主要污染项目。与 2007 年相比，氨氮、总磷达标率不变，但总氮和 COD_{Cr} 达标率下降。2010 年忠信水支流流域 COD_{Cr} 超标仅 1 个样点。而总氮平均超标 2 倍多，最低超标 1.36 倍，最高超标达 5 倍之多。需要说明的是 COD_{Cr} 超标和总氮超标 5 倍的是同一个样点，此样点已接近新丰江水库库区，来水量很大，但调查发现，样点附近有一大型养猪场。其余总氮超标的样点都是经过大型城镇居民点，如忠信镇、大湖镇、顺天镇、灯塔镇。因此，忠信水支流流域主要的污染源仍是居民点的生活污水和猪场的点源污染。

表 3-33　达到Ⅱ类标准样点的比例及超标样点的平均超标倍数

采样时间	氨氮	总氮	总磷	COD_{Cr}
2010 年	100%（0）	43%（2.13）	100%（0）	93%（2.09）
2007 年	100%（0）	56.2%（1.42）	100%（0）	100%（0）

5　新丰江水库水质、水量与供水的关系

当前，全球水库的职能在由防洪、发电、灌溉等基础职能向兼顾供水或以供水为主的形式转变。[90,91]我国是世界上水库数量最多的国家，水库供水已成为我国城镇、农村生产用水和生活用水的主要供水方式之一，[75]在北京、天津、浙江等地，水库成为主要的供水水源。[91,92]广东省大中型水库作为供水水源的比例也在快速增长，2009 年以供水为主要功能的水库由最初设计的 2 座增加到 29 座，供水功能也在不断加强。[93]

新丰江水库不仅直供河源市本身的用水，也通过东江向下游的惠州、东莞供水，同时还通过跨流域调水工程，向流域外的深圳、广州和香港等城市供应大量的水源，是广东最重要的水库之一。新丰江水库的水量和水质直接影响到上述地区的社会和经济发展。其他城市是通过下游东江取水，只有邻近新丰江水库的河源市是从新丰江水库直接取水，因此了解新丰江水库供河源市的饮用水情况是分析新丰江水库供水情况最直接的方式。水库供水环境安全是指水库的水量正常，水质符合国家标准，水体供水功能正常、安全。本研究通过收集新丰江水库的蓄水情况、水质和供河源市饮用水供水情况，分析其年内和年际变化，了解新丰江水库的供水情况和供水能力。

5.1　资料和方法

2003 年 1 月至 2012 年 12 月新丰江水库供河源市的逐月饮用水取水量、水质数据和水库丰缺情况（其中 2011 年 9 月水库水量情况缺报）等数据来源于广东省环保厅网站。

根据省环保厅说明，水质采样时间为每月上旬（10 日前）采样 1 次。采样方法按《环境监测技术规范（水和废水部分）》和《水环境监测规范》（SL 219—1998）执行，

检测分析方法按《地表水环境质量标准》(GB 3838—2002)的要求执行,检测分析项目按照《地表水环境质量标准》(GB 3838—2002)中基本项目和补充项目共 28 项(除化学需氧量)。

我国从 1999 年开始,已在全国重点城市的饮用水源地试用供水水资源地 WQI 水质指数值评价法,[94]广东省环保厅亦采用此种方法进行评价。该方法主要依据是该水源地以供水质量为主要用途及其污染程度划分而确定的。水质评价执行《地表水环境质量标准》(GB 3838—2002)。参与评价的项目分为 3 类:第一类为对人体危害程度严重且经水厂处理后难以消除的污染指标[共 7 项,包括砷、汞、镉、铬(六价)、硒、铅、氰化物];第二类为经自来水厂处理后出水水质能够达标的污染指标(共 6 项,pH 值、溶解氧、高锰酸盐指数、五日生化需氧量、氨氮、粪大肠菌群);第三类为除第一类、第二类以外的其他参加评价的污染指标(共 14 项,包括总磷、氟化物、挥发酚、石油类、硫酸盐、总氮、氯化物、铁、锰、硝酸盐氮、铜、锌、阴离子表面活性剂、硫化物)。

水质指数的计算分 3 个步骤:

(1) 单项指数 (I_i):当实测值 C_i 处于 $C_{iok} \leq C_i < C_{iok+1}$ 时,单项指数

$$I_i = \left(\frac{C_i - C_{iok}}{C_{iok+1} - C_{iok}}\right) \times 20 + I_{iok}$$

式中:C_i 为 i 项评价项目的实测浓度;C_{iok} 为 i 项评价项目的 k 级标准浓度;C_{iok+1} 为 i 项评价项目的 $k+1$ 级标准浓度;I_{iok} 为 i 项评价项目的 k 级指数值。

(2) 分类指数 (I_L):在单项指数的基础上计算分类指数。对第一类项目 (I_I) 取单项指数最高者为该类的分类指数,即:$I_I = (I_I)_{max}$。对第二、三类项目 ($I_{II、III}$) 均取各单项指数和的均值。即:

$$I_{II} = \frac{1}{n}\sum I_i (i=1,2,\cdots,4)$$

$$I_{III} = \frac{1}{n}\sum I_i (i=1,2,\cdots,4)$$

(3) 水源地水质指数 (WQI):水源地水质指数取上述 3 类分类指数中的最高者,即:$WQI = (I_L)_{max}$。

根据水质指数 (WQI) 值,按表 3-34 评价水源地水质状况。

表 3-34 水源地水质状况评价标准

水质评价	优	良	尚好	较差	差	极差
WQI	≤20	21~40	41~60	61~80	81~100	>100

5.2 结果分析

5.2.1 水质情况分析

从新丰江水库逐月水质指数分布图(图 3-8)可知,10 年间各月水质均无任何超

标项目，2006年1月水质指数为22，是最高值，水质是良；其余各月水质指数都低于20，水质均为优，最低值是7。2003—2006年间，月水质指数波动很大，极差达到12、7、7、13，年均水质指数在11～13之间；2007—2012年间月水质指数波动很小，极差在2、2、8、3、3、8之间，72个月中除2个月外，数值均小于11，2009—2012年均指数在10以下。年均水质指数总的趋势是下降，说明水质有逐渐好转的趋势。这是各级政府、各部门对水库水质保护不懈努力的结果。

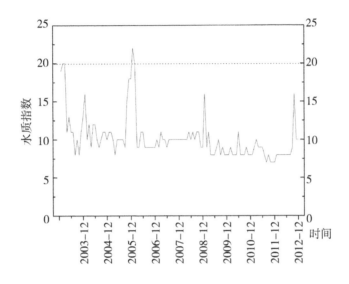

图3-8　新丰江水库逐月水质指数分布

（注：水质指数在20以内是优，指数越低表示水质越优）

新丰江水库水质指数分布图（图3-9）中水质指数均低于15，也就是说月均水质都达到优。1月平均水质指数最高达13，4、8月平均水质指数最低为9。1—4月水质指数逐渐剧烈下降，说明水质变好趋势明显。根据新丰江水库水质指数分布图（图3-9）和干湿季水库水质指数分析结果（表3-35），湿季的水质指数低于干季，说明湿季的水质更好。统计分析显示，干湿季水质指数差异显著。

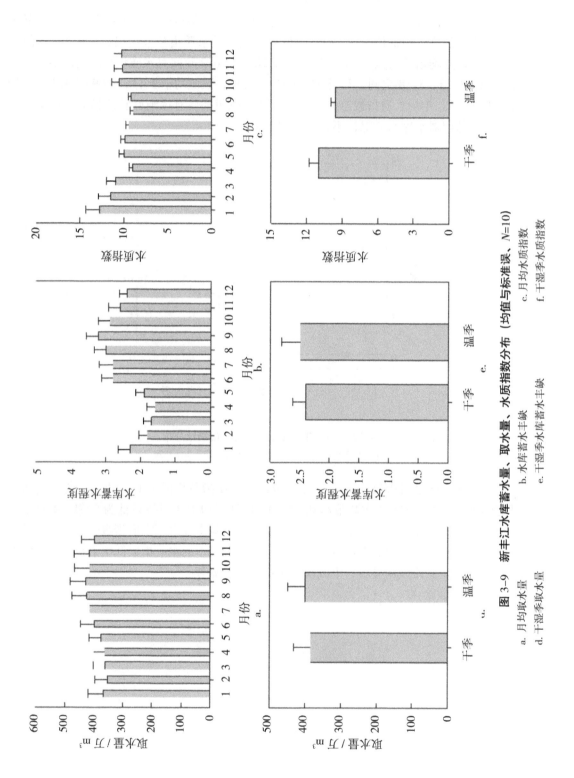

图 3-9 新丰江水库蓄水量、取水量、水质指数分布（均值与标准误，$N=10$）

a. 月均取水量　b. 水库蓄水丰缺　c. 月均水质指数
d. 干湿季取水量　e. 干湿季水库蓄水丰缺　f. 干湿季水质指数

表 3-35 干湿季水库取水量、蓄水量、水质指数统计分析结果（统计年份 $N=10$）

项　　目	均值	t	df	$Sig.$
取水量	-15.6	-3.873	9	0.004
水库蓄水量	-0.1	-0.429	9	0.678
水质指数	1.4	2.333	9	0.045

5.2.2 水库蓄水量丰缺程度

根据广东省环保厅的数据说明，水量类别分为五类：5 类属水量充沛，4 类属水量比较充沛，3 类属水量正常，2 类属水量比较紧缺，1 类属水量紧缺。若水源地为水库，5 类水的水库水位不小于正常高水位；4 类、3 类、2 类水的月平均水位对应的有效库容分别不小于 75%、50%、25% 的调洪库容；1 类水的月平均水位对应的有效库容小于 25% 的调洪库容。

根据新丰江水库逐月水库水量的丰缺情况（图 3-10），14% 的月份水库水量类别是充沛或比较充沛，28% 的月份水库水量达到正常，而 58% 的月份水库水量类别是处于紧缺或比较紧缺，可见近十年来水库水量整体处于紧缺状态。最缺水的年份是 2004 年和 2009 年，常年处于紧缺状态。最为充沛的年份是 2012 年，全年都处于正常以上。其余年份内都包含两个类别以上，也就是说不同月份的蓄水量有所起伏。

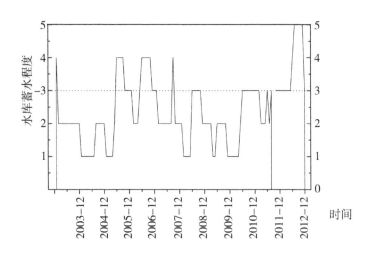

图 3-10 逐月新丰江水库蓄水量类别

根据水库各月和干湿季的蓄水量分布图（图 3-9）和数据统计表（表 3-36），水库蓄水量的年内分布不均，仅有 8 月和 9 月的均值达到正常水平，其他月份均值均是紧缺。2—5 月的均值远远低于其他月份，这是因为 2—5 月出现紧缺和比较紧缺的次数总和远远高于其他各月。6—10 月水库蓄水量均值较高，是因为这些月份水量出现充沛次数较多，如 10 年来的 8—10 月只出现比较紧缺，从未出现紧缺状况。这部分是因为该地区降雨主要分布在 4—9 月，雨季来水量增加，所以水库水量充足。9 月份蓄水量最大，这是因为水库每年于汛期结束前大量蓄水从而实现"蓄丰补枯"的调节作用[95]。

表 3-36 水库各月蓄水量处于紧缺、正常、充沛的次数

水量状况	月 份												
	1	2	3	4	5	6	7	8	9	10	11	12
紧缺类	5	8	9	9	8	4	5	4	3	4	5	5
正常	4	2	1	1	2	3	2	3	3	4	4	5
充沛类	1	0	0	0	0	3	3	3	4	2	1	0

注：紧缺类别包含比较紧缺，充沛类别包含比较充沛。

统计分析发现干湿季水库蓄水量的差异不显著（表 3-36），这是因为降水不是唯一影响蓄水量的因素，水库的蓄水量还受到发电等诸多因素影响所致。

5.2.3 饮用水取水量分析

如图 3-11 所示，水库饮用水逐月取水量总体是在波动中上升。气象上用线性拟合斜率的 10 倍作为倾向率，预测未来的趋势。根据 10 年逐月取水量拟合的结果表明（$Y = 149.77 + 4.012X$，$R^2 = 0.9040$），倾向率为 40.12，说明取水量是增加的趋势。在 2006 年之前是平稳上升，年内波动很小，极差分别是 72、83、56、16。2007 年之后年内波动明显增加，多数年份极差达到 100 以上（132、177、166、110、90、103）。2003—2007 之间年内只有 1 个明显的低谷，均出现在枯水期的 1 月（2006 年低值在 12 月）。2008 年以后均出现 2 个低值，大部分出现在前汛之前的 2 月和 4 月。

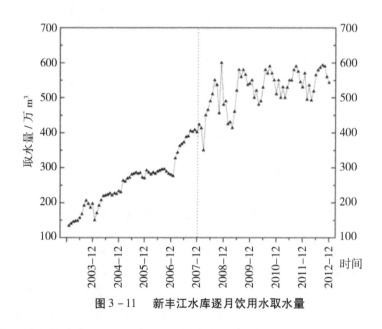

图 3-11 新丰江水库逐月饮用水取水量

根据年取水量的变幅，这 10 年可以划分为 3 个时段，与 2003 年相比，2004—2006 年的取水量在（2 000～4 000）万 m³，分别是 2003 年（2 015 万 m³）的 1.2、1.6、

1.7倍；2007—2008年的取水量已经翻了一番，达到（4 000～6 000）万 m^3，是2003年的2.2倍和2.8倍，2009—2012年的取水量一直在6 000万 m^3 以上，达到2003年的3倍以上，分别是3.0、3.2、3.2、3.3倍。2010年以后，取水量基本稳定在6 500万 m^3 左右。

图3-9是包含新丰江水库取水量、蓄水量、水质指数等3个指标的月均值和干湿季平均值，新丰江水库多年平均的各月取水量有一定的差异，取水量最大的月份是9月，达到430万 m^3；取水量最小的是2月，仅为352万 m^3。9月是2月取水量的1.22倍。从总体上看，1—5月取水量远远低于6—12月。

通过比较分析干季（10月至次年3月）和湿季（4月至9月）的取水量（图3-9、表3-35）可知，湿季取水量均值（约400万 m^3）大于干季取水量均值（约384万 m^3），统计分析显示，干湿季取水量差异极其显著。

5.2.4 取水量、水库水量丰缺、水质之间的关系

从表3-37看出逐月取水量与水库蓄水量间是显著正相关，也就是说，水库蓄水量越多，水库供饮用水的取水量也越多。逐月取水量与水库水质指数间是显著负相关，也就是说，水库水质指数越低，水质越好的时候，供饮用水的取水量也越多。逐月水质指数与水库蓄水量间没有显著的相关关系。

表3-37　水库逐月蓄水量、取水量与水质指数间的皮尔逊相关系数（$n=119$）

	取水量	水库水质指数
水库蓄水量情况	0.252**	0.001
水库水质指数	-0.470**	

**表示极显著或0.01水平显著。

5.3　讨论

（1）水库取水量增加趋势明显，未来的供水需求加大。

近10年来河源市从新丰江水库逐月取水量在波动中上升，年取水量大幅增加，2012年取水量是2003年的3.3倍。这说明近10年来新丰江水库的取水需求在增加。随着珠三角产业转移和《珠江三角洲地区改革发展规划纲要（2008—2020年）》的实施，产业转移和城镇化的推进，预计河源市（不含新市区）2020年需从新丰江水库年取水量为1.5亿 m^3，[96]这个需水量远远超过现在的饮用水取水量，未来的供水需求很旺盛。

（2）水库水量总体比较紧缺，需要关注供水安全。

统计分析表明，取水量与蓄水量之间是显著的正相关关系，但近10年水库蓄水的丰缺情况表明，新丰江水库58%的月份水库蓄水量低于正常值，也就是说水库的蓄水量大部分时间是处于紧缺状态。这与孔兰（2012）[90]提出2000年以后新丰江水库水量下降很多，流量较小，水库长期处于低水位的结论吻合。由于取水量与蓄水量之间的显著关系，低水位运行将严重影响水库的多年调节供水能力，年内的供水调节也会受到一定的影响，如水库蓄水量较为紧缺的2—5月，水库取水量也是最低的，为了保证供水

的稳定性和连续性，需要合理调度，保证水库有充足的供水库容。同时低水位时水库的自净作用也受到影响，将增加水库供水水质安全风险。

由于东江中下游及周边地区的经济发展，流域内外在东江的取水量越来越多，供求矛盾日益尖锐。[97]广东省政府已于2012年12月4日正式实施东江流域三大水库（枫树坝、新丰江和白盆珠）联合优化调度方案。[98]希望通过蓄丰补枯、充分发挥三大水库调节能力，缓解水资源的供需矛盾，协调好防洪与供水、水调与电调之间的关系。联合调度方案刚刚开始实施，其对新丰江水库供水安全将产生怎样的影响需要进一步关注。

（3）水库水质目前良好，但安全隐患较多。

2003年以来，新丰江水库逐月供饮用水的水质均无任何超标项目，除1个月份外，其余各月水质均达到优，这与叶艺娟[99]的检测结果一致。水库年均水质指数在逐渐降低，说明水质在逐渐好转。水库功能向供水转变，必须要做好水质监管，才能保证长期、安全地供水。

龚建文[100]指出新丰江水库水源地生态面临诸多问题。项目组实地调查发现，新丰江水库流域面积广大，存在多种污染隐患。第一，农业养殖污染，如东源县的灯塔和连平县的大湖镇有多个养猪场的排泄物未经处理直接排入河里，污染水体；第二，上游私自采矿引起水土流失和废水排放，如连平与东源交界处沿南坑河经常有非法采矿和洗矿，矿山开采导致山体大面积裸露，大量废水未经处理直接排入河道，连续两年水体的铅、砷、汞超标；底泥中铜镉铅锌砷均超标。[101]第三，城乡生活污染，新丰江水库流域内分布有新丰、连平2个县城和29个乡镇，数万人的生活用水污水直接排入水源地，绝大部分乡镇没有建设垃圾处理场，河道生活垃圾较多。第四，除库区周边外，流域内大部分地区林业结构不合理，保水功能弱，生态效益差。桉树种植面积过大，桉树施肥及在砍伐和烧荒时会引起大量的水土流失和养分流失，直接进入水库和上游河流。

虽然水库流域内现有多个污染源，但由于新丰江水库支流众多，河流较长，库容较大，所以水库的自净能力较强，目前水库水质仍然比较好。但河流水库水体的自净能力是将污染物沉积在底泥中，长期积累会引起底泥的污染，而水体温度、pH值、氧化还原电位（Eh）值和营养状况[102, 103]等环境因素的改变都可能引起底泥砷等污染物向水体的转运和释放，从而诱发河流、水库水体的二次污染问题。因此有必要对流域内的污染源开展有针对性的监管措施，以保证新丰江水库的长期供水水质安全。

6 本章小结

根据对新丰江水库的水体采样分析，从全流域看，4项指标均达到国家《地表水环境质量标准》（GB 3838—2002）Ⅱ类标准的样点，丰水期达60%，枯水期仅40%。枯水期近60%的样点水质不到Ⅱ类，水质堪忧。丰水期的水质要明显优于枯水期的水质。从年内变化的空间分布看：第一，忠信水及支流水质情况要好于新丰江及支流。除个别采样点外上游源头水质较好。距离城镇居民点愈远，水质愈好。第二，新丰江支流流域的纳污河段主要集中在新丰县到码头镇、连平县城附近、南坑河段及忠信水的局部，主要污染因子是总氮。个别采样点四个检测项目均严重超标，水质严重污染。第三，污染主要是由城镇生活污水的排放和农业面源污染造成。内梅罗指数评价法在本次研究中很好地反映了流域水质的时空变化规律。

从年际变化的空间分布看，与 2007 年相比，2010 年除大席河水质略有好转外，其余几个支流水质均恶化。与 2007 年一样，2010 年忠信水支流达标率高于新丰江支流。2007 年、2010 年新丰江水库丰水期的主要污染项目均是总氮。2010 年达到 Ⅱ 类水标准的采样点比例达 39.1%，仍有约 60% 样点达不到水质要求。而新丰江上游马头镇以上河段、连平河的水质四指标达标率均不到 30%。连平河水质最差。忠信水支流流域与新丰江马头镇上游的污染源主要是城镇居民点和养殖业，以点源污染为主。而连平河的污染物分布呈线状，以面源污染为主。

2003—2012 年间新丰江水库供河源市的逐月饮用水取水量与水库的蓄水量是显著的正相关关系，与水质指数呈显著负相关。与干季相比，湿季取水量更多，水质更好。干季与湿季间取水量和水质指数的差异均达显著水平。近 10 年来饮用水的取水量在不断增加，而同期新丰江水库来水量减少，水库蓄水量比较紧缺，虽然取水点附近水质良好，但新丰江水库流域面积广大，存在多个水质安全隐患，而未来河源市供水需求还将增大，水库供需矛盾比较突出，供水安全存在水量和水质的双重隐患。因此，在水库调度中需要充分考虑供水需求的时间规律，并采取有效措施控制流域内的污染隐患，才能保障长期的供水安全。

第 4 章　新丰江水库水质安全影响因素分析

1　水质安全影响因素概述

河流水质状况受流域内的自然和人类活动这两大类因素的影响。其中，自然因素主要反映在水库集水区域地质、土壤性质、植被的差异，直接影响着入库水流化学和水库沉积物的性质；人类活动则往往是导致河流水质恶化的主要因素。河流水质与流域人类活动之间的关系非常复杂，影响河流水质的人为因素主要有：人口状况、经济发展水平、城市发展水平、土地利用结构及流域资源开发利用状况等。

1.1　自然因素对水质的影响

自然因素对水质的影响主要体现在大气沉降、地质、土壤性质、植被等对水质的影响，水库集水区域地质、土壤性质、植被的差异，直接影响着入库水流化学和水库沉积物的性质。土壤对水质的影响主要表现为土壤养分溶于水中，造成水体富营养化。广东省土壤的主要特征之一为铁、锰丰富；无论什么母质，营养三要素中氮的缺乏非常严重；磷的状况与耕作施肥关系很大，[104]不考虑施肥影响，磷也较为缺乏。在自然条件下土壤对水体富营养化的贡献不大。流域土壤对水质的影响，主要表现在土壤中各种各样的生物以及植物根系，经常吸收土壤的营养成分。通常在植被较好流域，植物的根系特别茂密地分布在表土，容易吸收水中的营养成分。[105]流域内森林植被面积和耕地面积的比例关系，也对流域水质产生影响。研究区森林覆盖率较高，为保护本区的水环境质量起到了很好的作用。

地质、土壤性质、植被这几个方面因素往往相互联系，通过水土流失的方式对水质产生影响。泥沙是有机污染和无机污染的载体，沉积在库区的泥沙对水质的影响很大。流域易发生水土流失的区域地形破碎，坡度陡，植被覆盖率低，土层薄且松懈，特别是岩性易风化、抗侵蚀能力低，当降雨强度大且集中时，而对降雨冲击的抵抗力较弱，增加水土流失。

本研究区域地质特点：库区上游地带岩浆岩分布广泛，岩体巨大，花岗岩类岩石都以石英和长石类矿物含量高为共同特征。石英稳定性好，抗风化能力强，而长石类矿物则易风化为黏土矿物。因此，花岗岩类的岩体表层每每发育厚层风化壳，风化层裸露地表，结构松散极易被侵蚀。库区上游的大片花岗岩风化壳是水库泥沙淤积的主要沙原地之一。气候特征为"两寒一水一旱"，即低温阴雨、寒露风、龙舟水和秋旱。"龙舟水"多出现在5月和6月，暴雨频繁，山洪倾泻，造成大量的泥沙入库。近年来，河源政府把库区流域生态建设放在重要位置，坚持退耕还林，禁止陡坡开荒，关停了多家污染重的企业,加强了生态环境的治理和保护,取得了初步的成效。然而由于流域内经济落后,人们对生态建设认识不足,乱砍滥伐现象仍然比较严重,加之不科学的商业开发,急功近利,生态防护效益不高,林种结构不合理,这些因素都为本区水土流失埋下了隐患。

1.2 人为因素对水质的影响

人类直接或间接地把物质和能量引入水体的生产或生活活动,诸如矿山的开采、工业生产排放的废水和废渣;农田喷洒大量的化肥和农药,一部分随地表径流进入水体;动力工业和其他行业的高温冷却排水;城镇居民的生活污水等。这些都可以引起江河、湖泊、海洋和地下水等水体的水质、底泥的物理、化学性质或生物群落组成发生变化,使水体水质变坏,降低了水体的使用价值。人类活动对水质的影响具体表现在以下6个方面。

1.2.1 水土流失

许多学者认为,水土流失及土壤侵蚀与水环境的恶化有着密切的联系。土壤污染为水质污染提供了前提,水土流失是加剧水质污染的主要因素。

水土流失对水环境的影响是多方面的。物理上,严重影响水的感官性能,即浑浊度增大,尤其降雨期间显著;化学上,主要是加快了富营养化进程,从而导致藻类的迅速繁殖;从生物、微生物学上讲,微生物大量增加,还可能有病毒性细菌存在。[106]不同的地表覆盖,产流产沙量不同的经营方式,天然地表径流中养分的含量有很大差异。流失养分分散的浓度、形态、总量所造成的非点源污染不论对农业经营还是随后的水用户都是十分重要的。农业经营活动中产生的径流和渗透污染对水环境有很大冲击。这些污染的来源主要包括村和郊区土地和侵蚀河岸产生的侵蚀和泥沙沉积,从牲畜肥料和农耕地产生的养分和有机物质。水体的氮污染直接与径流、渗漏和土壤侵蚀有关。[107]流域泥沙侵蚀与富营养化有着密切关系。水土流失与非点源污染是一对密不可分的共生现象。非点源污染是地表水污染的重要途径,而农地的土壤侵蚀产生的泥沙是最重要的非点源污染物质,严重影响地表水的质量。[108]水土流失不仅使土壤环境和质量得到损失,而且给收纳水体带来危害,因为流失的水土是污染物的重要载体。研究表明,由于磷在土壤中的相对难移动性,磷的流失主要是通过地表侵蚀和径流造成的。只有通过水土保持措施来减少侵蚀和径流,从而减少磷的流失,达到控制非点源污染的目的。水土流失与土壤侵蚀对水环境的影响主要集中在:①侵蚀泥沙本身就是非点源污染物,造成水体泥沙淤积,浑浊。②侵蚀径流和泥沙携带大量的化肥农药等污染物进入水体,尤其氮、磷输入,造成水体富营养化,使水环境恶化。③由于侵蚀泥沙和所携带的化肥农药病菌等污染物的进入影响了水生生物的生存环境,影响了水生生物的生长。

1.2.2 农田排水

工厂生产了大量的农药、化肥,专供农业、林业使用。这些物质被施用后,除被生物吸收、挥发、分解之外,大部分残留在农田的土壤和水中,然后随农田排水和地表径流进入水体,造成危害。农田排水实际上是非点源(面源)污染。天然水体中的有机物、植物营养物(如氮、磷等)、农药等,主要来源于农田排水。

1.2.3 城市生活污水

随着人口在城市和工业区的集中，城市生活污水已成为引起水体恶化的重要污染源。生活污水是人们日常生活中产生的各种污水的混合液。生活污水尽管杂质很多，但其总量只占0.1%~1%，其余都是水分，杂质的浓度与用水量多少有关。悬浮杂质有泥沙、矿物废料和各种有机物（包括人及牲畜的排泄物、食物和蔬菜残渣等），以及胶体和高分子物质（包括淀粉、糖、纤维素、脂肪、蛋白质、油类、肥皂、洗涤剂等）；溶解物质则有各种含氮化合物、磷酸盐、硫酸盐、氯化物、尿素和其他有机物分解产物，产生臭味的有硫化物以及特殊的粪臭素。此外，还有大量的各类微生物，如细菌、病毒、原生动物乃至病原菌等。生活污水一般呈弱碱性，pH值为7.2~7.8。由此构成的生活污水外观就是一种浑浊、黄绿乃至黑色，带有腐臭气的液体。

1.2.4 工业废水

各种工业企业在生产过程中排出的生产废水、生产污水、生产废液等统称为工业废水。它所含的杂质包括生产废料、残渣以及部分原料、产品、半成品、副产品等，成分极其复杂，含量变化也很大，不同生产条件，甚至不同时间的水质也有很大不同。每种工业废水都有多种杂质和若干项指标的综合体系，构成复杂的水质系统。

1.2.5 工业废渣和城市垃圾淋溶水

工业废渣主要包括燃料渣、冶金渣、化工渣等。工业废渣不仅数量大，而且成分复杂，含重金属及有毒物质，对环境污染威胁较大。

工业废渣和城市生活垃圾受降水淋溶，各种有毒有害物质随雨水径流而进入地面水体，改变了地面水质成分；一些淋溶物质随降雨渗入土壤，通过土壤进而影响地下水；细颗粒的垃圾、废渣还能随风飘扬落入地面水体，或成凝结核形成水滴与雨水一起降落地下形成地表径流进入地表水体中，一些工矿企业将废渣、垃圾直接倒入湖泊、河流或海洋造成更严重的污染。

1.2.6 矿山开采

矿山开采无疑会对周围的生态环境产生影响。矿山开采不仅扰动岩层，破坏地表植被和土壤结构，造成水土流失，而且在开采过程中大量洗矿水外排，对周围水环境产生严重影响；尾矿、残渣在经雨水淋溶渗入土壤，会使土壤重金属含量严重超标；经水土流失带入河流会对河流水质产生严重影响。

本次研究的监测结果可以证明研究区域水质的主要影响因素是人类活动。在采样过程中发现一些城镇的生活污水、矿山开采废水不加任何处理直接放入河流，使受纳河流水质受到严重影响。一般而言，越是人口密集区水质情况越差。

2 新丰江水库流域主要污染源调查

本区污染源可分为两类，一类为面源，一类为点源。点源包括采矿废水、养猪场的废水和城市污水；面源包括农田、乡镇和街道的污水。水库集水区的污染以点源污染为主。

2.1 生活污水

2008年,新丰江水库集水区域总人口为826 476人,其中非农业人口为241 642人,农业人口为584 834人,城镇化率为30%。集水区域生活污水排放总量为4 063.75万吨。为82万多人一直靠国家补助生活,他们的生活污水及裸露的生活垃圾渗滤液未经处理直接排入支流,随后顺势污染新丰江[①]。

表4-1 2008年新丰江水库集水区生活污水排放量

单位:万吨

行政区	东源县	源城区	连平县	和平县
污水排放量	1 170.87	990.29	1 626.44	276.15

图4-1 沿河倾倒的垃圾及布满水浮莲的河面

2.2 畜禽养殖

从表4-1中可以看出,规模化畜禽养殖是集水区水环境污染物排放的一部分。而在个别采样点畜禽养殖却是主要污染源。据报道,2011年,我国仅猪饲养产生的 COD、总氮、氨氮及总磷排量分别达到2 382.1万吨、244.8万吨、119.1万吨与37.1万吨[②]。畜禽养殖废水直接排入河流对河流水质产生严重影响。

考察发现灯塔、骆湖、大湖、涧头、双江几个镇分布有多个大型、小型猪场。对顺天到涧头之间的采样点枯水期4项指标中有3个为劣Ⅴ类,上游不远位置为某集团良种猪繁育场,除此之外并无大的污染源,说明水质恶化与养猪场的废水排放有关。

大规模的猪场会采取一些污水处理措施,但据实地调查,其废水排放口下游附近水

---

① 王瑾,付永胜.广东新丰江水库集水区域生活污水防治研究[J].北方环境,2011,23(7):142-143.
② 霍书豪,董仁杰,庞昌乐,等.畜牧业粪污减量与资源化利用的实现[J].中国沼气,2014,32(5):29-32,51.

体中水浮莲密集，且生长旺盛，说明富营养化仍很严重。据不完全统计，大湖镇附近有7个猪场，其中大型的4个；灯塔到骆湖之间共有6个猪场，其中大型有2个；灯塔镇有一个大型猪场。顺天或灯塔到涧头之间尚有1个小型猪场；双江除玉井外，还有3个猪场。另外，在规模养殖的带动作用下，农村散养户也比较多，小猪场和农户家庭散养通常不会采取处理措施，污水直接排放，对周围河流水质影响很大（图4-2）。

图4-2　猪场及污口附近水面的水浮莲

2.3　矿山开采

新丰江水库流域内存在多个矿山，其中就有广东储量最大的铁矿和储量居华南地区首位的钨矿。2007年，河源市矿产冶金规模以上企业共计104个[①]。

矿山开采严重威胁着水库水质。矿山的开采不仅造成严重的水土流失，而且洗矿废水的排放，尾矿、废渣等不合理堆放，导致水流所携带的泥沙和重金属很容易直接被带入水库，对水质造成很大的威胁（图4-3、图4-4）。考察发现南坑河（茅岭水）水质受上游3个铁矿开采的影响很大，水体浑浊，检测结果发现水体中铁、锰严重超标，汞的含量是Ⅱ类水标准的7倍。尤其南坑河的地理位置非常特殊，河水直接进入新丰江水库。河源市探明铁矿石储量2.83亿吨，主要分布在新丰江水库流域，按照2007年河源市铁矿石原产量825.1万吨的开采规模，河源的铁矿仍可开采34年。矿山开采对水质的影响将是长期存在的。

2008年《南方农村报》以《清清连平河染成"乌龙江"》[②]为题，报道了2007年10月由于上游大尖山铅锌矿尾矿库发生严重的垮坝事故，引发大量矿渣倾泻而下，铺满了几千米河道，最厚的地方能没过膝盖，导致洗矿废水严重毒化了新丰江一级支流连平河。自从开矿，"连平河就成了洗矿废水的天然排污沟"，村民由于担心皮肤被腐蚀，连在河里行走都不敢光着脚，必须穿上雨靴。而矿山周围均已被划为黄牛石省级自然保

---

① 河源市统计[R]. 河源市统计年鉴2007.
② 传伟，李秀材. 南方农村报[N]. 2008-05-29.

护区。

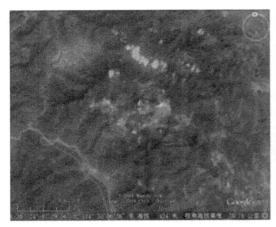 

图 4-3 从谷歌影像解译的南坑河附近铁矿分布及河流淤积

图 4-4 矿山开采场面及尾矿库

2.4 林业结构不合理，速生丰产林比例大

在考察中发现，很多地区大量种植速生桉树，流域内的林分以中幼林居多。在经济利益的驱使下，流域特别是沿河流分布人口密度较大的区域大量开山种植速生桉树，破坏了流域原有的生态林。种植桉树往往要把山地原生生态林和灌丛草被伐尽，并放火烧山（即炼山），然后植树。桉树生长神速，很快林高树密，林下草灌难以生长，而 3～5 年后即可砍伐，则又来一次放火烧山，如此反复山上野生动植物很快消失殆尽。每次烧山，土壤裸露，极易产生水土流失，造成水库严重淤积。而且因桉树生长迅速，需消耗大量水分而被称为"抽水机"，其蓄水功能又差，对山地水源影响也很大。

由于桉树消耗了大量水分，使地下水位降低，水体中的铁锰被浓缩，含量增大，导致出现铁锈水，进而影响水质。

2.5 公路建设

环库公路修路时直接向新丰江水库内倾倒弃土，而且许多边坡未采取工程或生物措施，土体松散，在暴雨或大雨时边坡冲刷严重，沟壑纵横，不仅水土流失大，也影响到公路的边坡稳定（图4-5）。

图4-5　公路边坡水土流失

3　流域污水排放对水质的影响

城市生活污水、工业废水的无序排放是造成城镇周围水体恶化的直接原因，监测结果表明城镇下游的Ⅰ值总是高于其他地区，甚至出现城镇上游水质标准为清洁，当流过城镇后水质标准就变成严重污染的情况。从表4-1中可以看出城镇生活污水排放和非点源污染物的排放占水环境污染物排放量的比重很大。研究区域内目前的主要水环境问题还是生活污水的治理。表中体现的是非点源的排放量，有研究表明，非点源污染物的入河量不到排放量的1/10，通常在考虑污染物对水质的影响时着重考虑污染物入河量影响。在现状条件下，研究区工业废水及城市生活污水的排放去向主要包括两个方面，一是排入河道，二是引入农田灌溉，无论哪种去向都对地下水水质产生影响。

图4-6、图4-7为总氮在新丰江支流流域的分布情况，充分反映了城市污水排放严重影响河流水质。新丰江水源头和近库区的总氮含量较低，连平河总氮含量往下游方向逐渐减低。新丰县城下游的5-3到8采样点、连平县城下游的16、15号采样点总氮含量相对较高，因为这些点分布在县城下游。

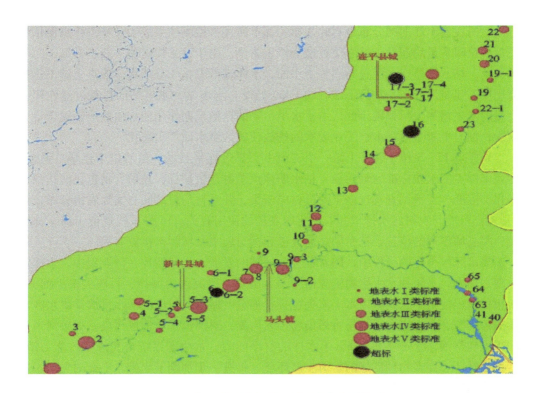

图 4-6 枯水期总氮在新丰江支流流域分布情况

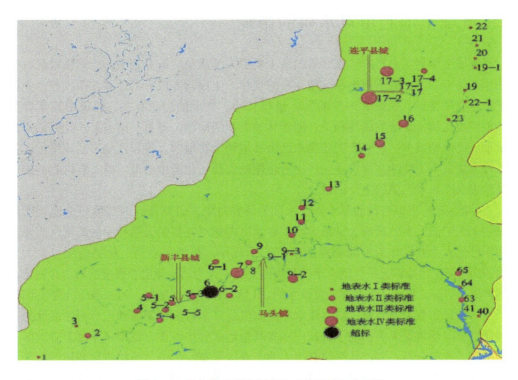

图 4-7 枯水期总磷在新丰江支流流域分布情况

总磷在新丰江上的分布也有此规律。如上所述：检测结果表明6号采样点在枯水期总氮、总磷含量均超标，其水质标准为严重污染。由于该采样点位于新丰县城下游不远的位置。枯水期该点水浮莲布满整个水面，水体富营养化十分严重。该点上游不远处有氮肥厂、建材厂分布，并且下游有约1 km处设有水电站，水电站的拦截过滤作用，使大量的水生植物大量聚集于此，由于水生植物的繁殖代谢作用使水中的溶解氧含量大大减少，加上上游生活污水、工业废水的排放使该区域水质严重恶化。

采样点17-3位于连平上游一个支流上，靠近连平县城。虽然位于连平县城上游，但该采样点的水质标准为轻污染，枯水期该点总氮含量超标，总磷含量也只能达到地表水Ⅳ类标准。实地调查发现该点附近村庄密集，并且村与村之间有大片农田分布，该点Ⅰ值较高可能与农村污水排放和农田化肥农药的使用有关。16号采样点位于连平县城下游，距县城不远的位置，枯水期总氮含量超标与连平县城污水排放有关。

集水区城市化的进程中，随着社会、经济的发展，人口增加，产业集中，水体污染也随之加剧，水质和水生生物资源遭到严重破坏。研究区内城镇、村庄大多沿河分布，城市化过程使集水区内城市水土流失也日益加重。城市、村庄的污水排放是集水区内最大的污染源，水土流失很容易将污染物带入河流，对河流水质造成污染。如果河道长时间得不到整治，造成淤积，降低了水体的自净能力，水生态系统自我修复的能力消失，特别是破坏了许多物种良好的繁衍生息环境，将进一步加剧了水生态平衡的失调，造成水环境的恶化。[109]

4 流域土地利用对水质的影响

流域土地利用是影响河流水质的最主要的人类活动。研究表明，天然植被具有强大的水土保持功能，并呈现出林＞灌＞草的规律。土壤营养成分的迁移在很大程度上依赖于土地利用格局，径流中94%的氮含量与农地、林地的面积有关，径流中氮素含量与林地面积比例呈显著的线性相关，随着林地面积的增加，氨氮、硝态氮、总氮的平均含量都成比例地减少。研究表明若集水区由林地转为耕地时，将导致地表径流增加，提高洪峰流量及土壤侵蚀。而农业生产中所施用的农药、化肥中的氮、磷、有机物的流失量是造成水库水质污染的主要因素。[110]

钟旭和等[111]以台湾翡翠水库集水区为研究对象，研究该区内部不同土地利用形态对集水区汇流水质的影响。结果表明，集水区内相对完整的天然林中的溪流水质要优于两岸已受人为开发作为不同利用的溪流。[112]此外，耕地中农药、化肥使用量常大于林地，亦为河川污染源之一。随着土地利用的变化，人为活动频度、强度的增加，河流水中溶解氮、溶解无机磷浓度、浑浊度及水的pH值总体上呈现增加，河流水环境质量下降。

从统计年鉴可以看出，新丰江水库集水区是广东省经济密度和人口密度最低的一个地区，生态环境受人类活动干扰较广东省其他地区要小得多，特别是库区上游地区，人烟稀少，农田分布不多，几乎没有很大的工业区分布，污染负荷相应比其他地区低。利用2006年TM数据对流域土地利用分类所得土地利用数据（图4-8）可知，林地的比例占到80%，农田和城镇用地仅占百分之十几。库区主要有回龙、锡场、半江、涧头和双江等乡镇，林业资源较丰富，是水库的重要水源涵养林区。新丰江和忠信水的上游源头群山连绵，植被覆盖好，且生态公益林占相当的比重，对防治水土流失起到了很好的作用。这种土地利用结构下污染负荷要小得多。

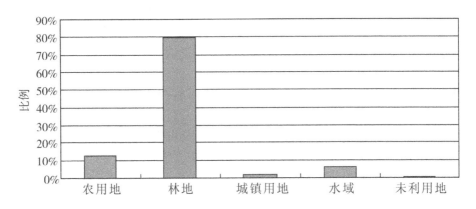

图 4-8 2006 年新丰江水库流域土地利用面积比例

表 4-2 为 1998 年和 2006 年集水区土地利用数据。从数据中可以看出：集水区林地面积有所减少，但是变化率较低，仍然保持在较高水平，为研究区的主要土地利用类型；城镇用地、农田和水域的比例有所增加，其中城镇用地的变化率较大，可见研究区研究时间段内城市化速度较快。国内外的研究表明，随着城市化水平的不断提高，城市化进程对人类生存与发展必不可少的水资源及城市水环境的影响愈来愈显著[113]。保护新丰江水库集水区水质的主要任务之一就是要解决好城市化过程中带来的一系列问题。

表 4-2 1998 年和 2006 年集水区土地利用数据

土地利用类型	1998 年		2006 年	
	面积/ km²	比例	面积/ km²	比例
农田	712.01	12.372%	752.70	13.079%
林地	4 679.82	81.318%	4 549.85	79.059%
水域	326.27	5.669%	368.41	6.402%
城镇用地	35.90	0.624%	83.53	1.451%
未利用地	0.97	0.017%	0.48	0.008%
总计	5 754.97	100%	5 754.97	100%

在通常情况下，土地利用对河流水质的影响主要是通过非点源污染途径，且与土壤侵蚀、水土流失密切相关。土地利用对河流水质的影响程度取决于：降雨量、雨强、地表透水性、土地使用功能、土地利用类型以及人类活动强度和方式等因素。[114] 台湾"经济部水利署"在做石门水库集水区泥沙量推估研究中得出在集水区治理土壤侵蚀方

面可以将目标聚焦在某个特定的小范围区域上，可达到事半功倍的效果。因为距离水库较远处泥沙运移不到水库，对水库泥沙淤积没有贡献，因此可以根据距离水库的距离逐级划分次级流域计算泥沙推移量。

有研究证明河流两岸 2 km 内的土地利用方式对河流水质的影响最大。根据石门水库集水区泥沙量推估的研究思路对新丰江水库流域河流 2 km 缓冲带内土地利用情况进行分析，通过分析缓冲带内土地利用情况与水质情况的关系，研究集水区土地利用对流域水质的影响。

具体方法为：①以 2006 年 TM 影像为数据源，将经校正好的影像进行土地利用分类并进行缓冲区分析。截取缓冲区的土地利用图，分析缓冲区内土地利用情况（图 4-9）。②根据水质评价指数 I 选取有代表性的河段，分析代表性河段缓冲区内的土地利用情况（图 4-10、表 4-3）。③对代表性河段缓冲区内的土地利用与水质 I 值做相关分析，分析土地利用情况对水质的影响。

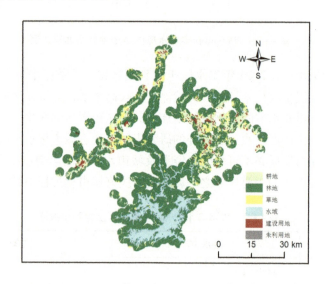

图 4-9 2006 年新丰江水库流域 2 km 缓冲区的土地利用

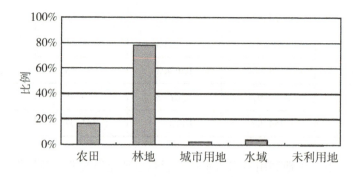

图 4-10 2006 年新丰江水库流域水体 2 km 缓冲带内土地利用面积的比例

表 4-3　2km 缓冲区内土地利用的面积比例

利用类型	农田	林地	城镇用地	水域	未利用地
2km 缓冲区内土地利用比例	16.24%	78.00%	2.00%	3.50%	0.02%

由图 4-10、表 4-3 数据可以看出，在水体 2km 缓冲带内林地面积所占的比例有所下降，但比例仍在 70% 以上，城镇用地、农田用地所占比例有所提高，结合调查发现流域内大多数城镇、农田都沿河分布，并集中在 2km 缓冲带内。这种分布符合城市分布规律，但是也给附近河流水环境带来压力。

为了研究不同土地利用方式对水质的影响情况，本研究选取了 4 个有代表性的河段，分析其土地利用情况。代表性河段分别为：新丰县城段、连平河溪山镇到新丰江交汇处段、忠信河忠信镇段、大席河上游段。

新丰县城段河流采样点包括 5-4、5-5、5-1、5-2、5-3、6、6-2，2008 年内梅罗水质指数（I）平均值为 2.90，是流域中 I 值最高的河段；连平河溪山镇到新丰江交汇处段采样点包括 14、13、12、11、10，2008 年平均 I 值为 1.14；忠信河忠信镇段采样点包括：24、25、26、27、28、32、33、34、27-1、27-2、28-1、28-3、31，2008 年平均 I 值为 1.20；大席河上游段采样点包括 22、21、20、19-1、19、22-1、23，2008 年平均 I 值为 0.70。

对所选取河段内的土地利用情况进行分析，结果如表 4-4、表 4-5 所示。

表 4-4　代表性河段 2km 缓冲区内土地利用比例与内梅罗水质指数（I）对应关系

河段	面积比例				I 值	水质评价
	农田	林地	城镇用地	水域		
新丰县城段	26.55%	60.80%	10.40%	2.20%	2.90	污染
连平河下游段	30.60%	64.80%	3.50%	0.99%	1.14	轻污染
忠信河忠信镇段	23.00%	72.00%	4.30%	0.97%	1.20	轻污染
大席河上游段	22.70%	73.00%	3.30%	0.96%	0.70	清洁

表 4-5　相关性分析结果（R）

	农田	林地	城镇用地	水域
I 值	0.223	-0.807	0.988*	0.959*

* 表示 0.05 水平显著。

用 SPSS 对土地利用面积比例与该河段水质综合评价指数 I 值做相关分析，分析结果（表 4-5）显示，综合水质指数 I 值与农田的相关性最低，也就是说农田比例对水质的影响很小。而林地与水质综合评价指数 I 值是很高的负相关关系，相关系数达到 -0.807，说明林地面积所占比例对水质有一定的影响，但在统计上未达显著水平。林地面积比例越大，水质综合评价指数 I 值越低，水质情况越好。而城镇用地面积和水域面

积的比例对水质 I 值的相关性分析均达到显著水平，说明城镇用地和水域的分布对水质的影响非常大。水域面积越大、城镇用地面积越大，综合水质指数越高，水质越差。一般地，水域面积比例越大，水体的净化功能更强。但新丰江、连平河、忠信河段水域内水质较差，均有不同程度的污染，水体的污染超过其自身的净化能力，所以出现水域面积大反而水质差的现象。

研究表明，森林不仅可以涵养水源，保持水土，还可以有效改善水质。森林对农田径流和大气降水中很多污染物具有吸附作用。Lowrance 与 Pinkowski 研究显示，沿岸森林缓冲带能作为一个营养元素的汇集地，并有效降低流经农耕地进入溪流的营养元素（如氮、磷、钾等）的浓度，其中对氮和磷的滞留效果最好[①]。大气降水中的环境污染物如铅（Pb）、镉（Cd）等，经过林冠层、地被物和土壤层的截留过滤作用，不仅种类减少，而且浓度大为降低。而采伐森林、旅游、放牧和改变森林结构、施用化肥、杀虫剂等人类活动会破坏森林对水质的保护作用。新丰江水库集水区的森林覆盖度高，为流域水质保护起到了很好的作用。

近年来，由于经济发展，人口飞速增长，集水区土地资源开发速度加快。而不合理的坡地利用首先导致集水区径流量增加，随之而来的是土壤侵蚀率大增，大量的营养元素随地表径流输入集水区水源引起水质恶化，最终导致水体富营养化。不论是全流域、还是 2 km 缓冲区，城镇用地面积比例均对水质有显著影响。因此，保护新丰江水库集水区水质的主要任务之一就是要解决好城市化过程中带来的一系列问题。

5 流域矿山开采对水质的影响

在 2008 年采样调查中我们发现南坑河水质受矿山开采影响很大，从水系分布图（图 2 - 1）可以看出，南坑河的发源地有几个铁矿，南坑河地理位置距库区非常近，其水质一旦受污染，将对水库水质造成严重的影响。我们在第二次采样中对南坑河 65 号采样点水质做了重金属全分析，结果发现水体中 Hg 超标 6 倍。为了进一步了解矿山开发对水库水质的影响，我们于 2008 年 10 月 25 日再次对南坑河的水体进行采样，并沿途采集土样，分析开采矿石对水质的可能影响以及可能进入水库的泥沙的污染情况。

5.1 水样监测

5.1.1 水样测试方法

依照待测项目选择不同的监测方法。采用火焰式原子吸收分光光度计测试 Fe、Mn、Cu、Pb、Zn、Cd。总氮的测定采用碱性过硫酸钾消解紫外分光光度法，总磷的测定采用铝酸铵分光光度法，氨氮的测定采用纳氏比色法，Cr^{6+} 选用二苯碳酰二肼分光光度法测定。

5.1.2 结果分析

水样监测结果如表 4 - 6 所示。采样点顺序按照从上游到下游顺序排列（图 4 -

---

① 郭艳娜. 缙云山森林生态系统中地表和地下径流水质的研究 [D]. 西南农业大学, 2005.

11),其中采样点3-1、4-1分别位于两条支流上,目视水体清澈,水质情况较好,与主流水质情况形成鲜明对比,便将这两个采样点作为对比使用。

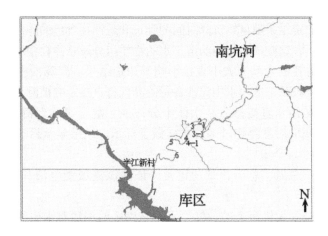

图4-11 南坑河采样点分布

表4-6 南坑河水质监测情况 (mg/L)

采样点	Fe	Mn	Cu	Zn	Pb	Cd	Cr^{6+}	氨氮	总氮	总磷
1	10.647	4.376	0.179	1.258	0.072	未检出	1.254 7	0.171 0	1.336 0	0.079 2
2	6.404	0.552	0.110	1.080	0.079	未检出	0.890	0.112 0	1.132 7	0.093 4
3	3.274	0.311	0.066	0.658	未检出	未检出	0.299 0	0.103 0	1.174 7	0.063 1
3-1	0.349	0.389	未检出	0.118	未检出	未检出	未检出	0.157 0	1.251 3	0.052 1
4	8.020	1.099	未检出	0.493	未检出	未检出	1.576 4	0.167 2	0.570 0	0.063 5
4-1	0.109	未检出	未检出	0.034	未检出	未检出	0.915 2	0.184 3	0.640 0	0.042 3
5	9.996	2.320	0.002	0.250	0.074	未检出	0.877 4	0.101 1	1.338 8	0.087 1
6	0.368	未检出	0.001	0.049	0.002	未检出	0.588 2	0.101 4	1.278 2	0.072 6
7	10.440	1.824	未检出	0.293	0.057	未检出	0.211 0	0.168 5	0.334 4	0.068 0

由于火焰原子吸收法测定Cd最低检出限为0.002 mg/L,本次研究水样中Cd含量均低于检出限,水样中Cd含量很低,至少在Ⅱ类水标准;Pb和Cu在各个采样点的检测值也均保持在Ⅱ类水标准,除了1、2采样点Zn的含量在Ⅲ类标准,其余采样点Zn的含量也在Ⅱ类水标准。证明水样中Cd、Pb、Cu、Zn的含量正常,矿山开采废水排放中Cd、Pb、Cu、Zn排放量极少,或无Cd、Pb、Cu、Zn排放。南坑河主要污染因子为浊度、Fe、Mn、Cr^{6+}。

各采样点检测值分析:1号采样点,水样比较浑浊,Fe、Mn、Cr^{6+}含量均超标。2、3、4、5、7号采样点,水样浊度小于1号采样点,Fe、Mn、Cr^{6+}含量均超标,超标倍数小于1号采样点。3-1、4-1号采样点,作为对比采样点,这两个采样点各项检测值都较低，水质较好。6号采样点，水样浊度较低，除Cr^{6+}外其余各项检测均较低。

除氨氮、总氮、总磷、Cd检测值外，其他采样点项目检测值跳跃较大，河流中悬浮物的多少对检测数值有很大的影响。对于总氮、总磷、COD、铜、铁、铅等需强氧化剂氧化的项目，其测定结果随自然沉降时间的延长和悬浮物含量的降低而降低。其原因是在强氧化剂的作用下，这些项目相应的溶于水的物质组分及悬浮物中所含的物质组分均能完全被氧化，因而悬浮物含量的大小直接影响其测定结果。[115]泥沙中被测组分含量对水中相应组分作了主要贡献，地表水中泥沙含量的高低将直接影响被测组分含量的高低。

南坑河上有铁矿污水直接排入，水体十分浑浊，混合水样经静置后仍有大量悬浮物，在实验过程中我们对悬浮物过多的水样做了标示，结果显示悬浮物含量越多，检测值越高。

各采样点氨氮、总氮、总磷含量均正常，证明该流域受生活和农业废水排放影响较少。

泥沙是有机污染和无机污染的载体，沉积在库区的泥沙对水质的影响很大。入水体的重金属污染物主要在水体沉积物（包括悬浮物和底泥）中富集，并通过水－沉积物的交换反应在液相与固相间迁移。[116]一般来说，水库沉积物处于相对稳定的状态，但是当水库系统的物理化学条件发生变化时，沉积物中重金属就有可能发生改变（例如当有强制性地改变了水体沉积物的物理条件时），使得积累于沉积物中的污染物大量回馈水体，形成水库污染的内源，因此水体淤积物是一个潜在的二次污染源。另一方面，在底泥扰动后的静置过程中，金属元素又会在各种物化、生化、地化条件下产生絮凝、络合、迁移转化，沉降而赋存于沉积物中，随着静置的时间增长，水样中金属元素含量逐渐减少。沉积物具有反映水系统状况的意义，是水体污染的指示剂，其环境质量反映着水体的污染状况。为此我们对南坑河底泥重金属进行监测分析。

5.2 底泥土样监测

5.2.1 土样测试方法

采用氢氟酸－高氯酸消解体系对土样进行消解后，采用火焰式原子吸收分光光度计测试Fe、Mn、Cu、Zn、Pb、Cd（表4－7）。

5.2.2 结果分析

从监测结果（表4－7）可以得出，监测项目含量在土样中分布比较均匀，无很大变化；土样中Fe、Mn含量很高（与水样相似）；其他项目检测值除Cd在4－1、7－3含量超标外，均在标准值（表4－8）之内。当然重金属浓度最高，并不意味着其土样中该重金属污染就最严重，土样中重金属的污染程度是和当地沉积物中重金属含量的背景值有密切关系的，因此，我们此次对土样检测的目的在于了解土样中重金属含量。由于南坑河距离新丰江库区很近，在河水径流和雨水冲刷的作用下很容易将这些带有高含量重金属的泥沙带入库中，这些重金属污染因子很难被生物降解，只能在不同的价态和形式间相互转化、分解，其毒性以离子态存在时最为严重，常被生物吸收富集于体内，并通过饮水与食物链，最终毒害人体。一旦这些带有高含量重金属的泥沙带入库将对水库水质造成不良影响。

表 4-7 南坑河土样监测情况 (mg/kg)

采样点	Fe	Mn	Cu	Zn	Pb	Cd
1	263	109	48	47	11	0.92
2	270	107	30	48	19	0.84
2-A	266	107	29	43	7	0.36
3	264	105	19	43	11	0.46
4-1	272	109	26	49	17	1.26
4-2	265	109	33	48	17	0.70
5	262	98	15	39	21	0.82
5-1	260	110	37	49	10	0.96
6	265	107	21	44	11	0.48
7-1	264	107	34	43	16	0.82
7-2	267	112	28	50	14	0.60
7-3	277	112	27	68	33	4.47

表 4-8 土壤环境质量标准值 (mg/kg)

	一级	二级			三级
	自然背景	pH<6.5	pH 6.5~7.5	pH>7.5	pH>6.5
镉点	0.2	0.3	0.6	0.6	
砷水田点	15	30	25	20	30
砷旱地点	15	40	30	25	40
铅点	35	250	300	350	500
铬水田点	90	250	300	350	400
铬旱地点	90	150	200	250	300
锌点	100	200	250	300	500
铜农田等点	35	50	100	100	400

5.3 主要污染物的迁移转化与危害性研究

5.3.1 Fe、Mn 离子的迁移转化与危害性研究

由于二价铁在水中的溶解度较大,所以铁质一般以二价铁的形式存在于水体中,并且铁和锰在水中往往是同时存在的。Fe、Mn 离子在水体和底泥中的迁移转化与温度、溶解氧、pH 值密切相关。研究表明,当反应体系处于厌氧状态时氧化还原电位下降能使氧化态铁锰转化成还原态,而在好氧条件下,体系中溶解氧含量和氧化还原电位都得

到了极大的提高，此时铁、锰处于高价态而形成难溶化合物，迁移能力很低，逐步在库底沉积物与水界面附近沉淀，并储积于沉积物表层，导致沉积物中铁、锰含量上升，水中铁、锰浓度相应降低。在 pH 值为 2.6～2.8 的酸性废水中 Mn 比天然背景值高 5 000～10 000 倍，Fe 则要高出 2 000～3 000 倍。Stumm 和 Lee 发现 pH 为 5 时 Fe^{2+} 氧化成 Fe^{3+} 的过程需要几个小时，而 pH 为 7 时只需要几分钟。pH 每增加 1 个单位，铁和锰的氧化速率增加 100 倍。[117] 南坑河上游矿山开发过程中必定产生大量酸性矿井水，为铁锰离子在水体和底泥中的迁移转化创造了良好的条件。

采样点 7 位于半江新村附近，距新丰江水库库尾距离仅有几千米。半江镇、半江新村分布在库尾附近。采样时发现库尾有大面积鱼塘分布，并且半江镇、半江新村的生活污水直接排入水库。当南坑河高含量被重金属污染的泥沙被带入水库后，一旦生活污水过量排放、鱼塘养殖导致水体富营养化，就会同时导致库尾泥沙淤积物的铁锰释放，给水库水质造成不良影响。

水中含有过量的铁和锰，将给生活饮用水和工业用水带来很大危害。我国《生活饮用水卫生标准》规定铁含量小于 0.3 mg/L，锰含量小于 0.1 mg/L。当原水铁锰含量超过上述标准时，就要进行处理。水中铁和锰所引起的危害性大致有以下几点：

饮用水中若含高浓度铁，会使人体内铁超标，出现慢性中毒症状，诱发肝硬化、骨质疏松、软骨钙化等疾病；而长期饮用含锰量较高的水，也会出现乏力、头痛、记忆力减退、肌肉疼痛，严重者甚至出现肌体震颤、行走困难等症状。[118]

在工业上，当作为洗涤用水或生产原料时，会降低产品的光泽及颜色等质量，如纺织、造纸等行业。在管道方面会引起管壁上积累铁锰沉淀物而降低输水能力，沉淀物剥落下来时，会发生自来水在短期内变"黑水"或"黄汤"的问题，甚至堵塞水表和一些用水设备。当水中引起铁细菌大量繁殖时，情况更为严重。[119]

5.3.2 Cr^{6+} 的迁移转化与危害性研究

天然水体中铬的质量浓度一般在 1～40 μg/L 之间，主要以 Cr^{3+}、CrO_2^-、CrO_4^{2-}、$Cr_2O_7^{2-}$ 4 种离子形态存在，水体中铬主要以三价铬和六价铬的化合物为主。铬的存在形态直接影响其迁移转化规律。[120] 六价铬可与钡、铅、银等重金属离子形成不溶于水的铬酸盐沉淀。但天然水体中这些金属浓度较低，因此，六价铬在水中有较强的迁移能力，难于沉淀。六价铬是强氧化剂，特别是在酸性溶液中，可与还原性物质强烈反应，生成三价铬。六价铬不易形成络合物或沉淀直接从水中去除。因此，将六价铬还原成三价铬，然后利用沉淀、吸附和络合等作用将铬从水中去除，是含六价铬废水处理的主要途径。[121]

水溶性六价铬则被列为对人体危害最大的 8 种化学物质之一，是国际公认的 3 种致癌金属物之一。[122] 铬不能在生物体中降解，只能通过食物链在生物体中富集。水环境中六价铬质量浓度为 0.1 mg/L 时即产生毒性。[123] 六价铬对人体的消化道和皮肤具有刺激性，能引起接触性皮炎，皮肤溃疡，还可导致过敏、肺癌等疾病。六价铬作为潜在致癌物的斜率因子为 42.0（kg·d）/mg，[124] 其致癌潜伏期可达 20～30 年。

6 本章小结

从本研究区污染源调查来看，本区的主要污染源为生活污水和工业废水排放、畜禽养殖废水排放、毁林种植速生桉树造成的水土流失、矿山开采废水排放、库区公路建设等。其中，生活污水排放和工业废水排放是本研究区水环境质量的最大威胁因素。

从土地利用与研究区的水环境质量关系来看，可以得出以下几点结论：

（1）相关分析表明土地利用方式对流域水质有一定的影响，其中水域、城镇用地对流域水质的影响较大。

（2）集水区林地为主要土地利用方式，所占比例较高，为集水区水源涵养、水环境保护起到很大作用。

（3）河流两岸 2 km 缓冲带内农用地，城镇用地的比例有所增加，给河流水环境带来压力。

从矿山开发与研究区的水环境质量关系来看，可以得出以下几点结论：

（1）南坑河水体主要污染因子为浊度、Fe、Mn、Cr^{6+}。

（2）Fe、Mn、Cr^{6+} 在水样中含量与水样中悬浮物得多少密切相关。土样中检测项目含量的高低与水样中检测项目含量高低密切相关。

（3）铁矿在开采过程中伴随着矿山大规模的开挖，不断地取走或排弃岩石，破坏地表植被，人为剧烈地扰动了原土层，造成严重的水土流失。由于土壤对污染物的吸附能力远比水体大得多，南坑河所处位置距离水库非常近，在水土流失的作用下会将大量被污染的泥沙带入水库，当污染物来不及降解就泥沙一同沉降，形成底泥。底泥对污染物的释放将对水库水质造成严重影响。

（4）Fe、Mn、Cr^{6+} 的化学性质及迁移转化规律决定它们不能被生物降解，只能通过吸附、沉淀等方法去除。新丰江水库主要功能是提供饮用水，需要严格控制水体中铁锰和六价铬的含量，杜绝铁锰、六价铬高含量水体直接入库。

第 5 章 新丰江水库流域水土流失与水库泥沙淤积分析

1 水库流域水土流失与水库泥沙淤积研究方法概述

水库流域水土流失研究方法主要有宏观水土流失监测和微观水土流失监测。

宏观水土流失监测为大范围的面层次的监测，主要目的是了解各种宏观地域水土流失的总体情况，主要监测内容是研究或管理地域内各种土壤侵蚀类型的面积、强度和程度，以及相关的植被覆盖、土地利用等地表信息的动态。目前，地理信息系统（GIS）技术支持下的遥感监测是其基本方法。

微观水土流失监测是在水库流域建立不同类型的小区，通过对不同小区的坡度、植被覆盖、土壤可蚀性，不同时段的降雨量和降雨强度，以及每次降雨产生的泥沙流失量的观察记录，建立适应当地的土壤流失方程（USLE），借以预报坡地多年平均年土壤流失量。

水库泥沙淤积调查的方法有两类：一类是推断法，认为水库泥沙的淤积物主要来源于流域的产沙量，通过了解流域的产沙量可以间接地求得水库的泥沙淤积量；另一类是直接测量法，主要是通过钻探或仪器探测得知淤积泥沙厚度。下面介绍几种有关水库泥沙淤积研究的主要方法。

1.1 坡面土壤流失量的小区监测和模型计算

1936 年，美国科学家 Cook 最早开始进行水土流失预报，列出了 3 个主要影响土壤侵蚀的因子：土壤对侵蚀的敏感性、降雨和径流的潜在侵蚀能力、植被覆盖对保护土壤的作用。直到 1965 年，Wischmeier 和 Smith 首次提出通用土壤流失方程（USLE）——这一水力土壤侵蚀领域应用最广泛的模型，该方程较为全面地考虑了土壤侵蚀的影响因素，其形式为 6 个土壤侵蚀影响因子的乘积：$A = R \cdot K \cdot L \cdot S \cdot C \cdot P$。其中，$A$ 为单位面积上时间和空间平均的土壤侵蚀量，其单位取决于 K 和 R 的单位；R 为降雨/径流侵蚀力因子；K 为土壤可蚀性因子，指在标准小区上测得的、某种给定土壤单位降雨侵蚀力的土壤流失速率，标准小区定义为坡长的水平投影为 22.1 m，坡度为 9%，无作物种植的连续光板耕作休闲地；L 为坡长因子，指某一坡长的坡地产生的土壤流失量，与同样条件下 22.1 m 坡长的坡地产生的土壤流失量之比；S 为坡度因子，指某坡度的坡地产生的土壤流失量，与其他条件相同情况下、9% 坡度的坡地产生的土壤流失量之比；C 为作物覆盖与管理因子，指一定覆盖和管理水平下，在某一区域土壤流失量，与该区域犁耕-连续休闲情况下土壤流失量之比；P 为水土保持措施因子，指有水土保持措施时的土壤流失量与直接沿坡地上下耕种时产生的土壤流失量之比,这些水土保持措施包括等高耕作、带状耕作和梯田等。[125]

USLE 中各因子与土壤流失量之间的数学关系用回归分析方法确定,坡长和坡度的作用、作物轮作、土壤和作物管理措施等是无量纲因子,表示为土壤流失量增加或减少的百分比。通过乘积的形式,用 4 个无量纲因子,对有量纲的降雨侵蚀力和土壤可蚀性因子确定的土壤流失量进行修正。

修订版 USLE(RUSLE)是 USLE 经过改进,最近发展的经验土壤侵蚀预报模型,用于预报长时间尺度、一定的种植和管理体系下、坡耕地径流所产生的多年平均土壤流失量,也可预报草地土壤流失量。在美国,RUSLE 将代替 USLE 用于农耕地、草地、林地和建设用地的土壤流失预报。

自 20 世纪 80 年代以来,众多土壤侵蚀理论模型相继问世,其中以美国的 WEPP、欧洲的欧洲土壤侵蚀(EUROSEM)和荷兰林堡土壤侵蚀模型(LISEM)、澳大利亚格里菲斯大学土壤侵蚀系统(GUEST)最具代表性。其中,WEPP 模型是目前国际上最为完整,也是最复杂的土壤侵蚀理论模型,它几乎涉及与土壤侵蚀相关的所有过程;LISEM 模型则实现了土壤侵蚀模型与 GIS 技术的有效结合,使研究结果更具直观性和可视性。这些模型的基本结构比较相似,大体都包括降雨截留、击溅、入渗、产流、分离、泥沙输移、泥沙沉积等子过程。

上述模型在土壤分离、泥沙输移及沉积的动力学基础方面存在较大的差异。WEPP 模型采用了径流剪切力,EUROSEM 和 LISEM 模型采用了单位水流功率,而 GUEST 模型则采用了水流功率。众所周知,剪切力、水流功率和单位水流功率间存在明显的差异,何者更能准确地描述土壤侵蚀过程,或者各自的适用范围如何,仍需要进一步深入研究。[126]

1.2 基于遥感技术的流域水土流失量估算

早在 1927 年,美国就利用航片进行了全国土壤侵蚀普查。Pickup 和 Marks 利用伽马射线航空遥感数据提取地表土壤和岩石辐射元素含量信息,包括钾、钍和铀,利用这些元素的空间分布对流域尺度侵蚀产沙进行示踪。降雨和径流导致的土壤侵蚀是澳大利亚主要的环境问题,Hua Lu 等人利用遥感和 GIS 技术开发了洲级坡面面蚀和沟蚀侵蚀预报模型。此外,加拿大、新西兰以及许多发展中国家也将遥感应用到了土壤侵蚀调查中。目前,国外已将遥感、GIS 技术广泛应用于水土流失动态监测与评价预报,在遥感、GIS 的支持下,利用较大的比例尺,以坡面评价预报模型为基础,完成对较大区域土壤侵蚀的预报和水土保持规划,这是国际上比较流行的区域性水土流失评价预报方法之一。

我国于 1980 年开始利用卫星遥感信息开展全国土地利用现状调查,完成了全国县级土地详查,东部地区采用航空遥感为基本方法完成比例尺 1∶1 万土地利用调查制图,西部地区采用卫星遥感和航空遥感相结合的方法完成 1∶5 万、1∶10 万和 1∶20 万土地利用调查制图。同时,利用了美国陆地卫星搭载的专用绘图仪 TM、法国地球观测系统 SPOT 等多种数据,进行目视解译、分析和计算机自动分类制图等多项试验研究工作，在 1996—1997 年运用 TM 等资料编制了 19 个城市和 100 个城市的城市扩展与耕地变化等内容的图面资料。20 世纪 70 年代以来，我国进行了国家和区域土壤侵蚀遥感调查，以航天、航空等多层次遥感资料为信息源，以大、中、小不同尺度对全国大河、重点水土流失区进行调查与监测并编制了大量的遥感图件。特别是 80 年代以来，国家将遥感技术列为重大应用工程进行科技攻关，在黄土高原综合治理等重大项目中取得了一系列有价值的成果。80 年代，水利部组织完成了第一次土壤侵蚀遥感调查，基本查明了中国的水土流失基本状况，绘制了全国分省 1∶50 万和全国 1∶200 万比例尺的水土流失现状图，90 年代末进行了第二次土壤侵蚀遥感调查。此外，还进行了基于 GIS 的土壤侵蚀评价与遥感制图研究，编制了中国 1∶1500 万土壤侵蚀与水土保持制图。黄土高原区域水土流失遥感评价采用降雨（R）、植被盖度（G）、沟壑密度（Y）、相对高差（L）等作为评价因子，利用变权模糊数学模型进行半定性评判。王铁锋等[127]通过解译卫片定量确定流域各地的土壤侵蚀强度，赵忠海等[128]应用遥感技术调查密云水库北部地区土壤侵蚀等，均取得了较好的结果。

1.3　基于流域因素的水库泥沙淤积推算

根据流域因素估算流域内的产沙量，进而推算出水库泥沙淤积量。此方法需要建立很多小区径流试验站，研究流域侵蚀量和流域因素之间的关系，最后按照图表和公式计算产沙量。自流域面上侵蚀外移的泥沙，在向水库库区搬运汇集过程中，有一部分会停积在流域的低地和平缓地带，使进入库区的沙量和自流域面上侵蚀外移的沙量，呈一定比值。因此，使用此法时，还要求出递送比，流域面上侵蚀外移的沙量与递送比的乘积，才是汇集库区的流域产沙量。

蒋德麒、龚时旸等[129]根据南小河、吕二沟等四个小流域坡面径流场和小流域观测资料，结合调查资料，在初步得出这四个小流域泥沙来源的单项指标后，乘以各相应土地类型的面积，得到各类型的产沙量，然后按全流域产沙总量进行泥沙平衡计算，得出各小流域不同地貌部位、不同土地利用类型在不同降雨强度条件下的产沙量，为定量研究小流域侵蚀与产沙提供了新思路。

江忠善、牟金泽和华绍祖等在研究各个自然影响因子与侵蚀关系的基础上，作了建立小流域土壤侵蚀量预报模型的尝试。江忠善等[130]利用 10 个小流域多年实测资料，提出了次暴雨产沙量的预报模型。曾伯庆等[131]通过对晋西库坝淤积量及集水区长、宽以及土壤、沟谷面积比例、林地、草地、梯田等因素的分析，提出小流域侵蚀量方程，对黄土丘陵沟壑区 10 km² 以下小流域侵蚀量的预报较适宜。

牟金泽等[132]根据陕北岔巴沟流域资料提出了计算年产沙量的模型。此后，金争平等[133]在皇甫川区通过统计分析，找出小流域土壤侵蚀的主导影响因子，并以主导因子建立了适用于不同条件的若干泥沙预报方程。

加生荣[134]根据径流小区观测资料，确定了不同侵蚀地貌类型的径流模数和土壤侵蚀模数，并通过平衡计算，分析了不同地貌类型、不同土地利用类型及不同侵蚀形态的泥沙来量。

张平仓等[135]在详细分析了皇甫川流域各种产沙地层的产沙特征及机械组成和利用

河口悬移质泥沙的机械组成作分析对比的基础上，应用等量原理建立了数学模型，得出流域内各地层的相对产沙量。

江忠善等[136]以安塞纸坊沟流域内的两个小流域为例，应用由 ARC/INFO 地理信息软件系统支持建立的空间信息数据库系统和土壤侵蚀模型相结合的方法，在分析野外小区观测资料建立土壤侵蚀模型的基础上，进行了小流域次降雨土壤侵蚀空间变化的定量计算，并进而研究了流域内侵蚀强度的空间变化规律及其与地貌和土地利用的关系。

刘黎明等[137]应用土壤侵蚀因子匹配遥感定量方法和数量地理学的基本原理，对小流域进行了土壤侵蚀量的系统剖析，并针对各侵蚀区分别建立了侵蚀定量模型。陈浩[138]根据坡面水下沟的"净产沙"原理，在分析黄河中游地区典型小流域坡沟侵蚀关系与产沙机理的基础上，运用成因分析法的概念分析和确定了小流域的泥沙来源。

蔡强国[139]以大量的野外观测和室内外模拟试验数据研究黄土高原黄土丘陵沟壑区典型小流域的主要侵蚀特点和侵蚀过程，揭示不同地貌部位的侵蚀过程和内在机理。并在地理信息系统支持下建立小流域侵蚀产沙过程模型。该模型是由 3 个子模型构成：坡面子模型、沟坡子模型与沟道子模型。这样，不仅能在各个子模型中更好地定量表征内在的侵蚀产沙过程和规律，充分利用地理信息系统的优势，大大提高定量计算的精度，而且能较为真实地反映小流域内不同地貌部位的侵蚀产沙与泥沙输移过程，以及它们之间的相互关系与交互作用。

1.4 基于流量 – 输沙率关系的年入库沙量计算

这种方法利用水文站实测流量 – 输沙率关系推求年产沙量，前提是水文站有长期的泥沙观测资料。

1.5 基于泥沙淤积速率和坡面侵蚀速率的水库泥沙淤积量计算

目前在国内外的研究中，有对水库淤积物取样进行放射性铅 – 210 和铯 – 137 测年，得到取样点的年沉积速率，再推断水库泥沙淤积量。台湾大学还利用铯 – 137 测年推断流域坡面侵蚀速率的研究。

台湾大学李鸿源教授指导学生在对石门水库泥沙淤积问题的研究中，采用放射性元素铯 137 含量分析技术用于土壤侵蚀量的估算。通过研究分析，建立铯 137 含量在土壤中的垂直分布情形以及在集水区中的空间分布信息，据以计算土壤冲蚀率，建立冲蚀率与放射性核种活性衰减的关系，推估泥沙产出量，为制定水土保持治理方案提供了可靠依据。

1.6 基于水下探测仪器的水库泥沙淤积量测算

利用探测仪器研究泥沙淤积的原理是对库区各点进行水深测量，再与原始地形图对比获得泥沙淤积量。在 1920 年以前，所有的水深测量都是用投放一个拴在绳索或钢绳末端的垂锤和测量到达水底所需的绳索来进行的。现在几乎所有的测深都是利用水下探测仪器来进行的，主要有回声测深仪、旁侧声纳和浅地层剖面仪等。

1.6.1 传统测量法

对库区进行淤积测量，传统的方法一般是采用平板仪和地形图进行地形测量法或断面测量法施测库区水上、水下部分的地形，据以算出水库的淤积量。在对水下部分各断面测量采用平板仪、经纬仪利用"前方交会法"定位，由测深仪测水深，无线报话机作通信联络的办法进行的。

1.6.2 GPS-RTK-双频测深仪测量法

传统的水库水下地形测量方法面临着许多困难，如库区地形复杂，难以建立高精度控制网；获得的平面定位数据和水深数据同步性较差，测量精度低且易发生差错；数据采集及资料计算的内、外业工作浩繁，人力、物力耗费巨大且提供成果的周期长等，导致许多水库建库以来都没有进行库容复测。

由于科学技术的发展和全球定位系统（GPS）等高新技术的应用，这些难题已得到解决。近年来卫星定位技术 GPS-RTK（Global Positioning System-Real Time Kinematical，全球定位系统—实时载波相位差分技术）以及双频测深仪组成的测量系统的发展给水库库容测量带来了更好的方法，克服了传统测量方法要求通视，需要大量人力、物力和测量标志的弊端，而且提高测量效率。

陆桂华等[140]采用 GPS 和双频测深仪系统（DFS）相结合，快速、准确地采集水库水下地形数据，然后应用地理信息系统（GIS）分析处理水下地形数据，建立水库水下三维立体模型，计算出水库各级高程下的库容，进而确定水库库容曲线，先后在青海龙羊峡水库和福建沙溪口水库得到应用，成果都较为理想。之后，有学者陆续在闹得海[141]、福建霞浦溪西水库、福州登云水库、长汀陂下水库和诏安亚湖水库[142]、河南黄河故县水库、白沙水库[143]、重庆狮子滩水库[144]、北京官厅水库[145]等进行高密度地形数据采集，建立水库三维立体模型。

1.7 水库泥沙淤积调查方法的比较

水文站实测流量-输沙率关系推求年产沙量方法有一些难以处理的问题。一是实测资料中一般不包括推移质部分，近底部的悬移质也往往不容易测到；二是在有些河流，实测流量-输沙率的点群分布十分散乱，在定线上有一定的困难；三是水文站的输沙率资料，一般较流量资料为少，加之实测资料系列过短，有时反映不了实际情况；等等。

从流域因素确定流域侵蚀量的公式很多，一般都具有强烈的地区性，因此，此法要以大量的数据作为计算的基础。此外，影响递送比的因素也很多，如产沙方式、产沙区远近、河网特点、低地沉积区特点、冲刷物质的组成和流域特性等，都直接影响到递送比的求算。此法虽较直接和准确，但室内外的工作量大，过去应用不很普遍。由于遥感和地理信息系统的发展使这一方法在近年来得到广泛的应用。

利用放射性同位素测年法的前提条件是假定研究区域内年降雨量是均匀分布的，且研究区年降雨量要足够大，因为区域中放射性同位素分布量的多寡主要受降雨量所控制。另外采样点样品应不受到扰动。这种方法只能得到采样点的沉积速率或侵蚀速率，要得到泥沙淤积总量必须对研究区域进行密集的采样。

直接测量法是得到泥沙淤积量精度最好的方法，但是需要的经费较多。淤积量的精度取决于测量点的密度。

2 新丰江水库坡面小区水土流失监测

2.1 径流小区的布设状况

为了解裸地的水土流失情况和植被恢复效果,在新丰江水库内选择 2 个观测点,洞源水口植被恢复治理点和新丰江新港码头环水库公路裸露边坡植被恢复治理点,布设径流小区,开展水土流失监测。在洞源水口植被恢复治理点,由于崩塌与滑坡等因素的作用,使大量土体滑落,造成该区域坡度极为陡峭并形成大量切沟,切沟深度最深可达到数米,这对布设径流小区增加了难度。最后根据地形以及植被分布的状况,选择了水库消涨带的主要护坡植被李氏禾+糖蜜草混合生长的一块植被布设径流小区;对照裸地小区选在附近一块地形相当且没有植被覆盖的区域。在新港码头环水库公路裸露边坡植被恢复治理点,其主要植被类型为糖蜜草,因而选择糖蜜草地和裸地(只有零星杂草,覆盖度仅5%)作为对照,进行水土流失的试验观测。

试验径流小区于 2010 年 7 月初建成。径流小区规格均为 $4 m \times 5 m$,周边用单砖浆砌,砖高出坡面约 30 cm,以防小区径流流出及区外径流流入。小区下部用 PVC 管连接,形成一个出流口,管口用大径流桶(径流桶为圆柱形,高 87 cm,桶口外径 58.5 cm,内径 56.5 cm)收集径流。各小区的大致状况见表 5-1、图 5-1、图 5-2。同时根据小区坡面,分为上部、中部、下部用环刀在 $0 \sim 20 cm$ 的土壤表层采样,混合后测定其土壤含水量,含水量采用烘干法,用环刀法测定土壤容重,取样进行 3 次重复,容重及含水量取 3 个重复的平均值。相关测定结果见表 5-1。

表 5-1 径流小区的设计与处理

小区号	植被类型	坡度	覆盖度	土壤质地	容重/$g \cdot cm^{-3}$	土壤含水量
1	李氏禾+糖蜜草	30°	85%	壤砂土	1.37	8.7%
2	裸地(对照)	30°	0%	砂土	1.46	11.2%
3	糖蜜草	45°	90%	壤砂土	1.38	14.5%
4	裸地(对照)	45°	5%	砂土	1.51	10.3%

注:1、2 为洞源水口植被恢复治理点小区,3、4 为新港码头环水库公路裸露边坡植被恢复治理点小区。

图 5-1 洞源水口试验点概况(1号小区与2号小区)

图 5-2 公路边坡试验点概况（3号小区与4号小区）

2.2 小区试验方法

相关的降雨数据资料由新丰江发电公司提供。径流量观测根据每次降雨后，径流桶水位的高度与其底面积的乘积得到该次降雨的径流量。一次径流结束后，将径流桶内水均匀搅拌，取水样1 000 mL（视产沙情况而定，如产沙较少则取水样500 mL），在室内过滤烘干后，测定泥沙含量。当降雨量与降雨强度较大，径流桶内淤泥较多时，把径流排放完毕后，将沉积在桶内的泥沙全部拿出称重，得到推移质沙量，该沙量与根据水样测得的沙量（悬移质沙量）之和为该次径流产沙量总和。

相关作图采用 SigmaPlot 10.0，相关统计分析在 SPSS 软件中进行。

2.3 小区产流、产沙分析

自径流小区建成投入观测后，至今共观测到10余次降雨产流、产沙资料。每次降雨的相关状况见表5-2，降雨产流、产沙观测统计结果见表5-3。

表 5-2 观测降雨的相关状况

时间	降雨量/mm	降雨历时/h	降雨强度（I_{60}）/mm·h^{-1}
2010-07-21	27	3.0	14
2010-07-22	15	5.0	4
2010-07-26	121	3.5	67
2010-08-07	18	1.5	16
2010-08-12	2	1.0	2
2010-08-16	7	1.5	5
2010-08-23	12	3.0	6
2010-09-03	148	18.0	27
2010-09-08	13	3.0	5
2010-09-09	18	1.0	18
2010-09-11	104	9.0	30

续表 5-2

时间	降雨量/mm	降雨历时/h	降雨强度 (I_{60}) /mm·h^{-1}
2010-09-12	12	3.0	7
2010-09-20	79	12.0	14
2010-09-22	20	2.0	14
2010-09-25	24	3.0	15
2010-09-27	35	4.0	21
2010-10-12	10	4.0	3

注：I_{60} 为最大 60 分钟雨强，即最大 1 小时雨强。

其间共观测到 17 场降雨产流产沙记录，按照气象学上对于降雨等级的划分 [小雨（<10.0 mm）、中雨（10.0～24.9 mm）、大雨（25.0～49.9 mm）、暴雨（50.0～100.0 mm）、大暴雨（>100.0 mm）] 进行分级，可得出 17 场降雨中有小雨 2 场、中雨 9 场、大雨 2 场、暴雨 1 场、大暴雨 3 场。在所观测的降雨中，以中雨为主，占52.94%；其次为大暴雨，最大一次降雨出现在 9 月 3 日，达到 148 mm。按照降雨强度 I_{60} 进行划分统计，得到雨强以 10.0～30.0 mm/h 为主，最大一次降雨雨强为 67 mm/h，发生在 7 月 26 日。

表 5-3 径流小区产流、产沙观测结果统计

时间	1 号小区		2 号小区		3 号小区		4 号小区	
	产流量/m³	产沙量/kg	产流量/m³	产沙量/kg	产流量/m³	产沙量/kg	产流量/m³	产沙量/kg
07-21	0.074	1.702	0.234	47.271	0.01	0.086	0.032	3.998
07-22	0	0	0.021	0.540	0	0	0.001	0.200
07-26	0.141	3.738	0.728	64.646	0.01	0.125	0.037	1.480
08-07	0.018	1.194	0.041	1.616	0.001	0.003	0.001	0.400
08-12	0.008	0.703	0.015	1.736	0.001	0.002	0	0
08-16	0	0	0.005	0.802	0.006	0.038	0.043	3.981
08-23	0.008	0.365	0.113	15.740	0.005	0.026	0.023	3.616
09-03	0.038	0.351	0.301	47.476	0.043	0.175	0.628	72.060
09-08	0.004	0.043	0.010	0.311	0	0	0	0
09-09	0.042	0.483	0.238	13.848	0.005	0.025	0.033	1.328
09-11	0.021	0.161	0.166	3.754	0.013	0.083	0.264	14.58
09-12	0	0	0	0	0.006	0.050	0.151	3.152
09-20	0.015	0.101	0.136	2.976	0.014	0.058	0.189	12.680

续表 5-3

时间	1号小区		2号小区		3号小区		4号小区	
	产流量/m³	产沙量/kg	产流量/m³	产沙量/kg	产流量/m³	产沙量/kg	产流量/m³	产沙量/kg
09-22	—	—	—	—	0.003	0.008	0.028	0.836
09-25	0.023	0.567	—	—	0.006	0.030	0.098	2.090
09-27	—	—	—	—	0.008	0.036	0.165	6.043
10-12	—	—	—	—	0	0	0.005	0.208
合计	0.392	9.408	2.008	200.716	0.131	0.745	1.698	126.652

注：09-22、09-27、10-12 3 日，1 号、2 号小区因水库水位上涨过于迅速而导致无法取样，09-25 日 2 号小区同样因水位上涨无法取样。

将 1 号与 2 号小区，3 号与 4 号小区总产流量与产沙量进行相互比较，见图 5-3。

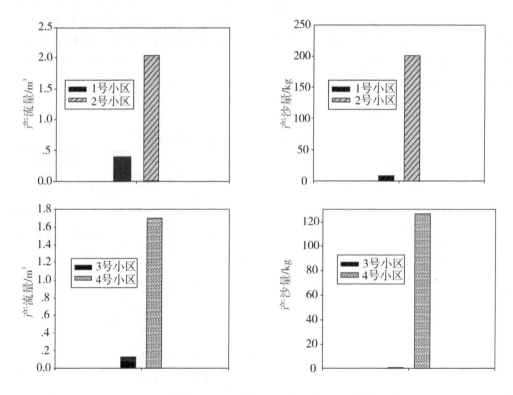

图 5-3　1 号与 2 号、3 号与 4 号小区产流产沙量的比较

图 5-3 显示，从总体来看，非植被小区比植被小区总产流量与产沙量均大出许多。在洞源水口植被恢复治理点，2 号小区比 1 号小区总产流量多出 1.616 m³，总产沙量则多出 191.308 kg；在新港码头环水库公路裸露边坡植被恢复治理点，4 号小区比 3 号小区总产流量多出 1.567 m³，总产沙量则多出 125.907 kg。用于对照的非植被小区由于没有植被的保护，加之土壤质地为砂土，其土壤相对松动，当降雨较大时，其产流产沙量

必然增大。同时也体现了1号和3号小区的植被恢复措施在控制水土流失方面的巨大作用,植被有助于拦蓄降雨、增加入渗、增加水土保持效应。由于两个试验点被径流携带走的泥沙将会直接进入水库,植被的存在将有助于减少泥沙进入水库,减轻水库淤积,同时为保护水库水质、生态环境等提供巨大帮助。

对不同降雨等级下各径流小区产流、产沙所占的比例进行统计,结果见表5-4。

表5-4 不同降雨等级下径流小区产流、产沙比例

降雨等级	1号小区	2号小区	3号小区	4号小区
小雨	2.00%（7.47%）	1.00%（1.27%）	5.34%（5.37%）	2.53%（3.14%）
中雨	24.24%（28.19%）	21.07%（15.97%）	19.85%（19.06%）	20.02%（9.34%）
大雨	18.88%（18.09%）	11.65%（23.55%）	13.74%（16.38%）	11.60%（7.93%）
暴雨	3.83%（1.08%）	6.77%（1.49%）	10.69%（7.79%）	11.13%（10.01%）
大暴雨	51.05%（45.17%）	59.51%（57.72%）	50.38%（51.4%）	54.72%（69.58%）

注：括号内为相应降雨等级下产沙量的比例（%）。

大暴雨是径流小区产生水土流失的主要来源。由表5-4可见,在大暴雨下各径流小区产流、产沙所占的比例,除1号小区产沙比例为45.17%低于50%外,其余小区产流、产沙比例均在50%以上,4号小区的产沙比例已占到近70%。中雨由于观测场次较多,在水土流失中仍占有相当比重。大雨观测场次仅有2场,但其产流、产沙比例均在10%以上（除4号小区产沙外）。暴雨也是水土流失的主要来源,但在观测中由于仅有1场,因而其造成的水土流失未完全体现。

4个小区产流、产沙量随降雨量的变化情况见图5-4,产流、产沙量随雨强I_{60}的变化情况见图5-5。同时将4个小区产流、产沙量与降雨量和雨强I_{60}进行相关分析,结果见表5-5。

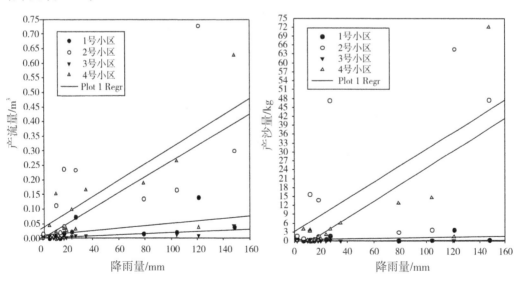

图5-4 4个小区产流、产沙量随降雨量的变化情况

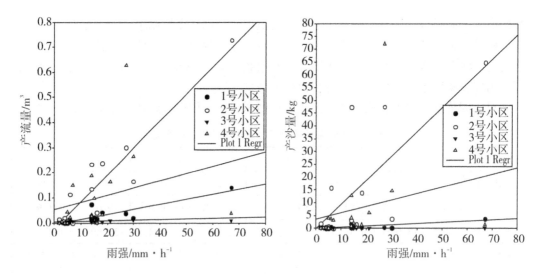

图5-5　4个小区产流、产沙量随雨强的变化情况

表5-5　径流小区产流、产沙量与降雨量和雨强的相关分析

	1号小区	2号小区	3号小区	4号小区
降雨量	0.538* (0.348)	0.703** (0.618*)	0.821** (0.887**)	0.763** (0.727**)
雨强 I_{60}	0.876** (0.792**)	0.939** (0.740**)	0.397 (0.682**)	0.281 (0.230)

注：括号内为相关因子与产沙量的相关系数。* 为 $P<0.05$，** 为 $P<0.01$。

相关系数越大，该因子与产流或产沙的相关性越强。由表5-5可见，1号小区产流、产沙与雨强的关系要比降雨量显著，2号小区产流、产沙对降雨量和雨强的相关性均达到显著以上，3号小区则对降雨量的关系更显著（产流、产沙与降雨量的相关系数均在0.8以上的极显著相关），4号小区对降雨量的相关性明显而对雨强的相关性不大。总体来看，降雨量和雨强 I_{60} 对4个小区的产流、产沙状况均有较为明显的影响。

对4个小区产流量与产沙量之间的相互关系进行分析，以线性关系进行拟合，回归关系见图5-6，回归结果见表5-6。

表5-6　径流小区产流与产沙的回归关系

小区号	回归方程	决定系数（R^2）
1	$Y=24.483X-0.0135$	0.8666
2	$Y=98.576X+0.2134$	0.7775
3	$Y=4.3145X+0.0106$	0.7863
4	$Y=103.49X-2.8864$	0.8991

注：X 为产流量（m^3），Y 为产沙量（kg）。

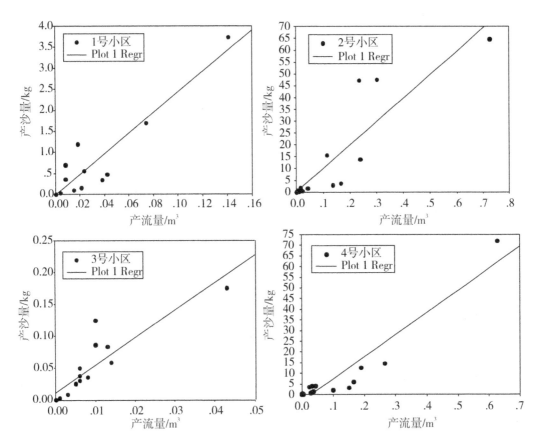

图 5-6 径流小区产流与产沙的相互关系

产流与产沙之间的相互关系受到所在径流小区植被特征、地形及土壤质地等各因素的综合作用，决定系数 R^2 的大小是这一综合影响总变化趋势的反映，R^2 越大，表明产沙量随产流量变化的趋势越大。由表 5-5 结果可见，4 个小区产沙量随产流量的变化趋势均很明显，R^2 均在 0.75 以上，达到显著相关，要减少产沙量应该首先减少产流。

2.4 结论

通过新丰江水库内洞源水口植被恢复治理点和新港码头环水库公路裸露边坡植被恢复治理点水土流失观测试验表明，植被恢复体现了在水土保持方面的巨大作用，李氏禾与糖蜜草有效地减少了相应区域的水土流失，给新丰江水库的保水减沙带来了极大的效益。对照小区较强的水土流失反衬了植被恢复极大的水土保持效应。

大暴雨是造成水土流失的主要来源，其造成的产流产沙在整个观测期间总产流产沙中的比例基本都在 50% 以上。

降雨量与雨强 I_{60} 对径流小区产流产沙的影响总体来看较为明显，但在各个小区表现不同。在洞源水口植被恢复治理点，植被小区与雨强的关系比降雨量明显，对照小区与降雨量和雨强的相关性均在显著以上；在新港码头环水库公路裸露边坡植被恢复治理点，植被小区与降雨量的关系比雨强明显，对照小区与降雨量关系明显而与雨强的相关性不大。

径流小区产沙量随产流量的变化趋势均很明显，决定系数 R^2 均在 0.75 的显著相关以上。

2.5 讨论

本次试验只是选择了两个植被恢复治理点，但新丰江水库流域内还存在不少与本试验点情况类似的地方，这些地方存在的普遍特征就是坡度极为陡峭并且缺少植被的保护。由于地形以及深度切沟等问题，进行水土保持的工程措施难以考虑，因此生物措施将是进行新丰江水土保持的主要措施，而植被是生物措施的主要因子。

在两个试验观测点（包括其他相似区域），由于径流携带走的泥沙将会直接进入水库，这会造成水库泥沙淤积，影响水库水质及生态环境，还会带来非点源污染，使水体处于不健康状态。以本次试验两个观测点为例，由于坡度陡、土质疏松、缺少植被保护等缘故，仅在观测的 10 余次降雨中，无植被区域比有植被区域产生的泥沙都多出 120 kg 以上，这个数量已经相当大了。这在说明需要重视新丰江水土保持的同时，也说明了植被具有巨大的保水减沙效益，采用植被恢复是应坚持的主要策略。选择适合于在新丰江水库流域生长的植物种类，品种的筛选及物种之间的搭配等，则是需要更进一步考虑的。

广东地区由于所处气候带因素，每年都有不少暴雨，经常引发泥石流、滑坡等现象。同样，新丰江水库流域每年也有不少暴雨甚至大暴雨。本次试验说明了大暴雨是造成水土流失的主要来源，其带来的水土流失占观测期间总水土流失的比例基本都在 50% 以上。这进一步说明了水土保持的必要性及紧迫性。

本次试验由于时间较短及野外条件的限制，也有一些不足之处。一是没有得到更多的观测样本，总共只有 10 余次观测记录作为分析样本；二是受限于野外观测条件，一些指标如反映降雨的降雨动能、降雨侵蚀力等没有能够获得。因此今后应收集更多的样本进行分析，这样能更好地揭示降雨与水沙之间的内在关系。在条件许可的情况下，可安装自记雨量计等仪器，这样可更好地反映降雨过程，获得更多的相关指标。

3 USLE 模型在新丰江水库流域水土流失研究中的应用

3.1 USLE 模型各因子的分析

3.1.1 降雨侵蚀力计算研究

3.1.1.1 降雨侵蚀力计算方法概述

土壤侵蚀是水库泥沙的主要来源。降雨形成的地表径流是土壤侵蚀的直接动力因子，准确度量其对土壤侵蚀的潜在能力即降雨侵蚀力是定量预报土壤流失的重要环节。多年平均降雨侵蚀力值表达了区域气候对土壤侵蚀的潜在影响，对其空间分布规律的了解有助于实施区域的水土保持规划。

降雨侵蚀力的计算方法概括起来主要有两大类。一类是基于降雨过程和实测侵蚀资料的计算方法。利用拟定的降雨侵蚀力指标，计算一定时期内全部侵蚀性次降雨的侵蚀力。典型代表是[146]分析了美国多个小区的降雨侵蚀实测资料，提出的降雨总动能（E）和最大30分钟雨强（I_{30}）的乘积（EI_{30}）与土壤流失量的相关性最好，因此将其作为度量降雨侵蚀力的指标，多年平均降雨侵蚀力则是先通过指标 EI_{30} 求出各次降雨的侵蚀力，年内累加后按年数求平均得到。指标 EI_{30} 被应用于著名的土壤侵蚀模型 USLE 和 RUSLE 中，预报多年平均土壤流失量。EI_{30} 已经在世界范围内得到广泛应用，陈法扬[147]、王万忠等人[148]研究其在我国不同地区乃至全国的适用性。指标 EI_{30} 计算降雨侵蚀力是以次降雨过程资料为基础，但一般很难获得长时间序列的降雨过程资料，且资料的摘录和计算过程费时费力。对于一些无降雨过程资料的地区，此算法难以直接应用，因此产生了各种侵蚀力的简易算法。

主要方法是利用气象站常规降雨统计资料来估算降雨侵蚀力。在 USLE 中曾采用2年一遇6小时降雨量来估算美国西部11个州的降雨侵蚀力。在常规降雨资料中，月或年雨量是最易获得的雨量资料，利用它们估算降雨侵蚀力也是最常见的一类降雨侵蚀力简易算法。主要有采用平均年雨量计算侵蚀力，[149, 150]如式（5-1）所示；采用平均月雨量资料，使用修正的 Fournier 指数计算侵蚀力，[149-151]如式（5-2）所示；采用逐月雨量计算侵蚀力，[152]如式（5-3）所示。我国的黄炎和、吴素业、周伏建等也使用逐月雨量资料建立了降雨侵蚀力简易算法。

$$R = \alpha P^\beta \qquad (5-1)$$

$$R = \alpha F^\beta \qquad F = \left(\sum_{i=1}^{12} P_i^2\right)/P \qquad (5-2)$$

$$R = \alpha F_F^\beta \qquad F_F = \frac{1}{N}\sum_{i=1}^{N}\left(\sum_{j=1}^{12} P_{i,j}^2\right)/\left(\sum_{j=1}^{12} P_{i,j}\right) \qquad (5-3)$$

式中：R 为多年平均降雨侵蚀力（$MJ \cdot mm \cdot hm^{-2} \cdot h^{-1} \cdot a^{-1}$），$P$ 为年平均降雨量（mm），P_i 为第 i 月的平均降雨量（mm），$P_{i,j}$ 为第 i 年、第 j 月的降雨量（mm），N 为年数，α、β 为模型待求参数。F 指数（mm）的大小与年平均雨量 P 的季节分布有关，取值范围在 $P/12 \sim P$ 之间。

但月或年降雨资料是相对比较粗略的雨量资料，用来估算降雨侵蚀力的精度自然受到一定限制。日雨量能够提供更多的降雨特征信息，CREAMS 模型使用公式（5-4）计算降雨侵蚀力。

$$EI = 1.03 V_R^{1.51} \qquad (5-4)$$

式中：EI 为日/次降雨侵蚀力，V_R 为次日降雨总量（mm）。[153]根据美国东部11个站的资料，建立了幂函数结构形式的日雨量侵蚀力模型，并在美国、南美亚马逊河流域西部、澳大利亚等地区得到进一步分析验证。章文波[154]建立了中国的日雨量侵蚀力模型，用于估算年降雨侵蚀力的形式如式（5-5）所示。各年值经过累加平均后得多年平均降雨侵蚀力。在降雨量丰富的南方，日雨量模型更稳定，精度较高。参数 α、β 在不同地区数值不同，研制者得到了参数 α、β 的简易算法。

$$R = \alpha \sum_{j=1}^{k}(P_j^\beta) \qquad (5-5)$$

$$\beta = 0.8363 + 18.144 \cdot P_{d12}^{-1} + 24.455 \cdot P_{y12}^{-1} \qquad \alpha = 21.586\beta^{-7.1819}$$

式中：R 为年降雨侵蚀力 $MJ \cdot mm \cdot hm^{-2} \cdot h^{-1} \cdot a^{-1}$；$k$ 为全年的天数，当实际日雨量大于或等于 12 mm 时，有效日雨量 P_j 等于实际日雨量，否则为 0 mm。P_{d12} 为日雨量 ≥ 12 mm 的日平均雨量（mm），P_{y12} 为日雨量 ≥ 12 mm 的年平均雨量（mm）。

本研究的目标是在前人研究的基础上，利用日雨量资料，比较不同降雨侵蚀力简易算法的效果，从而为没有日雨量资料地区计算降雨侵蚀力提供参考。同时，绘制降雨侵蚀力等值线图，这将最直观地展示广东省降雨侵蚀力的空间分布，能够为土壤侵蚀、水土流失调查和水土保持规划部门提供基础数据和决策依据。

3.1.1.2 资料和方法

本研究利用广东省 26 个主要气象台站 1951—2005 年不同序列长度的日雨量资料。采用逐日雨量模型计算降雨侵蚀力，然后用所得 R 值再确定年平均雨量、月平均雨量、逐月雨量 3 个降雨侵蚀力简易模型中的参数，并比较各模型的回归效果。鉴于不同模型的时间尺度不同，使用相对误差系数 Er，用来反映模型估算多年平均侵蚀力的相对误差：

$$Er = |R - \hat{R}|/R \tag{5-6}$$

式中：R 为由日降雨量模型公式（5-5）计算的多年平均降雨侵蚀力实际值（$MJ \cdot mm \cdot hm^{-2} \cdot h^{-1} \cdot a^{-1}$），$\hat{R}$ 为相应模型的估算值。对于日雨量侵蚀力模型先求得逐年半月侵蚀力，再进行汇总求得多年平均降雨侵蚀力，再计算相对误差系数。

降雨侵蚀力等值线图是利用日雨量模型计算的多年平均降雨侵蚀力，通过 Surfer 软件作图，差值使用无偏最优估计的 Kriging 方法，见表 5-7。

表 5-7 广东省 26 个气象站与资料年限

站名	经度 E	纬度 N	资料年限	起止时间
南雄	114°19′	25°08′	51	1955-01-01 至 2005-12-31
连县	112°23′	24°47′	53	1953-01-01 至 2005-12-31
韶关	113°35′	24°48′	55	1951-01-01 至 2005-12-31
佛冈	113°32′	23°52′	49	1957-01-01 至 2005-12-31
连平	114°29′	24°22′	53	1953-01-01 至 2005-12-31
梅县	116°06′	24°16′	53	1953-01-01 至 2005-12-31
广宁	112°26′	23°38′	49	1957-01-01 至 2005-12-31
高要	112°28′	23°03′	52	1954-01-01 至 2005-12-31
广州	113°19′	23°08′	54	1952-01-01 至 2005-12-31
河源	114°41′	23°44′	53	1953-01-01 至 2005-12-31
增城	113°49′	23°18′	47	1959-01-01 至 2005-12-31
惠阳	114°25′	23°05′	53	1953-01-01 至 2005-12-31
五华	115°46′	23°56′	49	1957-01-01 至 2005-12-31
汕头	116°41′	23°24′	55	1951-01-01 至 2005-12-31

续表 5-7

站名	经度 E	纬度 N	资料年限	起止时间
惠来	116°18′	23°02′	50	1956-01-01 至 2005-12-31
南澳	117°02′	23°26′	36	1957-01-01 至 1992-12-31
信宜	110°56′	22°21′	52	1954-01-01 至 2005-12-31
罗定	111°34′	22°46′	48	1958-01-01 至 2005-12-31
台山	112°47′	22°15′	53	1953-01-01 至 2005-12-31
深圳	114°06′	22°33′	53	1953-01-01 至 2005-12-31
汕尾	115°22′	22°47′	53	1953-01-01 至 2005-12-31
湛江	110°24′	21°13′	55	1951-01-01 至 2005-12-31
阳江	111°58′	21°52′	53	1953-01-01 至 2005-12-31
电白	111°00′	21°30′	49	1957-01-01 至 2005-12-31
上川岛	112°46′	21°44′	48	1958-01-01 至 2005-12-31
徐闻	110°10′	20°20′	49	1957-01-01 至 2005-12-31

3.1.1.3 结果和讨论

（1）不同资料的算法比较。

根据广东省 26 个气象站点的日雨量资料，利用日雨量模型式（5-5）计算出每个站点多年平均降雨侵蚀力，建立其与该站点年平均雨量 P、月平均雨量指标 F 和逐月雨量指标 F_F 之间的关系分别见表 5-8、图 5-7。

表 5-8 不同类型降雨侵蚀力简易算法的回归统计分析结果

简易算法类型	回归关系式	决定系数	相对误差系数		
			ave	max	min
年均雨量模型	$R = 0.0136 P^{1.8482}$	$R^2 = 0.6644$	0.163	0.316	0.010
月均雨量模型	$R = 2.7143 F^{1.5845}$	$R^2 = 0.872$	0.095	0.276	0.005
逐月雨量模型	$R = 0.0016 F_f^{1.563}$	$R^2 = 0.9643$	0.058	0.150	0.001

从上表可以看出，3 个公式均为非线性关系。从其决定系数看，逐月雨量模型的决定系数最大，其次为月平均雨量模型，年平均雨量模型的决定系数最小。这与章文波、叶芝菡的研究结果略有出入。他们的研究表明最好的简易模型是逐月雨量模型，其次为年平均雨量模型，最后为月平均雨量模型。笔者考虑，引起差异的最大因素是区域降雨的差异，众所周知，降雨的地域差异很大。叶芝菡研究的对象是北京的 20 个站点，章文波是研究全国共 66 个站（广东仅有 2 个站，广西、福建、海南 4 省共 5 个站），在回归拟合时受到全国其他站点的影响。而本研究则反映了华南尤其是广东的降雨特点。

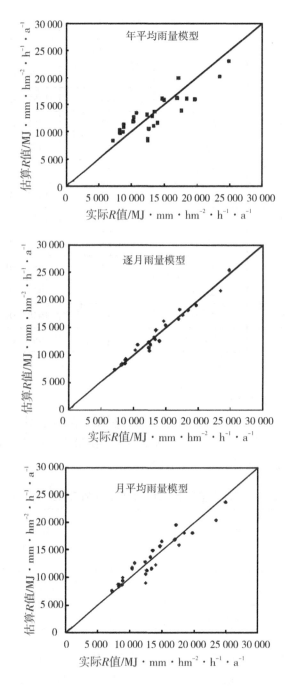

图 5-7　不同类型雨量资料估算 R 值与精确 R 值的散点

从图 5-7 可以看出，逐月雨量模型计算的多年平均降雨侵蚀力的误差要小于其他两种模型。相对误差系数 Er 反映了模型估算多年平均侵蚀力的具体相对误差大小。3个简易模型的相对误差在 5.8%～16.3% 之间，最大误差在 15%～31.6% 之间。逐月雨量模型的相对误差远远小于其他两个简易模型，平均误差仅为 5.8%。

Renard 和 Bofu Yu[149,150,155]均采用了 F 指数和 P 分别在美国和澳大利亚估算多年平均降雨侵蚀力，发现效果相当，同时 Bofu Yu[150]认为由于 F 计算的相对复杂性和对土壤侵蚀作用解释的不明确，建议使用 P 的幂函数形式。F_F 相对于 P 和 F 的优点在于，它可以体现逐年降雨的季节分布对土壤侵蚀的作用。Ferro 在 1999 年对年平均雨量 P、F 和 F_F 的比较分析后得出，F_F 是估算值最好的参数。章文波用不同雨量资料对中国多年平均降雨侵蚀力回归分析时也发现，不论是模型的决定系数还是与精确值比较的误差系数，使用 F_F 相对于 P 和 F 表现均较好。结合本文的回归结果，又基于广东降雨在季节分布上的特性，本文建议在没有日雨量资料的地区首选 F_F 指数，即逐月雨量模型估算降雨侵蚀力。

（2）降雨侵蚀力的空间分布。

广东省 R 值平均 13 574 MJ·mm·hm^{-2}·h^{-1}·a^{-1}，最大值为 24 870.85 MJ·mm·hm^{-2}·h^{-1}·a^{-1}，位于阳江；最小值为 7 153.57 MJ·mm·hm^{-2}·h^{-1}·a^{-1}，位于罗定。

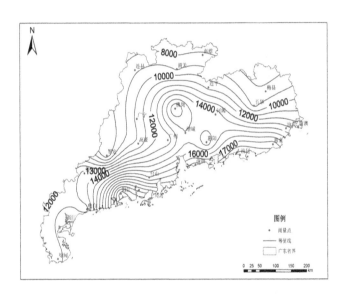

图 5-8　广东省降雨侵蚀力等值线

降雨侵蚀力的分布特征与全省的降雨分布特征基本一致。全省的多年平均降雨侵蚀力总的变化趋势是从沿海地区向内陆山区逐渐递减，其分布特征与多年平均降雨量分布类似，但降雨侵蚀力的递减速度明显比雨量快。

从降雨侵蚀力区域分布来看，降雨侵蚀力有 3 个高值区：一是云雾山东南麓的阳江、阳西、恩平、台山一带，年均降雨侵蚀力在 15 000～25 000 MJ·mm·hm^{-2}·h^{-1}·a^{-1}之间；二是莲花山东南侧的汕尾、陆丰、惠来一带，年均降雨侵蚀力在 17 000～20 000 MJ·mm·hm^{-2}·h^{-1}·a^{-1}；三是北江谷地的清远、佛冈、从化一带，年均降雨侵蚀力在 15 000～17 000 MJ·mm·hm^{-2}·h^{-1}·a^{-1}之间。降雨侵蚀力分布亦有 3 个低值区：一是西北部山区的罗定、郁南、封开、德庆等地，年均降雨侵蚀力在 8 000 MJ·mm·

$hm^{-2} \cdot h^{-1} \cdot a^{-1}$ 以下；二是北部山区的南雄、仁化、乐昌、连州、连山、连南等地，年均降雨侵蚀力在 9 000 MJ·mm·$hm^{-2} \cdot h^{-1} \cdot a^{-1}$ 以下；三是东部山区的兴宁、梅县、平远、蕉岭、大埔等地，年均降雨侵蚀力在 9 000 MJ·mm·$hm^{-2} \cdot h^{-1} \cdot a^{-1}$ 以下。

3.1.2 土壤可蚀性估算

K 为土壤可蚀性因子，表征某一类型土壤发生侵蚀的敏感程度，在标准小区（22.13 m，9%坡度条件，顺坡耕作）农田休耕状态下，由每单位 R 因子（EI_{30}）的土壤侵蚀速率表示，单位为 $t \cdot ha \cdot h \cdot ha^{-1} \cdot MJ^{-1} \cdot mm^{-1}$。

3.1.2.1 土壤可蚀性的计算方法

W. H. Wischmeier（1971）根据实测的土壤可蚀性因子的 K 值与土壤性质的相关性，建立了土壤可蚀性 K 值与土壤质地、土壤有机质、土壤结构和土壤通透性的关系式：

$$100K = 2.1(N_1 \cdot N_2)^{1.14} \times (12 - O_M) \times 10^{-4} + 3.25(S-2) + 2.5(P-3) \quad (5-7)$$

式中：N_1 = 粉砂（0.05～0.1 mm）% + 极细砂（0.002～0.05 mm）%；N_2 = 100 - 黏粒（<0.002 mm）% 或者是 N_1 + 砂粒（0.1～2.0 mm）%；O_M 为有机质的百分含量（1%～6%）；S 为土壤结构系数；P 为土壤渗透级别。

此外，国际上的许多学者也都曾建立求取土壤可蚀性 K 值的关系式。Youg（1997）建立的求取土壤可蚀性 K 值的关系式：

$$K = -0.204 + 0.385X_1 - 0.013X_2 + 0.247X_3 + 0.003X_4 - 0.005X_5 \quad (5-8)$$

式中：X_1、X_2、X_3、X_4 和 X_5 分别表示细粒%、细砂%、粗粉粒%、细粉粒%、有机质含量的百分数。

Williams 等人[156]在 EPIC（Erosion-Productivity Impact Caculator）模型中，把土壤可蚀性因子 K 值的计算公式发展为：

$$K = \{0.2 + 0.3 \exp[-0.0256Sa(1-Si/100)][Si/(Ci+Si)]^{0.3}(1.0 - 0.25C/[C + \exp(3.72 - 2.95C)])\}\{1.0 - 0.7Sn/[Sn + \exp(-5.51 + 22.9Sn)]\} \quad (5-9)$$

式中：Sa 为砂粒含量（%）；Si 为粉砂含量（%）；Ci 为黏粒含量（%）；C 为有机碳含量（%）；$Sn = (1-Sa)/100$。

陈明华等[157]研究了福建红壤区 26 个土壤样品的可蚀性与土壤性质的关系，建立了土壤可蚀性 K 值的计算公式：

$$K = 10^{-3}(160.80 - 2.31X_1 + 0.38X_2 + 2.26X_3 + 1.31X_4 + 14.67X_5) \quad (5-10)$$

式中：K 为可蚀性 K 值（美国习用单位）；X_1、X_2、X_3、X_4 和 X_5 分别表示细砾（1～3 mm）%、细砂（0.05～0.25 mm）%、粗粉粒（0.01～0.05 mm）%、细粉粒（0.005～0.01 mm）%、有机质（10 g/kg）。

梁音、史学正等[158]通过径流小区研究 K 值与土壤性质关系后，建立了我国东部丘陵区土壤可蚀性 K 值的非线性方程式：

$$K = -0.0871 - 0.05264 \text{tg}(V) + 0.0604(\text{pH}) - 0.0031(Fe^{3+})$$
$$+ 0.5147(M) + 0.4046(C) \quad (5-11)$$

式中：K 为土壤可蚀性 K 值（0.132 h/MJ·mm）；V 为表层 0～20 cm 土壤容重（g/cm³）；pH 为土壤 pH 值；Fe^{3+} 为表层 0.20 cm 土壤游离 Fe^{3+} 含量（g/kg）；M 为土壤有

机质因子，其计算式为：

$$M = 0.8243 - 1.6297\sin(O_M) - 0.2079\sin^2(O_M) + 5.0465\sin^3(O_M)$$
$$+ 1.7092\sin^4(O_M) - 3.5244\sin^5(O_M) \quad (5-12)$$

式中：O_M 为土壤有机质含量（g/kg）；C 为土壤黏性因子，其算式为：

$$C = 0.1260 + 0.0694\exp(\sin(2Nc)) \quad (5-13)$$

式中：Nc 为粒径小于 0.002 mm 的土壤黏粒含量（%）。该方程式对土壤可蚀性值的复相关系数 R 为 0.9988，期望方差为 0.9977。

吕喜玺等[159]用美国新近建立的土壤可蚀性因子 K 值的计算公式和二次样条函数插值法转换的土壤质地，计算了我国南方主要侵蚀土壤表层 K 值。马志尊[160]选用诺漠图计算我国不同土壤的 K 值分别为：黄土 0.43、红土 0.39、山地褐土 0.09、碳酸盐褐土 0.29、淋溶褐土 0.37、片麻岩风化物 0.03、砂页岩风化物 0.04。张宪奎[161]在东北黑土地区实测黑土、白浆土、暗棕壤 3 种土壤的 K 值分别为 0.26、0.31、0.28。

中国科学院南京土壤研究所梁音等[158]以土壤理化性质数据库为基础，应用公式（5-7）计算各土壤的 K 值，再应用公式（5-11）进行典型土壤类型的局部校正，计算出各土种的 K 值后，应用各土种的面积进行加权平均，得到亚类的可蚀性 K 值的平均值，然后根据亚类的面积和 K 值大小进行加权平均，得出同一土类的 K 值。其研究表明，浙江、福建、江西、广东、海南、广西、湖南 7 省区和江苏、安徽、湖北 3 省丘陵区土壤的平均 K 值为 0.228（$ton \cdot acre \cdot h \cdot 100^{-1} acre^{-1} \cdot ft^{-1} \cdot tonf^{-1} \cdot in^{-1}$，美制单位下同），其中 K 值最大的土类是紫色湿润雏形土和淡色潮湿雏形土，分别为 0.342 和 0.339，最小的是湿润砂质新成土和滞水常湿雏形土，分别为 0.037 和 0.097，相差较大；其余 10 个土类的可蚀性 K 值都在 0.12～0.288 之间。对于不同岩性上发育的同一亚类土壤，其 K 值也有一定的差异，一般来说，花岗岩和第四系红土上发育的土壤 K 值较高。从表 5-9 可知，第四系红土和石灰岩发育的红壤，其 K 值分别为 0.281 和 0.29，较其他母质发育的红壤高。然而其余母质发育的红壤其 K 值分也都在 0.2 以上，说明红壤亚类的可蚀性较高。在黄壤亚类中，石灰岩发育的黄壤 K 值最大，为 0.406，其余岩性发育的黄壤其 K 值都小于 0.2，因此，铁铝质岩发育的黄壤存在着较大的侵蚀危险性。对于赤红壤亚类，4 类母质发育的赤红壤，其足值相差不大，在 0.18～0.221 之间，其中花岗岩类母质发育的赤红壤的 K 值较大，同其他母质发育的赤红壤来说，存在较大的侵蚀危险性。

表 5-9 不同岩性上发育的土壤可蚀性 K 值（美制单位）

亚类	铁质岩（玄武岩、安山岩等）	铁铝质岩（石灰岩、大理岩等）	硅铝质岩（花岗岩、花岗片麻岩等）	硅铁质（第四纪红土、板岩、泥岩等）	硅质岩（砂岩、浅海沉积岩等）
砖红壤	0.197		0.232		0.240
黄色砖红壤	0.218		0.235	0.196	
赤红壤		0.217	0.221	0.208	0.183

续表 5-9

亚类	铁质岩（玄武岩、安山岩等）	铁铝质岩（石灰岩、大理岩等）	硅铝质岩（花岗岩、花岗片麻岩等）	硅铁质（第四纪红土、板岩、泥岩等）	硅质岩（砂岩、浅海沉积岩等）
红壤	0.232	0.290	0.204	0.281	0.259
黄红壤			0.236	0.239	0.212
红壤性土	0.166		0.205	0.192	0.414
黄壤		0.406	0.157	0.183	0.191
黄壤性土		0.246	0.165	0.237	
黄棕壤		0.213	0.202	0.259	

3.1.2.2 土壤可蚀性值的选取

本次研究成土母质因子的获取是在参考1∶20万比例尺的地质图和1∶10万比例尺土壤图的基础上，综合考虑有关地表岩性、地表物质的组成、土壤的结构、理化性质等信息，再根据土壤类型从表5-9中获得土壤可蚀性因子 K 值。

3.1.3 地形因子估算

3.1.3.1 前人对坡长和坡度因子的研究

坡度 S 为无量纲因子，是地面形态的主要要素。我国的研究者大都通过统计分析，认为土壤流失量与坡度呈幂函数关系，但坡度指数的变化幅度较大（大多数在0.5～2.5之间，黄土高原在1.0～1.8之间）。在不同雨强的降雨情况下，坡度的作用程度是不同的。降雨强度愈大，坡度的影响愈大。坡度与土壤流失的关系形态并不是单一的。陈法扬[162]的研究结果表明，在18°以下土壤冲刷量与坡度呈直线相关，在18°～25°间土壤冲刷量与坡度呈指数关系，在25°以上，土壤冲刷量随坡度反而减少。

L 为坡长因子，无量纲因子，坡长定义为从坡面漫流起点到沉积出现或者表面径流流入指定河道的地方，由实测坡长条件下和标准坡长为22.13 m地区的土壤流失量比值表示。由实际观测的土壤流失量和标定为9%坡度地区的土壤流失量比值表示。LS 因子公式为：

$$LS = (l/22.13)^m \frac{(0.043x^2 + 0.3x + 0.43)}{6.613} \quad (5-14)$$

式中：l 是坡长（m）；x 是坡度（%）；m 是一个指数，依赖于坡度，坡度 <1%，$m=0.2$，坡度：1%～3%，$m=0.3$，坡度：3%～5%，$m=0.4$，坡度 >5%，$m=0.5$。

USLE所用资料的坡度范围为3%～18%，因此，应用USLE时，必须根据实际情况对方程中每个因子进行修正。

坡长与土壤流失的关系比较复杂，在不同土壤、不同地面坡度和不同降雨量的情况下，所得试验结果不同，江忠善[163]在黄土高原天水、绥德、子洲、安塞的试验结果，土壤流失量分别与坡长的0.22、0.15、0.52、0.40次方成正比。

美国维斯奇迈尔和史密斯[164]得出的适应于大于9%坡度的 LS 关系为：

$$LS = \left(\frac{\lambda}{22}\right)\left(\frac{\alpha}{5.16°}\right)^{1.3} \tag{5-15}$$

式中，λ 为水平坡长（m），α 为坡度（°）。

牟金泽[165]得到黄土丘陵（天水）的 LS 关系式为：

$$LS = 1.02\left(\frac{\lambda}{20}\right)^{0.2}\left(\frac{\alpha}{5.07}\right)^{1.3} \tag{5-16}$$

江忠善[163]取黄土高原长 20 m、宽 5 m、坡度 10°为标准小区，得到 LS 的关系式为：

$$LS = 1.07\left(\frac{\lambda}{20}\right)^{0.28}\left(\frac{\alpha}{10°}\right)^{1.45} \tag{5-17}$$

杨艳生[166]得到南方红壤地区 LS 的关系式为：

$$L = h \times (1 - \cos\beta)/63.8\sin\beta$$
$$S = 0.149 \times 1.1^\beta$$
$$LS = 0.00233 \times 1.1^\beta \times h \times (1 - \cos\beta)/\sin\beta \tag{5-18}$$

式中：β 为地面平均坡度角（°）；h 为相对高度（m）。

张宪奎[161]得出东北黑土地区 LS 的关系式为：

$$LS = \left(\frac{\lambda}{20}\right)^{0.18}\left(\frac{\alpha}{8.75}\right)^{1.3} \tag{5-19}$$

黄炎和[167]得到闽东南地区 LS 的关系式为：

$$LS = 0.08\lambda^{0.35}\alpha^{0.66} \tag{5-20}$$

陈振金等[168]在通过对福建全省的调查试验修正建立了以下方程，获得了地形因子 LS 值：

$$LS = (D/20)^{0.41} \times (\theta/10)^{0.78} \tag{5-21}$$

式中：θ 是坡度（单位为度）；D 是坡长。

3.1.3.2 坡长和坡度因子的计算方法

本研究采用黄炎和得到的闽东南地区 LS 的关系式为：

$$LS = 0.08\lambda^{0.35}\alpha^{0.66} \tag{5-22}$$

以每一象元作为研究对象，λ 值均取 30 m。故：

$$LS = 0.263\alpha^{0.66} \tag{5-23}$$

式中：θ 为坡度（°）。

3.1.4 作物覆盖和管理因子及水土保持措施因子估算

3.1.4.1 前人对作物覆盖因子的研究

植被防止侵蚀的作用主要包括对降雨能量的削减作用、保水作用和抗侵蚀作用。余新晓[169]在江西修水县的研究表明，森林植被减弱降雨势能的作用由两个部分组成：一是林冠对降雨截留作用减弱了降雨势能 EP_i；二是林冠对降雨的缓冲作用减弱了降雨能量 EP_c。

植被的保水作用主要包括树冠的截留降水、枝叶的吸水能力及枯枝落叶层的保水能力。森林、灌丛、草地及农作物等各种植被的地上部分都具有截留降水、减少雨滴打击力和减缓径流过程及强度的作用，其作用大小随着植被地上部分盖度和生物量的增加而增加。森林植被的树冠截留作用最强，一般占雨量的10%～15%。其截留量的大小取决于降雨量和降雨强度。大量研究表明，植被具有明显的抗侵蚀作用。侯喜禄等[170]的研究表明，水土保持林地的侵蚀量与林地覆盖度呈二次多项式关系，且65%的覆盖度为林地有效覆盖度。

C是作物覆盖因子，它是根据地面植物覆盖状况不同而反映植被对土壤流失影响的因素。当地面完全裸露时，C值为1.0，如果地面得到良好的保护时，$C=0.001$，所以C值在0.001～1.000之间。作物覆盖因子C与植被类型、覆盖度有关。

3.1.4.2 作物覆盖因子的确定

本研究选取2000年前后的TM影像，利用ERDAS遥感图像处理软件，获得植被指数NDVI值。

卢玉东等[171]通过坐标定位得到NDVI值，运用回归方程计算植被覆盖度，并与实测资料进行F检验，建立二项式回归方程估算研究区植被覆盖度（FC）与植被指数（$NDVI$）的关系：

$$FC = 1.1682X^2 + 0.786X + 0.0782 \quad (5-24)$$

式中，X为植被指数NDVI。将植被盖度分为0%、20%、40%、60%、80%和100%，本流域植被为乔灌混交林，根据USLE提供的植被盖度与C值查对表得到流域作物覆盖因子C值（表5-10）。

表5-10 植被盖度与作物覆盖因子C值查对

地面覆盖度	0	20%	40%	60%	80%	100%
乔灌混交	0.390	0.200	0.110	0.060	0.027 0	0.007 0

3.1.4.3 水土保持措施因子

P为水土保持措施因子，无量纲因子，为某一特定保护措施下土壤流失量和标准条件下相关流失量的比值。土壤保持措施减少土壤流失量的程度取决于坡度，坡度过缓（≤1%）或者过陡（≥21%），水土保持措施的意义不大，即P值为1。在坡度为3%～8%之间，水土保持措施对土壤流失量的减少具有重要作用。P一般在0.25～1.0之间，表5-11是我国不同水土保护措施的P值。

表5-11 我国不同水土保持措施的P值

坡度/°	等高带状耕作	草田带状间作	水平梯田	水平沟	等高垄作
<5	0.30	0.10	0.03	0.01	0.10
5～10	0.50	0.10	0.03	0.05	0.10
>10	0.60	0.20	0.03	0.10	0.30

本次研究的地区都为山区，没有进行某一特定保护措施，因此给P因子赋值1.0。

3.2 USLE 在小区的模拟应用

根据前文中建立的 4 个坡面径流小区观测结果，应用 USLE 模型计算 4 个小区的土壤侵蚀量。

3.2.1 因子计算

根据河源 50 多年日降雨资料，计算得到降雨侵蚀力 $R = 14\,901$。

查阅土壤图，该区域也是花岗岩发育的赤红壤，土壤可蚀性 $K = 0.029\,11$。

地形因子利用公式 $LS = 0.08\lambda^{0.35}\alpha^{0.66}$ 计算，45°小区 $LS = 3.24$；30°小区 $LS = 2.48$。

C 因子，裸地小区取 1，90% 盖度的查阅对照表取 0.017，85% 盖度取 0.027。

3.2.2 模型计算与实测对比

USLE 模型计算得到各小区的多年平均侵蚀模数，以 20 m² 小区面积计算得到的多年平均土壤侵蚀量为 45°裸地 2 771.8 kg，覆盖小区 47.1 kg；30°裸地 2 121 kg，覆盖小区 58.2 kg。

小区实际观测得到 17 场产流的侵蚀量分别是 45°裸地 126.6 kg、覆盖小区 0.745 kg，30°裸地 200 kg，覆盖小区 9.41 kg。由于观测时段的雨量只占到年雨量的 1/3，因此在此观测值的基础上乘以雨量系数 3.05，作为小区实测的产沙量。

以小区实测产沙量和模型计算的侵蚀量之比得到微型小区的坡面泥沙输移比 SDR，分别是 45°裸地小区 0.14，植被小区 0.05；30°裸地小区 0.29，覆盖小区 0.49。（表 5-12）

表 5-12　径流小区模型计算的侵蚀量与实测产沙量

项　　目	1 号小区 30°	2 号小区 30°	3 号小区 45°	4 号小区 45°
计算的侵蚀量/kg	58.20	2121.00	47.40	2771.80
实测的产沙量/kg	28.70	610.00	2.27	386.12
坡面 SDR	0.48	0.29	0.05	0.14

根据 USLE 模型预测的覆盖小区的土壤侵蚀量远远小于裸地，45°小区侵蚀量高于 30°小区。这与小区实测结果完全一致，植被可以有效减少侵蚀量。这也说明模型在侵蚀的预报方面是可行的。

各小区坡面 SDR 的差异在 0.05～0.48 之间。这个差异与小区的地形、侵蚀类型、植被类型有很大关系。就短时间的观测结果与模拟对比而言，这差异并不大。这也与蜈蚣岭水库利用泥沙淤积量计算得到的流域泥沙输移比 $SDR = 0.35$，非常接近。

根据覆盖小区侵蚀量与裸地小区侵蚀量之比，可得到植被覆盖因子，30°小区 85% 盖度时的 $C = 0.047$；45°小区 90% 盖度时的 $C = 0.000\,59$。观测结果 85% 盖度的 C 值远远大于 90% 的盖度，说明覆盖度对侵蚀有很大影响，覆盖度越大，侵蚀量越小。根据实测资料得到的 C 值与模型运算时设定的 C 值相比，30°小区 85% 盖度的 C 值二者比较接近，45°小区 90% 盖度的实测 C 更小。因为 USLE 模型计算得到的是多年平均土壤侵蚀量。本项目研究周期有限，需要积累长时间的小区观测资料来进一步验证 USLE 模型中的相关因子。

根据降雨资料和试验观测，发现暴雨和大暴雨是产沙侵蚀的主要降雨。但同时也发现，不到 10 mm 的小雨也产生了侵蚀，而谢云利用黄土高原的资料提出的侵蚀性降雨标准是 12 mm，这提示需要深入开展南方侵蚀性降雨标准研究。根据雨量、雨强和侵蚀的分析来看，降雨量和雨强 I_{60} 对 4 个小区的产沙状况均有较为明显的影响。这提示在降雨侵蚀力的计算方法研究时需要考虑雨强因素，单独雨量计算侵蚀力会产生误差。

3.2.3 结论

根据裸地与覆盖小区、不同坡度小区的 USLE 模型计算值与实测资料对比研究发现，在新丰江水库流域中 USLE 模型可以很好地预测植被和坡度对侵蚀的影响。这也说明模型在土壤侵蚀预报方面是可行的。

后续有待深入研究如何利用小区多年降雨、侵蚀观测资料修正 USLE 模型的各个参数，提高其预报精度。

3.3 USLE 在新丰江水库流域的模拟应用

3.3.1 因子值的选取

3.3.1.1 降雨侵蚀力 R 值

根据广东省降雨侵蚀力等值线图（图 5-8），新丰江水库流域降雨侵蚀力 R 值等值线最北处为 9 600 MJ·mm·hm^{-2}·h^{-1}·a^{-1}，最南处为 14 400 MJ·mm·hm^{-2}·h^{-1}·a^{-1}，根据等值线通过流域的分布情况，取 R 值为 10 600 MJ·mm·hm^{-2}·h^{-1}·a^{-1}。

3.3.1.2 成土母质因子 K 的提取与分级定标

新丰江水库流域分布的地层有震旦系变余长石石英杂砂岩，凝灰质细砂岩，寒武系八村群中细粒长石石英砂岩、长石石英粉砂岩、砂质板岩，奥陶系二长花岗岩，志留系石英闪长岩，泥盆系石英质砾岩、含砾砂岩、粉砂岩、粉砂质页岩及灰岩、泥质灰岩，石炭系石英砂岩、粉砂岩及厚层状灰岩，侏罗系浅紫色砂砾岩、粗砂岩与粉砂岩及黑云母花岗岩，白垩系砾岩、砂砾岩、含砾砂岩、砂岩、凝灰质砂岩、粉砂岩和中细粒花岗岩，三叠系花岗闪长岩、砾岩、砂砾岩、砂岩夹黑色粉砂岩，第三系-第四系安山岩、辉长岩，第四系红壤化亚砂土、砂砾、卵石和砂、砂砾夹亚砂土。按岩性划分，砂岩类分布面积占 45.25%，花岗岩类占 27.07%，砂页岩类占 20.77%，灰岩类占 1.93%，第四系堆积物占 4.99%。

根据表 5-9，按新丰江水库流域的成土母质和形成的土壤，将 K 取值为 5 类。其中，成土母质为砂岩类形成赤红壤的 K 值取 0.183，成土母质为石灰岩和大理岩岩类形成赤红壤的 K 值取 0.217，成土母质为花岗岩和花岗片麻岩岩类形成赤红壤的 K 值取 0.221，成土母质为第四系红土、泥岩岩类形成赤红壤的 K 值取 0.208，而形成黄色砖红壤的 K 值取 0.196。换算为国际制后的 K 值分别为 0.024 10、0.028 58、0.029 11、0.027 39 和 0.025 94（t·ha·h）/（ha·MJ·mm）（图 5-9）。

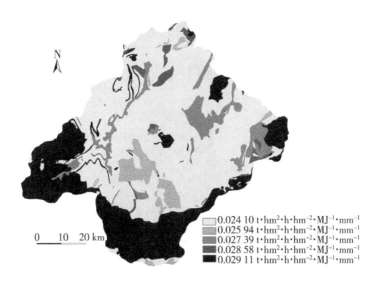

图 5-9 新丰江水库流域 K 值分布

3.3.1.3 坡长和坡度因子 LS

在 ARCGIS 软件下利用数字化等高线建立不规则三角网，转换后得到地面高程数字模型。其中，设定每个栅格单元大小为 30 m×30 m 的区域。

利用地面高程数字模型生成流域地面坡度图（图 5-10）。流域地面坡度分布范围为 $0°\sim74°$。

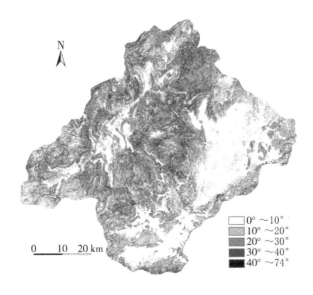

图 5-10 新丰江水库流域坡度分布

采用黄炎和得到的闽东南地区 LS 的关系式为：

$$LS = 0.08\lambda^{0.35}\alpha^{0.66} \tag{5-25}$$

以每一像元作为研究对象，λ 值均取 30 m。故：

$$LS = 0.263 \times \theta^{0.66} \tag{5-26}$$

式中：θ 为百分比坡度

计算结果，新丰江水库流域 LS 值范围在 0.023～0.556 之间（图 5-11）。

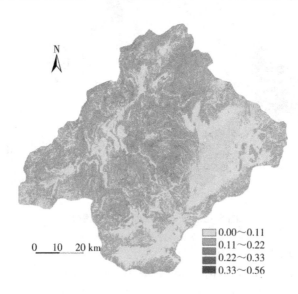

图 5-11　新丰江水库流域 LS 分布

3.3.1.4　植被盖度的提取与分级定标

在收集研究区地形图和遥感影像的基础上，利用 ERDAS 遥感图像处理软件对 TM 影像进行运算，得到植被指数 NDVI 值（图 5-12）。

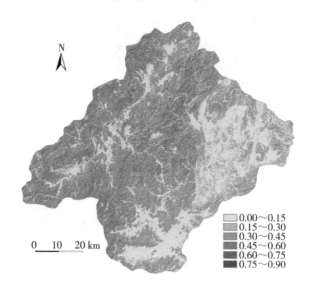

图 5-12　新丰江水库流域 NDVI 分布

根据卢玉东等[171]研究的植被覆盖度 FC 与植被指数（NDVI）的关系式：

$$FC = 1.1682X^2 + 0.786X + 0.0782 \quad (5-27)$$

得到植被盖度分布图（图 5-13）。

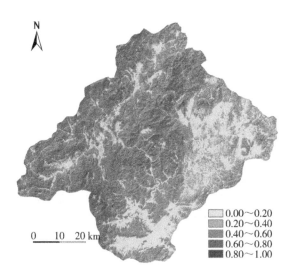

图 5-13　新丰江水库流域植被盖度 FC 值分布

将植被盖度分为 0、20%、40%、60%、80% 和 100%，本流域植被为乔灌混交林，根据 USLE 提供的植被盖度与 C 值查对表得到流域 C 值图（图 5-14）。

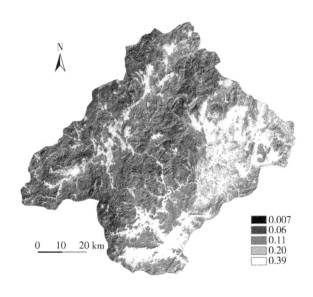

图 5-14　新丰江水库流域 C 分布

3.3.1.5　人类活动影响的调查与评价

本次研究的地区都为山区，没有进行某一特定保护措施，因此给 P 因子赋值 1.00。

3.3.2 新丰江水库流域土壤侵蚀分析

在地理信息系统的支持下,依据通用土壤侵蚀方程,将上述各个因子相乘,获得了各地貌单元的平均土壤侵蚀量(图 5-15)。

$$A = 10\,600 \times K \times LS \times C \tag{5-28}$$

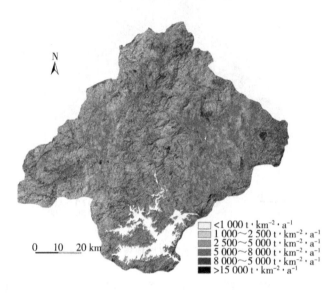

图 5-15 新丰江水库流域土壤侵蚀强度分布

对分类结果进行统计表明,新丰江水库流域土壤侵蚀强度以中度和强度为主,分别占流域面积的 39.07% 和 25.77%;轻度和极强度次之,分别占流域面积的 16.16% 和 14.11%;微度和剧烈占的比例较少,均不到 5%(表 5-13)。

表 5-13 土壤侵蚀强度分级标准表

级别	平均侵蚀模数/$t \cdot km^{-2} \cdot a^{-1}$	面积比例
微度	<1 000	1.65%
轻度	1 000～2 500	16.16%
中度	2 500～5 000	39.07%
强度	5 000～8 000	25.77%
极强度	8 000～15 000	14.11%
剧烈	>15 000	3.24%

4 新丰江水库泥沙淤积量研究

4.1 前人对泥沙递送比的研究

在流域的侵蚀-输移-产沙系统中,泥沙输移是研究流域侵蚀与产沙量关系的关键问题和难点,[172]近几十年来受到各国学者的重视。[173]

泥沙输移比这一概念是 1950 年布朗(Brown)为估计美国入河入海的泥沙数量而提出来的。之后有关学者相继进行研究,各自取得一些区域性的经验成果,但目前尚无普遍适用的关系式。不少国家的学者求得的泥沙输移比多在 1/3~1/2 之间,有的甚至更小,其值随流域面积的 -1/5~-1/8 次幂而变化。

泥沙输移比(SDR)概念的应用使这项研究有可能向定量化发展。[164]以往的研究更多考虑的是地貌与环境因素对流域泥沙输移比的影响。例如,泥沙来源的性质、范围和位置,地形与坡面特征,流域形态与坡面特征,流域形态与河道情况,植被覆盖,土地利用和土壤结构等。[174]在这些因素中流域面积往往作为主要控制因素来考虑,泥沙输移比与流域面积呈反比关系。这些关系式对美国中部和东部地区来说是较为典型的,所以得到广泛的应用。[175]但是这种关系仅对于土壤、气候、地形比较均匀的流域较为合适,故一些学者针对不同的研究对象通过多元回归分析的方法,建立了不同的泥沙输移比与流域形态、河道情况的多元经验预报方程,其中也包括了我国黄土丘陵沟壑区的研究成果。[176]近几十年来,应用泥沙输移比估计或预报流域的侵蚀产沙量已经成为一种重要方法。

Mutchler 和 Bowie[177]在美国密西西比 PilllorI Roost 河得到

$$DR = 0.488 - 0.006Ac + 0.010RO \quad (5-29)$$

式中:DR 为泥沙输移比;Ac 为流域面积;RO 为年径流量

美国全国范围内 105 个农业生产区的研究证明,泥沙输移量为总侵蚀量的 0.1%~37.8%,其东南部山麓地区采用计算公式为:

$$\lg SDR = 4.5 - 0.23 \lg 10Ac - 0.51 \lg(L/R) - 2.79 \lg B \quad (5-30)$$

式中:SDR 为泥沙输移比;Ac 为流域面积(km^2);L/R 为无因次流域长高比;B 为加权平均叉比。

万奥内(Vanoni)[178]研究了全世界 300 条以上流域的数据,建立的输沙率模型如下:

$$SDR = 0.42 \times Ac - 0.125 \quad (5-31)$$

式中:Ac 为流域面积(平方英里)。

我国开展泥沙输移比研究较晚。有些学者分析研究黄河中游黄土丘陵沟壑区的资料后认为,不论流域大小,从长时期看,泥沙输移比接近于 1.0。此外。还有学者分析了陕北大理河流域各级不同大小流域的泥沙输移比,得出如下计算式:

$$SDR = 1.29 + 1.37 \ln Rc - 0.025 \ln Ac \quad (5-32)$$

式中:SDR 为泥沙输移比;Rc 为淘壑密度(km/km^2);Ac 为流域面积(km^2)。

根据珠江水利委员会有关人员的调查分析,[179]珠江流域的泥沙输移比为 0.39,其中广东境内为 0.36,广西境内为 0.41,海南诸河为 0.26~0.62。

文安邦等[180]根据云贵高原区龙川江上游典型小流域水库淤沙资料建立的小流域输沙模数与流域面积的关系,求算龙川江上游土壤平均侵蚀模数为 1 668 t/(km^2·a),在 <5 km^2 流域面积泥沙输移比为 1.0 的前提下,计算龙川江上游典型小流域(流域面积 10.8~216.8 km^2)泥沙输移比变化于 0.80~0.42 之间;利用小河口水文站多年平

均输沙量，同时考虑水库（坝塘）的拦沙影响，小河口水文站泥沙输移比计算值为 0.26。

孙厚才和李青云[181]利用长江流域的地形资料，应用分形理论的自相似原理，探讨泥沙输移比与小流域集雨面积的关系，并得出泥沙输移比（SDR）的统计模型。同时，对这些结果进行了统计分析，结果表明泥沙输移比与流域面积均呈幂函数的反比关系。

牟金泽等[165]在陕西大理河流域建立的经验方程为

$$SDR = 1.29 + 1.37 \ln R_0 - 0.025 \ln Ac \qquad (5-33)$$

式中：R_0 为沟道密度；Ac 为流域面积。

由于影响泥沙输移比的因素错综复杂，以上所研究的流域泥沙输移比仍然处在"黑箱"阶段。为了提高流域侵蚀产沙量的预报精度，逐步认识泥沙的输移机制，必须对流域内泥沙输移的空间、时间上的分布规律有所了解。Frickel 等人在介绍美国科罗拉多州 Piceancl 流域的产沙量时，得到沟道、支流、主河道的不同泥沙输移比，通过对不同河段泥沙输移比进行长度加权平均来计算整个流域的泥沙输移比。也有些学者根据泥沙在沟道、河道的输送和淤积特性以及影响这些特性的因素，建立计算方程式或者用反映泥沙输移的数学表达式来计算。

孙佳等[182]对不同降雨条件下紫色土母质水沙输移动态研究。结果表明，降雨量与径流量之间成直线正相关关系，降雨量是影响径流的主要因子，径流量与输沙模数成直线正相关关系，降雨量与输沙模数的拟合方程精度均不高。

1992 年，珠江水利委员会据流域内不同侵蚀强度面积和侵蚀强度中值算出珠江流域侵蚀总量[179]，并得出 $SDR = 0.39$。后来，广东省水利水电设计研究所等[183]进一步分区研究认为，全省河流平均 $SDR = 0.41$，其中花岗岩风化区为 0.33，面蚀区为 0.60，北江流域为 0.22。

余剑如等[184]的研究认为我国南方多岩石构成的山地丘陵区，泥沙输移比较小，大多小于或等于 0.3，少量为 0.5。这与我国南方土地侵蚀物质颗粒粗大，径流中推移质数量大，中小河流、塘库、湖泊淤积量大等密切相关。

4.2 新丰江水库流域泥沙递送比研究

水库流域内，近库区的流域由于离水体近，流失的泥沙在搬运的过程中，部分泥沙被淤填于低洼处，部分被直接搬运进入水库。流域内远离库区的地区，流失的泥沙部分被淤填于低洼处，部分在坡麓堆积，部分通过河流长距离的搬运，最终只有小部分的泥沙进入水库。在库区周边地区和离水库较远的地区土壤侵蚀产生的松散物质被水力搬运进入水库的比率是不同的。我们将水库流域分为土壤侵蚀搬运能直接进入库区的内库区流域和泥沙需经过河流搬运才能进入库区的外库区流域，则水库流域的年土壤侵蚀量 A 为：

$$A = A_1 + A_2 \qquad (5-34)$$

式中：A_1 为模型计算得到的水库内库区流域每平方千米年平均土壤侵蚀量；A_2 为模型得到的外库区流域每平方千米年平均土壤侵蚀量。

设 V_1 为水库内库区流域每年每平方千米产生的淤积量，V_2 为外库区流域每年每平方千米产生的淤积量，S_1 为内库区流域面积，S_2 为外库区流域的面积，SDR_1 为内库区流域的泥沙递送比，SDR_2 为外库区流域的泥沙递送比。则水库每年淤积量 V 为：

$$V = V_1 \times S_1 + V_2 \times S_2 = A_1 \times S_1 \times SDR_1 + A_2 \times S_2 \times SDR_2 \quad (5-35)$$

在对广东省大中型水库考察研究中，我们分别选取了 8 宗典型水库采用仪器进行水下地形实测，建立新库容曲线，与旧库容曲线对比研究水库淤积情况。选取的原则是考虑流域的地质岩性、地区分布，以及根据野外调查认为是淤积比较严重的水库。

同时对未进行水下地形实测的水库进行分类，利用流域土壤侵蚀量和实测的泥沙淤积量，研究不同因子（降雨、岩石风化壳、坡度比降等地形条件、植被覆盖和流域面积等因子）对泥沙输移能力的影响，从而建立水库泥沙递送比模型。

利用实测的 9 个水库中仅有内库区流域的西丽水库为代表推算 SDR_1。

西丽水库实测得到的每平方千米年平均淤积量 0.355 2 万平方米和土壤侵蚀模型得到的每平方千米年平均土壤侵蚀量 1.257 6 万平方米数据之比为周边流域的泥沙递送比 SDR_1：

$$V = V_1 \times S_1 = A_1 \times S_1 \times SDR_1$$

$$SDR_1 = (V_1 \times S_1) / (A_1 \times S_1) = V_1/A_1 = 0.3552/1.2576 = 0.2824$$

则（5-35）可写为：

$$V = 0.2824 \times A_1 \times S_1 + SDR_2 \times A_2 \times S_2 \quad (5-36)$$

根据前人的研究，远库区流域土壤流失产生的物质进入水库的泥沙量和该流域的面积并不是简单的正比例关系。我们将远库区的流域面积和该区的泥沙递送比作为一个自变量来考虑，则：

$$V_2 \times S_2 = V - V_1 \times S_1 = SDR_2 \times A_2 \times S_2$$
$$(V - 0.2824 \times A_1 \times S_1) / A_2 = SDR_2 \times S_2$$

利用 9 个重点水库实测的水库泥沙淤积量可以得到水库每年实测平均淤积量 V、A_1、A_2，S_1 和 S_2 可以从已建立的水库流域土壤侵蚀模型得到。这样，我们可以建立起水库年淤积量与外库区流域面积（包括泥沙递送比）的关系式（表 5-14）。

表 5-14 重点水库泥沙递送比拟合原始数据

水库名称	ZV 实测总淤积量 /万 m^3	V 实测年淤积量 /万 m^3/年	SDR_1	A_1 S_1流失量 /万 m^3/年·km^2	A_2 S_2流失量 /万 m^3/年·km^2	V_1 模型计算近库区产生年淤积量/万 m^3/年	V_2 $V-V_1$	S_1 S_1面积/km^2	S_2 (X) S_2面积/km^2	Y V_2/A_2
西丽	366.700	8.731	0.282 4	1.257 6	0.000 0	8.731 0	0	24.582 6	0	
迈胜	75.000	1.531	0.282 4	0.533 5	0.315 7	0.332 9	1.197 7	2.209 5	22.397 4	3.793 8
花山	51.000	1.700	0.282 4	0.232 7	0.254 3	0.674 0	1.026 0	10.256 6	34.571 7	4.034 5
湖朗	20.000	0.556	0.282 4	0.204 8	0.173 2	0.181 7	0.373 9	3.141 9	10.861 2	2.159 1
冲源	109.000	3.028	0.282 4	0.261 3	0.258 7	0.320 2	2.707 5	4.339 8	66.867 3	10.466 8
三溪水	221.000	4.420	0.282 4	1.307 1	0.989 8	1.675 7	2.744 3	4.539 6	15.491 7	2.772 6

续表 5-14

水库名称	ZV 实测总淤积量/万方	V 实测年淤积量/万方/年	SDR_1	A_1 S_1流失量/万方/每年每平方千米	A_2 S_2流失量/万方/每年每平方千米	V_1 模型计算近库区产生年淤积量/万方/年	V_2 $V-V_1$	S_1 S_1面积/平方千米	$S_2(X)$ S_2面积/平方千米	Y V_2/A_2
迎咀	394.000	8.208	0.2824	0.6482	0.5994	2.0485	6.1598	11.1906	83.7657	10.2772
蜈蚣岭	306.000	5.885	0.2824	0.5559	0.6542	1.3011	4.5835	8.2881	24.1056	7.0064
金银河	264.000	11.000	0.2824	0.6099	0.6151	1.6946	9.3054	9.8379	710.0541	15.1295

在 SPSS 统计软件下得到回归模型（表 5-15、图 5-16）：

$$Y = -5.427 + 3.285 \times \text{Ln}(x) \qquad R^2 = 0.886$$

表 5-15 模型拟合结果

方程	模型总体参数					参数估计	
	R^2	F	df_1	df_2	$Sig.$	常数	b_1
对数模型	0.886	46.447	1	6	0.000	-5.427	3.285

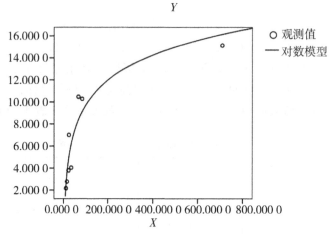

图 5-16 数据对数模型的拟合曲线

从上面拟合的结果看，对数回归模型曲线拟合较好，$R^2 = 0.886$。

则 $V_2 = -5.427 \times A_2 + 3.285 \times A_2 \times \ln S_2$

$$V = 0.2824 \times A_1 \times S_1 - 5.427 \times A_2 + 3.285 \times A_2 \times \ln S_2 \qquad (5-37)$$

水库建库来淤积总量 ZV 为年淤积量 V 与建库至今年数的乘积。利用（5-35）式可以估算得到广东省各大中型水库自建库以来的泥沙淤积量。

第5章 新丰江水库流域水土流失与水库泥沙淤积分析

表 5-16 实测值与模型值比较对比

水库名称	实测总淤积量 /万 m³	V 实测年淤积量 /万 m³/年	S_1 S_1面积 /km²	S_2 (X) S_2面积 /km²	Y V_2/A_2	递送比模型计算的总淤积量 /万 m³	实测值与模型值比值
西丽	366.700	8.731	24.5826	0		367	1.00
迈胜	75.000	1.531	2.2095	22.3974	3.7938	90	0.83
花山	51.000	1.700	10.2564	34.5717	4.0345	68	0.75
湖朗	20.000	0.556	3.1419	10.8612	2.1591	22	0.91
冲源	109.000	3.028	4.3398	66.8673	10.4668	90	1.21
三溪水	221.000	4.420	4.5396	15.4917	2.7726	261	0.85
迎咀	394.000	8.208	11.1906	83.7657	10.2772	361	1.09
新丰江	306.000	5.885	8.2881	24.1056	7.0064	239	1.28
金银河	264.000	11.000	9.8379	710.0541	15.1295	279	0.95

利用泥沙递送比模型进行水库泥沙淤积量的检验，据有关单位对合水水库进行水深测量，得到水库淤积泥沙量为 1 737.68 万 m³，而根据泥沙递送比模型计算出的泥沙预计量为 1 633 万 m³，可见该递送比模型能较好地推测出水库泥沙淤积量。

4.3 新丰江水库泥沙淤积状况

据广州地理研究所 1988—1990 年对新丰江水库的调查，[185]，水库虽已蓄水 30 年，但从总的淤积情况来看，淤积层普遍较薄。根据水库的形态、水动力条件和不同的沉积环境，对全库分 8 个库段进行研究。它们分别是：半江库段、忠信库段、上龙坪库段、锡场库段、双江库段、主库库段、回龙库段和坝前库段等。每一库段又根据调查的需要，布设横切流向的剖面线若干条，以进行布点和水下采样。全库共布设剖面线 75 条。通常每线布设 2 个采样点，对于库面较宽广，或沉积条件较复杂的库段，样点还加密到每线 5～6 个。全库共采集柱样 121 条。

在水下采样之前，还进行超声波的测深工作，以了解水下地形的变化和淤积部位，然后根据实际情况，布点采样。

全库共分为 8 个区来计算库容。计算时，首先在各横剖面图上，从原始库底向上推算，按几何求积法量算出各级水位下的横剖面面积，然后再以其相邻横剖面的平均面积值，乘以其剖面间距（以水流中心线为准），即可求得该块段在各级水位下的相应库容。各块段库容的总和便是该区的库容。累加各区的库容即为全库区库容。由库容计算结果绘制的水位—库容关系曲线如图 5-17 所示。

调查结果表明，新丰江水库蓄水至 1990 年，全库共淤积泥沙 13 844 万 m³，平均每年淤积 432.6 万 m³。

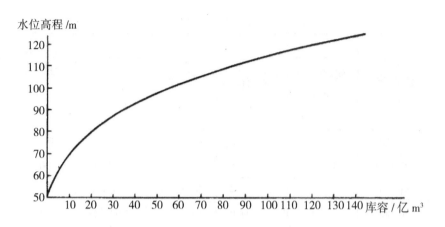

图 5-17　新丰江水库 1990 年库容曲线

将新丰江水库流域分为内库区和外库区，利用泥沙递送比模型进行水库泥沙淤积量的检验。根据计算式：

$$V = 0.2824 \times A_1 \times S_1 - 5.427 \times A_2 + 3.285 \times A_2 \times \mathrm{Ln}(S_2) \qquad (5-38)$$

得到内库区年淤积量为 536.5 万 m^3，外库区泥沙进入内库区年淤积量为 59.2 万 m^3，库区年总淤积量为 595.7 万 m^3。截至 2008 年，估算总淤积量为 29 785 万 m^3。与实测的 32 年年平均淤积量 432.6 万 m^3 相比，模型得到的年平均淤积量是实测数据的 1.38 倍。

第6章 新丰江水库库区退化土地的生态恢复

根据卫星遥感数据分析（见第2章），将新丰江水库流域内的主要土地利用类型划分为林地、农用地（包括耕地和园地）、水域和建设用地，1988—2014年，林地面积减少了6.35%，而农用地面积和建设用地面积分别增加了0.92%和3.42%（见表2-4和表2-5）。随着新丰江水库流域内土地利用结构的转变，呈现出建设用地增加，林被覆盖减少的明显变化趋势，必然产生各种不同形态的退化土地，加剧流域水土流失，增加库区泥沙淤积。主要表现为以公路为主的各种建设，不当的开山削坡和填方产生的退化边坡，引发滑坡和裸露坡面侵蚀；水库消涨带退化土地，造成水库塌岸和岸坡山体崩塌；还有开矿区附近的重金属污染底泥与水体。这些退化生态系统均会对新丰江水库流域内的水质产生直接的影响，需进行生态修复。另外，库区水源涵养林主要以外来种纯林为主，缺乏具有良好水源涵养的本地种，也需要对其进行林分改造与生态改良。

1 公路退化边坡植被修复

1.1 公路退化边坡的现状

我国公路建设发展迅速，到2013年，我国公路里程已达424万km，其中高速公路通车里程已超过10万km[187]。大量公路建设必然形成大量的公路边坡，从2000年起，高速公路边坡面积每年以2亿～3亿m²的速度迅速增长，[188]而广大山区的"村村通公路"建设产生的公路边坡更是量大面广，这些公路多以地方集资为主修建，放坡削坡处理往往不合技术要求，植被恢复措施多未到位，如果不及时修复，会造成水土流失、崩塌、滑坡等灾害。另外，近年来一些早期恢复的公路边坡植被开始退化，形成二次裸露和二次绿化问题，严重暴露了早期植被恢复的盲目性和科学研究的不足，极大地制约了公路绿色通道的建设发展[188]。

根据新丰江林管局普查，2005年前，新丰江库区6镇有林区公路6条，总长198 km，这些林区公路多数路况差，每遇雨季洪期，公路滑坡塌方经常发生。例如，2006年初夏的一场暴雨，建设标准较高的新丰江水库水电站上坝公路，不足3 km长便出现22处公路边坡滑坡体，造成公路严重阻塞。

近年来，为了解决新丰江库区对外交通和满足水库旅游发展需要，库区公路建设发展加快。仅新建的新丰江水库环库公路全长达240 km，是河源市政府为改善库区社会经济发展条件的重大民生工程。但公路环库而建，除形成不少削裸露坡面外，公路临库一面多是填方松土坡面，由于相应的水土保持技术措施不足，疏松裸露的坡面水土流失极为严重，大量泥沙直接冲入水库，既损失库容，又造成水库水质污染，还会引起崩塌、滑坡等地质灾害问题，而这一系列的问题急需进行解决。

1.2 公路退化边坡的生物修复机理

目前，公路边坡修复主要是采用工程修复和生物修复相结合的方式，即是先通过工程措施稳定边坡并用网格化将中等面积的土壤固定，再采用生物措施进行修复。而大多数的公路边坡则仅仅采用生物修复进行。在一些新开的山区地方公路，因缺乏经费和技术，甚至生物修复措施也往往未能做足。公路边坡的生物修复，主要是通过植物根系的力学作用（浅根的加筋与深根的锚固作用）、茎叶以及枯枝落叶的水文效应、植物的蒸腾排水效应等3个方面来达到加固边坡、提高防止土壤侵蚀的能力。[189]

一般来说，在进行生物修复的过程中，需要了解一些恢复生态学的原则和理论。比如，恢复生态学中的自我设计与人为设计理论。自我设计理论认为，只要有足够的时间，随着时间的进程，退化生态系统将根据环境条件合理地组织自己并会最终改变其组分。而人为设计理论认为，通过工程方法和植物重建可直接恢复退化生态系统，但恢复的类型可能是多样的。[190]再比如生态学中的限制性因子（如何找到生态恢复中限制因子）、种间竞争理论（如何避免种间竞争）、种群密度原则（如何制定恢复种群的密度以减少种内竞争）、生态位理论（如何安排恢复物种的空间分布）、护理植物理论（如何增加物种之间的辅助关系）等。

1.3 公路退化边坡的生态修复与植物选择

公路退化边坡往往土壤贫瘠、板结度高、坡度较大，因此用于生态修复的植物应具备适应性强、耐旱、耐瘠薄、根系发达、更新力强、绿期长等特征，而且其种子或者幼苗来源丰富、易于获取。随着公路的快速发展，公路边坡的生态修复方法也发展迅速，主要有人工植被、植生带、液压喷播、网袋工程、框格工程、客土种子喷播工程、厚层基材喷播、OH液植草护坡、植被型多孔混凝土护坡等方式。[191]

一般来说，公路退化边坡生态修复的前期主要目的是固土以防治土壤侵蚀，因此主要采用草本或草本+灌木的方式来进行，而待水土流失减少后，主要采用乔木+灌木+草本相结合的方式进行。我国公路边坡生态修复对于植物的选择具有以下特点：[192]①从初期引进外来植物为主，逐渐认识到应以本土植物为主。②从初期的"单一种草理论"，演变到目前的"草灌结合、灌木为主、草本为辅"理念。③从初期只强调短期效果，忽视长期效果，演变到短期和长期效果并重。

1.4 新丰江水库库区公路退化边坡植被修复示范

1.4.1 水电站上坝公路裸露边坡（滑坡体）植被修复试验示范点（图6-1）

选择在新丰江水电站上坝公路滑坡体清理后的裸露坡体，共22处滑坡体坡面，总面积约7 200 m²；坡面在55°～65°，坡体为花岗岩分化壳，坡体坚实，缺乏表土。采用坡面打穴点播，草灌结合播植。顶部糖蜜草为主，混播小量山毛豆；中下部以百喜草为主，配少量狗牙根，混播山毛豆；坡面上移植一些周边山体上的芒、白茅和野生狗牙根。

图 6-1 公路裸露边坡（滑坡体）治理示范对照

（左：2006 年；右：2008 年）

1.4.2 新港码头环库公路填方裸露边坡植被修复试验示范点（图 6-2）

选择在新丰江库区环库公路新港码头段新建公路填方坡体，坡面 35°～45°，面积约 3 000 m²；填方土质松散，土表裸露，极易受降雨冲蚀。分别选用糖蜜草或狗牙根与百喜草混布，试验不同的种植方式以及不同草被覆盖率的水保效果，以总结出推广易、造价低、效果好的种植方法。

图 6-2 填方裸露边坡侵蚀

1.5 试验观测情况及植被修复效果

1.5.1 公路裸露边坡（滑坡体）植被修复示范试验观测效果

滑坡体治理示范试验观测效果表明，在坡度 55°～65° 稳定滑坡体坡面上，采用草灌结合穴式点播的种植方式，用"顶部糖蜜草为主，中下部以百喜草为主，配少量狗牙根，混种山毛豆"的方法得当。当坡面播植的草灌植被形成有效覆盖（75% 以上）后，不仅绿化了原来赤裸的坡面沟状侵蚀景观，而且整个降水季节沟底未见明显积沙，说明坡面稳定，侵蚀得到有效控制（图 6-1 右）。

退化边坡的修复示范采用的糖蜜草（*Melinis minutiflora*），原产热带南美洲、美洲，喜好温热，不耐霜冻，极其忍耐干旱瘠薄，广东省于1981年作为牧草引种，1988年用作治理水土流失，目前在我国南方水土流失严重的区域广泛种植。[193] 糖蜜草、狗牙根、百喜草等禾本科植物经常用来恢复退化边坡，因为他们是禾本科C4多年生草本植物，喜温热，极耐干旱和酸性瘦瘠土壤，繁殖能力强，在我国南方水土流失严重的土壤上种植，能有效治理水土流失。[193] 但是对于土壤质地的改良没有明显的效果，因此需要采取混种山毛豆等豆科植物，通过根瘤固氮，以提高土壤中的氮含量和有机质含量。

同时，当坡面植被得到一定恢复后，立地环境大为改善，大量当地的植物便会随之入侵。根据2008年9月12日对治理示范试验坡面入侵植物的野外调查（采集植物标本、分别编号，并填写学名。室内整理主要是鉴定植物标本、编写植物名录），公路坡面植物群落类型为山毛豆-百喜草+狗牙根灌草丛群落，覆盖度在80%～90%；群落中有入侵植物19科25属25种。其中被子植物有15科21属21种，裸子植物有1科1属1种，蕨类植物有3科3属3种。其中种类较多的为禾本科5属5种，菊科2属2种，马鞭草科2属2种，3科种数占总数的36%。具体入侵植物名录见表6-1。

定期的观测结果表明：上述公路滑坡体植被修复方法可行，伴随着大量本土植物的入侵和群落形成，原来的人工引种速生草灌植被已逐步为本地自然群落所在更替。

表6-1 新丰江大坝公路坡面入侵植物名录

科	种 类	性状	生 境
里白科（Gleicheniaceae）	芒萁（*Dicranopteris dichotoma* Bernh.）	直立或蔓生草本	野生于强酸性土的红壤丘陵荒坡或马尾松下
海金沙科（Lygodiaceae）	海金沙（*Lygodium japonicum*（Thunb.）Sw.）	攀援藤本	植株攀援，长可达4 m
凤尾蕨科（Pteridaceae）	剑叶凤尾蕨（*Pteris ensiformis* Burm）	草本蕨类	野生于林下潮湿的酸性土上
松科（Pinaceae）	湿地松（*Pinus elliottii*）	乔木	常为栽培种，亦见于酸性土林间
禾本科（Gramineae）	白茅［*Imperata cylindrica*（L.）］	多年生，为最常见的阳性禾草	生荒野、旱地
禾本科（Gramineae）	芦苇（*Phragmitas communis* Trin.）	多年生，具粗壮根状茎草本	生池沼、河旁、湖边
禾本科（Gramineae）	狄芦竹（*Arundo donax* Linn.）	多年生草本	生于山坡、河堤两旁及池塘边
禾本科（Gramineae）	糖蜜草（*Melinis minutiflora*）	一年生或越年生草本	广布于全球各种生境，适应多种复杂生境
禾本科（Gramineae）	芒（*Miscanthus sinensis* Anderss.）	多年生草本	生于山坡草地或河边湿地
菊科（Asteraceae）	胜红蓟（*Ageratum conyzoides* L.）	一年生，直立，分枝草本	生于低山、丘陵、平原、荒坡

续表 6-1

科	种 类	性状	生 境
菊科 (Asteraceae)	加拿大蓬 (*Conyza canadensis* (L.) Cronq.)	一年生、直立草本	生于田野、路旁
马鞭草科 (Verbenaceae)	鬼灯笼 (*Clerodendrum fortunatum*)	灌木	生于丘陵或旷野
马鞭草科 (Verbenaceae)	马缨丹 (*Lantana camara* L.)	直立或半藤本	庭园栽培或野生，适应多种复杂生境
菝葜科 (Smilacaceae)	菝葜 (*Smilax china* L.)	攀援灌木	生于林下、灌木丛中、路旁和山坡上
百合科 (Liliaceae)	山菅 [*Dianella ensifolia* (Linn.)]	草本，具根状茎	生于山地、草坡、灌木林中
漆树科 (Anacardiaceae)	盐肤木 (*Rhus chinensis* Mill.)	灌木或小乔木	野生于向阳山坡、沟谷、溪边的疏林或灌丛中
小檗科 (Berberidaceae)	十大功劳 [*Mahonia fortunei* (Lindl.)]	常绿灌木	野生于山坡树林或灌丛中
含羞草科 (Mimosaceae)	台湾相思 (*Acacia confusa* Merr.)	常绿乔木	栽培，亦见于丘陵山地，造林地
野牡丹科 (Melastomataceae)	野牡丹 (*Melastoma candidum* D. Don)	直立灌木	野生于空旷山坡上
榆科 (Ulmaceae)	山黄麻 [*Trema tomentosa* (Roxb.)]	小乔木或灌木	野生阴湿谷地和林中或空旷山坡
桑科 (Moraceae)	变叶榕 (*Ficus cariolosa*)	灌木或小乔木	野生丘陵、平原和山地的疏林中
鼠李科 (Rhamnaceae)	多花勾儿茶 [*Berchemia floribunda* (Wall.)]	攀援灌木	生于沟旁、路旁和林缘灌丛中或疏林下
山茶科 (Theacae)	岗茶 (*Eurya chinensis* R. Br.)	小灌木	生于荒山草地、河边、灌丛中
忍冬科 (Caprifoliaceae)	金银花 (*Lonicera japonica* Thunb.)	半常绿藤本	生于平原村边、山坡疏林灌丛中
桃金娘科 (Myrtaceae)	尾叶桉 (*Eucalyptus camaldulensis* Dehnb.)	乔木	栽培

1.5.2 新港沿岸公路填方裸露边坡植被修复示范试验效果

1.5.2.1 填方裸露边坡侵蚀情况

试验段公路是 2007 年年底建成的水泥路面，临库一边的坡面 35°～45°，为填方裸露坡面，土质松散，极易受降雨冲蚀。根据 2008 年 9 月 11 日坡面侵蚀量实测，经过一个雨季的侵蚀，未植草的填方裸露坡面的侵蚀量达到7.7×10^5 t/km² （图6-2）。

1.5.2.2 植草护坡示范试验布设

开展3项工作，即分别选用糖蜜草、狗牙根与百喜草及山毛豆混布；试验不同播种方式的植草效果；开展不同草被覆盖率的水保效果观测。于2008年4月上旬植草，当月中旬开始萌发，2008年5月中旬用复合肥撒施追肥一次，2008年6月底成坪。

1.5.2.3 植草护坡试验观测

（1）不同播种方式的植草效果。即直接撒播和耙松表土再撒播。试验结果表明：①没有耙松表土直接撒播草种，虽然不会破坏表土的凝结性，对植草前期防止表土侵蚀有利，但因降低草种与土壤的接触效果，不利于草种的萌发；在平缓的坡面上可有一部分草种萌发，但萌发不均匀，草被成坪后覆盖度较低；而在30°以上的坡面上草种萌发率更低，生长后草被难以成坪，平均覆盖率只有30%～40%。②耙松表土后播撒草种，则草种萌发率生长较均匀，植草效果更好。

（2）不同草被覆盖率的水保效果。以裸露坡面为参照，观测两种不同覆盖度草被的水土保持效果。

由于草被成坪于6月初覆盖度为40%～50%，对6～7月暴雨期防止水土流失发挥了良好作用。观测结果如表6-2，无草区坡宽10 m、坡长约7 m样方内有11条冲沟，这11条冲沟平均深度约为0.57 m；半覆盖区同样面积的样方内有7条冲沟，平均深度为0.22 m，覆盖度达40%，保沙效益48%；全覆盖区基本无冲沟，保沙率达88%以上（图6-3）。

图6-3 新丰江水库公路填方坡面治理示范对照

（左：2006年；右：2008年）

表6-2 新丰江水库公路填方坡面试验区植物覆盖侵蚀量观测效果对比

公路测量地点	侵蚀量/t	侵蚀模数/t·km⁻²	效益/%
无草区	92	7.7×10^5	—
半草区	48	4.0×10^5	48
全草区	11	9.2×10^4	88

注：公路填土的边坡土壤容重按1.35 g/cm³计算，新丰江水库多年平均降雨量为1 500～2 200 mm，雨季在4～9月，也就是泥沙流入水库最多时段。

2 水库消涨带植被修复

2.1 水库消涨带的退化现状及机理

我国水库淤积十分严重。截至2003年，根据代表性水库淤积的计算结果推算出中国内地水库的平均淤积比例约为20%，库容年均淤积率为0.76%，相当于每年损失1座库容近42.3亿 m^3 的超大型水库。[194] 以新丰江水库为例，据1988年采用的剖面法测量，新丰江水库蓄水29年来，已淤积泥沙为 $1.38 \times 10^8 \ m^3$，年均淤积约为 $4.77 \times 10^6 \ m^3$，而截至2008年，估算总淤积量为29 785万 m^3（见第5章）。而水库库岸水土流失是导致库容损失的原因之一，其中水库消涨带土壤侵蚀普遍严重。

水库消涨带也叫消落带、消落区，是随水库水位涨落不时出没的岸带，即低水位和正常高水位间的库岸。水库蓄水后，蓄水位以下坡面植被逐渐消亡，消涨带呈裸坡状态。在中小型水库，一般消涨带高差在20 m以下，而大型水库的消涨带，其高差通常达20~30 m。例如，在广东省的大型水库中，新丰江水库消涨带高差为23 m，流溪河水库为22 m，枫树坝水库为38 m；而三峡水库消涨带面积为国内水库之最，即按照145~175 m水位方案运行时所形成的水位消涨带约300 km^2。[195]

消涨带是水库生态环境最脆弱、亟待整治的地带：由于消涨带淹露交替，生境条件极其恶劣，水位回落后的裸露坡面，坡面冲蚀和波浪淘蚀严重，还会进一步产生塌岸，淤积库容，降低水库蓄水寿命。消涨带坚硬的底土瘦瘠又干旱，成为库区生态环境最恶劣的地带，是一类极端的退化生境，[196,197] 一般植物难以生存。同时，赤裸的消涨带严重破坏了青山绿水的库区美学景观。华南地区红土风化壳深厚，普遍达20~30 m，是产生坡面侵蚀的物质基础。在新丰江库区，其坡体绝大部分是中风化至强风化黑云母花岗岩母质发育的红土风化层，厚度可达35~40 m。据项目组对新丰江水库岸坡侵蚀测算，建库40多年来平均每年岸坡被侵蚀掉4~5 cm土层，全库已有塌岸近3 000处。在三峡水库，在蓄水后其消涨带水位以冬水夏陆交替出现的形式呈反复周期性涨落，其原有的陆生生态系统消失，而陡峭峡谷消涨带的地质灾害发育、生态环境问题突出。[195]

2.2 水库消涨带的生态修复与植物选择

水库消涨带涉及了陆地生态系统和水域生态系统两个生境，而且在水库低水位时，水库消涨带坡面裸露，土壤主要以沙质土为主，土壤温度高且土壤养分含量少，形成了陆生极端生境；而当水库水位较高时，水库消涨带又长期处于被水体淹没的状态。因为在生态恢复时要求恢复植物既耐水淹又耐干旱瘠薄，这种两栖特性对植物要求极高，要在这两种极端状态下对水库消涨带进行生态修复，难度极高。

目前，关于水库消涨带生态修复的相关研究主要集中在三峡水库和新丰江水库两个大型水库。三峡水库的消涨带涨落幅度高达30 m，其生态环境的恢复是一个巨大的挑战，已发现池杉（*Taxodium ascndens*）、落羽杉（*Toxodium distichum*）、水松（*Glyptostrobus pensilis*）、乌桕（*Sapium sebiferum*）等都能耐受冬季淹没、夏季出露的乔木，而耐淹灌木主要包括了桑树（*Morus alba*）、枸杞（*Lycium chinense*）、长叶水麻（*Debregeasia longifolia*）、秋华柳（*Salix variegata*）等，[198,199]而草本可用狗牙根[200]。而与华南地区的新丰江水库库区消涨带的生态恢复仅见广州地理研究所和深圳水务局针对华南大中型水库的相关报道。[196,197,201]李氏禾（*Leersia herxandra*）为禾本科 C_3 草本植物，在水淹缺氧的情况下，其根、茎具有发达的气腔，根内导管数量少、管腔变小，茎内形成通气道，表现出一定的水生性结构；在干旱胁迫情况下，茎表皮角质化，可以使得植物的蒸腾作用降低，又表现出一定的旱生性结构特点。[202]方华等[197]发现李氏禾的这种两栖型特点，在恢复水库消涨带退化生境时，有利于减少坡面径流，防止水土流失。

李氏禾的应用一直比较单一，常常仅通过这单一种形成的纯李氏禾群落来控制水库库区消涨带的土壤侵蚀，鲜有水体消涨带植被恢复的立体技术。付奇峰等[201]通过调查华南大中型水库消涨带的植物群落调查以及几种植物的适应性研究，发现铺地黍、榕、赤桉、白千层的耐干旱、耐瘠薄以及耐水淹的能力较强，由此提出"铺地黍+榕/白千层"（大多库岸）、"榕/白千层/落羽杉/水松/池杉/水翁+铺地黍/芦苇"（坡度小于12°的滩涂类库岸）、榕/大叶榕/水翁/桃花芯/黄槿（坡度大于60°的崖岸）等水体消涨带植被恢复的立体技术。

2.3 新丰江水库消涨带修复示范

在 2007 年示范试验的基础上增加示范地点至 3 处，种植面积约为 10 000 m^2。采用耐淹、耐瘠、抗旱的消涨带适生植物李氏禾作为护坡植被，通过扩繁李氏禾种苗、制备出适合岸坡营造的李氏禾基茎裸根苗，应用消涨带植被种植技术，营造出护坡效果较好的李氏禾草被。本技术中使用基茎裸根苗植草，造价低，萌发力强，生长快，能迅速成坪。

2.4 试验观测情况及治理效果

2.4.1 消涨带侵蚀概况

新丰江水库消涨带区通常呈无植被的裸露坡面状态，由于消涨带高差大、坡度陡，土壤侵蚀极为严重。

2.4.1.1 侵蚀类型

水库消涨带侵蚀营力主要是库面波浪和降雨形成的坡面流。可分为如下侵蚀类型：

（1）波浪侵蚀。波浪侵蚀是作用最显著、侵蚀量最大的岸坡侵蚀，其作用方式和侵蚀量与波浪的作用方向和强度有很大关系。

（2）坡面流侵蚀。坡面流由降雨产生，往往同时以层流和股流形式侵蚀坡面。其侵蚀强度与降雨强度、坡角、坡面土质结构等有密切关系。层流侵蚀，即面蚀或片状侵蚀，小土粒以悬移方式带走；股流侵蚀的产生主要与消涨带上部坡面汇流有关，坡面流水汇集以股流形式自上而下侵蚀消涨带坡面，形成沟状侵蚀。

（3）塌岸。新丰江水库目前塌岸有 3 000 多处，独立发育，遍布库区，塌落宽度一般数十米、深度数米者为常见。其产生机理主要有两种：其一是波浪侵蚀淘空坡体下部，产生坡面崩塌，称为崩岸。崩岸规模一般较小。另一种是滑坡，巨大的坡面土体，因下部受波浪侵蚀，支撑面和支撑力逐渐减少，或形成临空面，原土体凝聚力薄弱面形成滑面，使土体沿滑面滑落。

2.4.1.2 侵蚀强度

据新丰江水库地形比较推算和作者 2 年实地布设 61 个观测桩和 9 个侵蚀槽的测定，消涨带侵蚀强度与岸坡成土母质风化强度成正相关。其中，半风化土质岸段年均蚀深 9.1 cm，全风化岸段年均蚀深 12.4 cm，塌岸岸段年均蚀深 62.7 cm，砂质岸段年均蚀深 23.2 cm。

2.4.1.3 消涨带泥沙侵蚀量

（1）地形比较法推算。通过测量某段岸坡侵蚀剖面现地形，与蓄水前地形比较，即可大致测算出蓄水后消涨带坡面的总侵蚀量。按此法估测出新丰江水库蓄水年均侵蚀量约为 53.6×10^4 t。

（2）观测槽和观测桩实测结果推算。根据前述槽、桩观测结果推算，新丰江水库消涨带花岗岩风化壳坡面年总侵蚀量估计为 $50 \times 10^4 \sim 60 \times 10^4$ t；其中波浪年侵蚀量为 $35 \times 10^4 \sim 42 \times 10^4$ t，降雨引发的地表径流侵蚀量为 $10 \times 10^4 \sim 12 \times 10^4$ t，塌岸流失为 $5 \times 10^4 \sim 6 \times 10^4$ t。侵蚀模数为 $12.8 \times 10^4 \sim 17.9 \times 10^4$ t/km^2，即消涨带坡面平均年侵蚀 8～12 cm。

2.4.2 消涨带植被护坡效果

2.4.2.1 植被护坡对坡面径流的影响

观测植被护坡下不同降雨强度的坡面径流情况，并与裸露库岸消涨带的情况作比较，结果见表 6-3。

表 6-3 新丰江水库消涨带不同降雨条件下的坡面径流量比较

观测日期	观测面积/m^2	降雨量/mm	平均雨强/mm·min^{-1}	对照区径流量/m^3	植被区径流量/m^3	减流
2007-09-01	20	139.00	0.24	4.811	3.416	29%
2007-10-22	20	24.00	0.08	0.324	0.200	38%
2008-04-20	20	68.30	0.92	3.044	2.253	26%
2008-06-05	20	61.60	0.15	2.023	1.457	28%
2008-06-16	20	5.60	0.02	0.008	0.001	68%
2008-07-02	20	8.80	0.88	0.064	0.035	45%

从表 6-3 可以看出，植被护坡对减少岸坡径流具有明显的效果。种草岸坡与未种草的裸露岸坡相比，小雨一般可减少地表径流一半以上，大中雨可减少地表径流 30% 左右。这是因为一方面植被本身可以截流一部分降雨；另一方面，由于植被的存在，改善土壤环境，增加水流下渗。

2.4.2.2 植被护坡对坡面泥沙侵蚀的影响

利用径流槽，观测植被护坡下不同降雨强度的坡面泥沙侵蚀情况，并与未种植草的对照区库岸消涨带作比较，结果见表 6-4。

表6-4　新丰江水库消涨带不同降雨条件下坡面泥沙侵蚀量的比较

观测日期	观测面积/m²	降雨量/mm	平均雨强/mm·min⁻¹	对照区径流量/m³	植被区径流量/m³	减流
2007-09-01	20	139.00	0.24	887.40	7.50	99%
2007-10-22	20	24.00	0.08	36.20	0.05	99%
2007-12-12	20	30.60	0.10	78.00	1.80	97%
2008-06-05	20	61.60	0.15	611.20	3.10	99%
2008-07-12	20	33.5	0.26	199.40	2.10	98%
2008-07-02	20	8.80	0.88	89.00	0.00	100%

从表6-4、图6-4和图6-5可以看出，植被护坡具有显著的减少泥沙流失的作用。植被恢复之后的消涨带不仅本身土壤与泥沙流失减少，而且截流坡面上部径流夹带的泥沙。种草岸坡与未种草的光岸坡相比，无论在怎样的降雨强度下（从小雨到大暴雨），减少岸坡泥沙侵蚀都达97%以上。这与李氏禾植被分蘖旺盛、覆盖率高、根系发达分不开，说明岸坡植被护坡具有优良的固土防蚀功能。

图6-4　新丰江水库公路填方坡面治理小区径流场
（左：无草区；右：全草区）

图6-5　新丰江水库消涨带治理小区径流场
（左：治理区；右：裸地区）

2.4.2.3 植被护坡对消涨带地表温度变化的影响

消涨带植被恢复之后，岸坡地表不再裸露，水热条件得以改善。测定不同天气条件下植被恢复地带与对照地的温度状况，见表6-5。

表6-5 不同条件下岸坡地表温度变化比较

观测时间	天气	植被恢复岸坡温度/℃		裸露岸坡温/℃	
		最高	最低	最高	最低
2008-07-10	晴	31.0	22.2	50.2	25.6
2008-07-11	晴	33.0	24.1	61.6	27.3
2008-09-10	晴	34.3	24.3	46.6	26.5
2008-09-11	小雨	30.6	27.0	31.5	24.8

由表6-5可以看出，因为植被的覆盖，岸坡地表温度的变化幅度明显收窄，特别是在高温晴朗的天气情况下，植被覆盖与裸露岸坡的温度变幅差异更加明显。植被覆盖减少地表温度变化，改善局部小环境，改善库区生态环境。

2.4.2.4 植被恢复对景观效果的影响

植被恢复之前，库岸消涨带几乎无任何覆盖，呈裸露状态，水土流失及波浪淘蚀严重，局部地段出现崩塌，生态环境恶化，景观效果恶劣（图6-6上）。如此光秃毁损的片断与库区青山绿水的生态景观极不协调，损坏了库区整体景观效果，降低了库区景观的美学价值。在李氏禾建植之后，昔日库岸那黄色的飘带已被绿色长廊所取代，夹在青山绿水之间的是生机盎然的绿草植被景观，促进了库区各景观斑块之间的协调和景观格局的合理配置，提升了库区景观的美学价值（图6-6下）。

3 水库塌岸生态修复

3.1 水库塌岸现状

水库蓄水后，由于水位变动和边岸风化层松软，在风浪的作用下，水库边坡的风化土壤收到冲蚀、淘蚀等作用，水位变幅范围内的风化土失去平衡而塌落，这种现象称作水库塌岸。[203]新丰江水库规模较大的塌岸不下200处，沙土入库严重。塌岸严重的库段，低水位时，岸边甚至出现一个个半月形的小沙滩。造成塌岸的原因主要有岸坡风化层结构松散、波浪作用、水位线变幅大小、岸边植被稀少等。[204]

水库塌岸研究最早起源于前苏联，而我国相关研究也较早开展。[203]1955年，官厅水库正式蓄水运行后，发生了严重的塌岸，岸线后移超过160 m，至今仍在发展。[205]之后发现，很多水库在建成后均有不同程度的塌岸问题，尤其是一些水位变幅较大的大型水库，例如，三峡水库[206]、三门峡水库[207]、新丰江水库[204]等。新丰江水库塌岸在200处以上，规模大小不一。大的塌岸，半个小岛被削去1/3甚至1/2，宽近50 m，高

图 6-6 新丰江水库消涨带治理护坡效果

(上：2005 年治理前；中：2007 年李氏禾治理后；下：李氏禾种植 2 年的护坡固土效果)

15～30 m，剥落深度 30～40 m。新丰江水库塌岸造成的泥沙流失量在几十万 m^3，对库容淤损和水质环境造成严重危害。[204]

3.2 水库塌岸的生态修复机理

水库塌岸的治理方法一般是采用工程治理与生态治理相结合的方法进行，但从生态环境和工程投资方面考虑,采用生态修复的方式最为合适。此外,水库塌岸范围较大,不仅涉及近水消涨带,还涉及崩塌段(或滑坡体)。因此需要具备一系列的生态学理论知识,包括之前提到的自我设计与人为设计理论、种间竞争理论、种群密度原则、生态位理论、护理植物理论等,在具体应用操作过程中,往往按照"共生、互补"和"多样性"原理,探索多树种混交方法,建立多层次林型结构。多树种林型结构配置试验的原则是:①阳性、阴性和中性树种相互搭配;②深根性与浅根性树种相结合;③伴生树种要有利于土壤地力的培肥和水源的涵养。

3.3 水库塌岸生态修复的植物选择

考虑到短期和长期的生态效益,需要在消涨带选择耐旱同时耐淹的植物,而崩塌段采用前期具有良好的耐干旱、耐瘠薄、生长迅速等特征,能够马上将退化的生态系统复绿,起到良好的水土保持效果。目前,最常采用的方法是在前期用外来速生树种来固定严重侵蚀区或严重土地退化区的土壤,尽量在减少水土流失的情况下,再通过林分的改造来优化植被的结构与分布,渐渐过渡到以本地涵养水源树种为主的林分结构,通过自组织和更新,形成乔-灌-草多层次结合的稳定多样的水源涵养林,起到保持水土、涵养水源、净化水质等多种目的。

3.4 新丰江水库塌岸生态修复示范

示范地点在新丰江库区老回龙口的严重塌岸山体上,试验面积150亩。开展以水土保持和水源涵养为主要目的、多树种组合的植被优化配置林相建设试验:①采用消涨带植被护坡、滑坡体上速生林草结合,形成水土保持速生林草植被,林草植被包括马占相思+糖蜜草群落,以及尾叶桉群落。②在其周边疏残林营造乡土树种为主的水源林的植被组合系统试验,植被组合包括锥栗+山乌桕-芒萁群落和荷木-芒萁群落。于每年3月底到4月初种树植草,5月底草苗撒施复合肥追肥一次;植树于6月中旬复合肥追肥一次。

3.5 试验观测情况及治理效果

3.5.1 试验观测

根据2008年9月13日对治理示范试验区的调查观测,下部消涨带护坡草被覆盖率达到90%以上,长势良好,有效地防止了消涨带坡面的进一步侵蚀,起到稳定坡体的作用;上部坡体速生林草生长良好,覆盖度在60%左右;植被得到一定恢复后,水土保持效果显著,可减少泥沙流失达到67%,立地环境大为改善(表6-6和图6-7)。

表6-6 新丰江水库库区老回龙口塌岸生态修复试验区植物覆盖效果对比

老回龙口测量处理	侵蚀量/t	侵蚀模数/t·km^{-2}	效益
植草前	6×10^4	3.6×10^6	—
植草后	2×10^4	1.2×10^6	67%

图 6-7 新丰江水库区老回龙口塌岸治理示范对照
（左：2006 年；右：2008 年）

3.5.2 样方调查情况

样方 1：马占相思 - 糖蜜草群落

样方取灌木层 5 m×5 m，草本层 2 m×2 m 区域，群落类型为马占相思 - 糖蜜草群落。群落高 1.2～1.7 m，总体覆盖度达 80%，该种类型群落主要分布于山脚、台地。样方内无乔木层；灌木层以马占相思为主，层内其他种有红柄山麻杆、岗松、湿地松、山毛豆和山苍子；草本层发达，优势种为糖蜜草，数量巨大，出现种有狄芦竹、芒萁、金毛狗、莎草和芒；层间藤本植物有断肠草和夜香牛（表 6-7 和图 6-8）。

表 6-7 样方 1 植被种植情况

生活型	种名	株数	高度/m	盖度
灌木层	马占相思	44	1.5～1.7	50%
	山毛豆	3	1.2	1%
	红柄山麻杆	2	1.2	1%
	岗松	2	0.2	1%
	湿地松	1	0.2	1%
	山苍子	1	1.7	1%
草本层	糖蜜草	****	0.5～0.8	75%
	芒萁	*	0.3～0.5	5%
	狄芦竹	*	1.3～1.4	2%
	莎草	*	0.2～0.4	2%
	金毛狗	*	0.6～1.0	1%
	芒	*	0.8～1.2	5%

续表 6-7

生活型	种名	株数	高度/m	盖度
层间	断肠草	*	0.1	1%
	夜香牛	*	0.1	3%

注：群落总盖度约80%。灌木层总盖度约50%，草本层总盖度75%以上。＊＊＊＊代表极多，＊代表不多。

图 6-8 滑坡体治理后的马占相思群落（拍摄于2010年）

样方 2：尾叶桉林

样方乔木层取 10 m×10 m，灌木层取 5 m×5 m，草本层取 2 m×2 m 区域，该样方群落类型为尾叶桉林。群落高 1.9~3.2 m，总体覆盖度达 45%。该种类型群落主要分布于山腰地带，样方内乔木层皆为尾叶桉，数量较大；灌木层生长稀疏，马尾松、山苍子有零星分布；草本层不发达，以糖蜜草、芒萁为主，有白茅、莎草、芒等植物分布（表 6-8 和图 6-9）。

表 6-8 样方 2 植被种植情况

生活型	种名	株数	高度/m	胸径/m	盖度
乔木层	尾叶桉	32	1.9~3.2	0.04~0.07	52%
灌木层	马尾松	2	0.2~0.5	0.01	1%
	山苍子	2	1.3~1.4	0.03	1%
草本层	糖蜜草	*	0.4~0.8	0.005	2%
	芒萁	*	0.3~0.5	0.003	1%
	莎草	*	0.2~0.4	0.003	1%
	白茅	*	0.8~1.3	0.008	1%
	芒	*	0.8~1.2	0.01	1%

注：群落总盖度约45%。乔木层总盖度50%以上，灌木层总盖度约2%，草本层盖度约7%。＊代表不多。

图 6-9　滑坡体治理后的尾叶桉群落（拍摄于 2010 年）

样方 3：锥栗 + 山乌桕 - 芒萁群落

样方取乔木层 10 m×10 m，灌木层 5 m×5 m，草本层 2 m×2 m 区域，群落类型为锥栗 - 芒萁群落。群落高 3～4 m，总体覆盖度达 100%，该种类型群落主要分布于低矮山坡地带，为人工次生林群落。群落内乔木层物种丰富度较高，优势种为锥栗、黄樟和山乌桕，另外有少量荷木、山苍子、春花、红锥等；灌木层以较稀疏，出现种有车轮梅、假连翘、了哥王、水团花；草本层发达，以芒萁为优势种，数量巨大，出现种有山菅、狄芦竹、莎草等（表 6-9 和图 6-10）。

表 6-9　样方 3 植被种植情况

生活型	种名	株数	高度/m	胸径/m	盖度
乔木层	锥栗	8	1.7～4.2	0.08～0.17	32%
	山乌桕	5	1.5～2.5	0.07～0.08	15%
	黄樟	4	1.1～1.92	0.02～0.05	5%
	荷木	2	1.5～1.7	0.04～0.05	1%
	红锥	2	1.7～1.9	0.08	1%
	山苍子	1	2.5	0.045	1%
	春花	1	1.8	0.05	1%
灌木层	假连翘	3	0.5～0.9	0.01	1%
	车轮梅	2	0.5～0.8	0.02	1%
	了哥王	1	1.05	0.015	1%
	水团花	1	1.1	0.01	1%

续表6-9

生活型	种名	株数	高度/m	胸径/m	盖度
草本层	芒萁	****	0.7~0.8	0.005	90%
	狄芦竹	5	0.8~1.7	0.01	1%
	莎草	*	0.2~0.4	0.003	1%
	山菅	3	0.8~1	0.005	1%

注：群落总盖度约100%。乔木层总盖度40%以上，灌木层总盖度约4%，草本层盖度约90%。****代表极多，*代表不多。

图6-10 锥栗+山乌桕-芒萁群落

样方4：荷木-芒萁群落

样方取乔木层10 m×10 m，灌木层5 m×5 m，草本层2 m×2 m区域，群落类型为荷木-芒萁群落。群落高1.5~2.3 m，总体覆盖度达100%，该种类型群落主要分布于山顶坡面。群落内，乔木层优势种为荷木，无其他乔木；灌木层植物稀少，主要为桃金娘，偶见白蝉和野牡丹；草本层生长繁茂，以芒萁为主，层间匍匐有海金沙、辟荔、白花酸藤子等。样方附近有水团花、锥栗、岗松等层外植物零星分布（表6-10和图6-11）。

表6-10 样方4植被种植情况

生活型	种名	株数	高度/m	胸径/m	盖度
乔木层	荷木	14	1.2~2.3	0.08~0.1	38%
灌木层	桃金娘	8	0.5~1	0.01	5%
	野牡丹	3	0.5~0.6	0.01	1%
	白蝉	2	1~1.2	0.02	2%
草本层	芒萁	****	0.7~0.8	0.005	95%

续表 6-10

生活型	种名	株数	高度/m	胸径/m	盖度
层间	海金沙	*	0.01	0.001	1%
	薜荔	*	0.3～0.5	0.002	1%
	白花酸藤子	*	0.1～0.2	0.005	1%

注：群落总盖度约100%。乔木层总盖度35%以上，灌木层总盖度约7%，草本层盖度约95%。＊＊＊＊代表极多，＊代表不多。

图 6-11 滑坡体治理后的荷木－芒萁群落（拍摄于 2010 年）

4 重金属污染植被修复

4.1 重金属污染的植物修复现状

随着人口剧增、工业化与城市化等问题，导致各种人类不得不面对的环境问题，其中重金属污染就是很重要的一点。重金属污染主要包括土壤重金属污染和水体重金属污染。重金属污染的治理方法主要分为物理方法、化学方法和生物方法。[208]由于成本低、难度小、破坏少等特性，植物修复最受推崇。[209,210]但是，植物修复技术也有其自身的不足：①超富集植物个体矮小、生长缓慢，所需时间较长；②仅局限在根系所能延伸的范围；③富集单一性；④后期处理困难；⑤生物入侵风险等。[210]

4.2 重金属污染的植物修复原理

重金属污染的植物修复原理，主要包括植物稳定、植物提取和植物挥发等 3 种方法。[211]植物稳定是利用耐重金属植物降低其在土壤中的转移性，减少到达地下水或空气扩散的可能。[211]植物提取，也叫植物萃取，是指通过转运将重金属从地下部分带至地上部分，再收割地上部分的方式带走重金属。[210]而植物挥发，主要是利用植物的吸收和累积来减少挥发性污染物，特指 Hg 和 Se。[211]

4.3 重金属污染修复的植物选择

目前，用于修复重金属污染的植物主要是一些对重金属具有超富集特性的植物。超富集植物的主要特性是：①植物地上部分能够富集较高的重金属。②为了便于收集，地上部分的重金属含量应高于地下部分。[212]在世界范围内，已经找到了多种重金属（Cd、Co、Cu、Pb、Ni、Mn、Zn 等）或类金属（Se 等）的超富集植物 45 科 500 多种，[213]而且还不断有新的超富集植物被发现。除了需要满足超富集植物的特性以外，重金属污染修复的植物还应该选择生物量较大、生长较快、适生性较强的一些本地物种。

4.4 南坑河重金属污染及河岸植物的富集能力调查

新丰江水库流域面积内分布有多个矿厂，如连平县大尖山铅锌矿、铁帽山铁矿、泥竹塘铁矿、大顶铁矿、大中山铁矿等。南坑河是新丰江的一条支流，直接汇入新丰江水库库尾。南坑河上游刚好位于 3 个县城（新丰县、连平县、东源县）的交界处，流域内除了分布有几个大型铁矿外，近年来由于监管不到位，私自采矿和在河流沿岸洗矿等行为不断发生，大量洗矿废水没有经过前期处理，直接注入南坑河。野外调查中肉眼观测发现南坑河河水呈现灰白色，泥沙含量非常高，并伴随乳白色泡沫，而底泥呈现灰绿色，主要以沙石为主，并伴有黑色的铁矿渣颗粒（图 6-12）。南坑河的长期污染，会对新丰江水库水质产生潜在威胁。但是到目前为止，尚未见南坑河河水污染的相关报道。因此，我们采集样品并初步分析了南坑河河水及河流底泥沉积物的 9 种重金属污染状况，并测定了附近植物的污染物含量，以期为南坑河重金属污染的修复提供基础和支撑。

图 6-12　南坑河河水（左）及河漫滩（右）

研究地点南坑河或茅岭水位于广东省河源市东源县半江镇半江新村附近，东经 114°32′、北纬 24°05′。流域面积约为 50 km²，发源地距离新丰江水库干流新丰江仅约 14 km，南坑河水直接汇入新丰江水库库尾。南坑河两岸均为陡峭的悬崖，流域内以天然次生林为主，植被保护较好，流域内人口稀少，上游有多个大中型铁矿分布，河流沿岸及流域内尚有难以统计的私人小采矿点和洗矿厂。

2011年，我们采集了南坑河汇入新丰江前河口的河水和底泥样品（采样点经纬度为东经114°33′0.5″、北纬24°06′2.4″）。在实验室分析9个污染元素的含量，分别是铁（Fe）、锰（Mn）、铜（Cu）、锌（Zn）、铅（Pb）、镉（Cd）、铬（底泥分析Cr，水体分析Cr^{6+}）、砷（As）和汞（Hg）。其中，Fe、Mn、Cu、Zn、Pb、Cd和Cr采用石墨炉原子吸收的火焰法进行测定，Hg采用冷原子吸收分光光度法测定，As采用硼氢化钾－硝酸银分光光度法测定，水体6价铬采用二苯碳酰二肼分光光度法测定。

2011年11月，我们采集了南坑河河道周边与河漫滩上存活的整株植物（包括叶、茎和根）。带回实验室进行物种鉴定后，将植物个体置于65℃的烘箱中烘干至恒重，磨碎，分别分析其叶、茎、根中9种重金属元素的含量，部分植物生物量较小，无法分器官测定，因此，只测定了全株的重金属含量。分析方法与上文中水体、土壤的测定方法类似。底泥和植物的9种元素含量具体的测定方法参见《农业环境监测实用手册》[214]，水体的9种元素含量具体的测定方法参见《水和废水监测分析方法（第4版）》（水和废水监测分析方法编委会，2002）。

4.4.1 南坑河的重金属污染现状

根据广东省地表水环境功能区划（2011），新丰江和新丰江水库的水质保护目标是Ⅱ类（GB 3838—2002）水质。与此标准相比，在检测的9个元素中，南坑河水体3次采样共有4个元素（Fe、Pb、As和Hg）超标（表6-11）。不同时期水体的超标项目和超标程度不同，2011年3月的枯水期4个元素均超标，超标倍数分别是3.2、1.7、1.9和2.9倍；丰水期7月元素As超标1.1倍；平水期的11月元素Hg超标0.6倍。南坑河平水期与丰水期的超标项目和超标倍数都远远低于枯水期，可能是因为在雨季污染物被稀释。南坑河河口水体呈现复合污染的特点。这些被污染的河水直接进入新丰江，并汇入新丰江水库，将严重威胁新丰江水库的水质状况。

表6-11 南坑河水体的污染现状（mg/L）

水样及标准	全铁	全锰	全铜	全锌	全铅	全镉	六价铬	全砷	全汞	pH
2011-03	0.972 0	0.084 0	0.006 10	0.038 4	0.017 40	0.000 41	0.004 8	0.094 7	0.000 14	8.58
2011-07	0.158 2	0.037 1	0.006 72	0.011 8	0.003 16	0.000 46	0.001 24	0.052 9	0.000 04	8.4
2011-11	0.023 1	0.030 2	0.001 6	0.029 9	0.001 05	0.000 14	0.012 9	0.040 8	0.000 37	7.05
Ⅱ类水标准	≤0.3	≤0.1	≤1.0	≤1.0	≤0.01	≤0.005	≤0.05	≤0.05	≤0.000 05	—

注：Ⅱ类水标准参照中华人民共和国国家地表水环境质量标准（GB 3838—2002）。

根据新丰江自然保护区规划（国家林业局调查规划设计院，2006），本项目采样点的位置属于自然保护区的范围，依照国家《土壤环境质量标准》（GB 15618—1995），对应土壤应按Ⅰ类标准保护。与此标准相比，南坑河的底泥呈现出和水体不同的复合污染。在测定的底泥9种元素含量中Cu超标4.8倍，Zn超标4.3倍，Pb超标3.9倍，Cd超标9.0倍，As超标10.9倍，As超标最为严重（表6-12）。Fe和Mn由于被认为是土壤所必需的微量元素，目前没有相应的环境质量标准，但其含量非常高，分别为49 699 mg/kg和2 854 mg/kg。

表 6-12 南坑河底泥的污染现状（mg/kg）

底泥样品及土壤标准	全铁	全锰	全铜	全锌	全铅	全镉	全铬	全砷	全汞	pH
南坑河底泥样品	49 699	2 854	166.6	433.46	136.27	1.803	39.52	163.68	0.016 9	8.66
土壤环境质量标准	—	—	≤35	≤100	≤35	≤0.2	≤90	≤15	≤0.15	

注：土壤环境质量标准参照国家《土壤环境质量标准》（GB 15618—1995）中的一级标准。

我们在水样、底泥采样点下游没有采矿等开发的山坡上采集天然竹林土壤进行分析测试，发现只有砷含量（42.71 mg/kg，此数据未发表）超过了 15 mg/kg 的自然背景值，这说明当地土壤环境是富砷的背景。但南坑河河流底泥的砷含量比无污染的竹林土壤的砷含量多了近 3 倍。这应该与上游采矿废水的排放密切相关。金雪莲等[215]指出，矿业活动是导致砷污染的重要原因之一。砷是一种致癌的化学元素，其形态多样。它的毒性决定于其化学形态。[216]土壤中砷的存在形态决定其移动性、对生物的毒性程度和生物对其吸收利用的程度。[217]作为一种潜在的污染源，沉积物中呈束缚状态的 As 在一定条件下可释放进入间隙水中，再通过风浪扰动、扩散等物理作用迅速进入上覆水体，在短期内可导致湖泊水体 As 含量的急剧升高。[218]水体温度、pH 值、Eh 值[219]和营养状况[220]等环境因素的改变都可能引起底泥砷等污染物向水体的转运和释放，从而诱发河流、水库水体的二次污染问题。作为广东省最大饮用水源地的新丰江水库，对东江下游和香港地区 4 000 万人口的用水安全有十分重要的作用。因此，被上游采矿污染的南坑河水体和底泥沉积物将成为新丰江水库水质的一个重大安全隐患。

在检测的南坑河水体和底泥污染物中，As 污染最为严重。美国环境保护署（USEPA）把砷列为清洁水源优先控制污染物。[218]世界卫生组织（WHO）提出的新国际标准[221]和我国的生活饮用水卫生标准（GB 5749—2006）中均规定饮用水中 As 的含量不得超过 0.01 mg/L，我国地表水的国家标准规定 II 类水中 As 的含量不得超过 0.05mg/L。而南坑河水体中 As 超出我国 II 类水标准 1.1～1.9 倍，超出国际标准 5.3～9.5 倍。由于饮水型砷污染会导致皮肤伤害，甚至会对人体内许多器官造成损伤，是环境中的重要致癌物。[222]饮水砷污染除引起人类急、慢性中毒外，也可增加人体对多种疾病的易感性。[223]我国 As 中毒危害病区的暴露人口达 1 500 万之多，[224]而南坑河沿岸及下游附近的村庄并不饮用污染河水，他们甚至不敢饮用有南坑河水汇入的新丰江的水，其饮用水源均来自村庄周围的山泉水。我们对其中一个村庄饮用的山泉水进行 2 次采样检测 9 项指标发现 As 没有超标，而砷在人体内的潜伏期长达几年甚至几十年，[225]目前尚未见大规模慢性饮水砷中毒的报道。南坑河周围的村庄可能面临着没有安全饮用水源的困境，因此，一方面当地迫切需要开展农村饮用水工程以使当地山泉水达到饮用水标准，另一方面急需当地相关部门取缔非法采矿洗矿、监督矿山企业采矿废水的达标排放，并尽快开展南坑河水体和底泥的重金属污染修复研究。

4.4.2 南坑河河岸植物分布及其重金属含量

南坑河河水泥沙含量较大，流动的河水中没有植物生长，但在南坑河汇入新丰江的河口附近水域及新丰江水库库区发现凤眼莲（*Eichhornia crassipes*）和大藻（*Pistia* stratiotes）等2种常见的浮水植物，它们分布密集且经常伴生生长。凤眼莲，俗称水葫芦，原产南美洲，被列为世界十大恶性杂草之一，也是我国南方地区最常见的外来入侵种。[226]大薸，本地常见种，广泛分布于热带、亚热带地区。目前，已有很多研究发现，由于这两种浮水植物对于养分的耐受范围广，能够作为很多水体重金属污染的富集植物，常常被用作水体污染的修复。[227, 228]

在河岸或河漫滩上共发现有15种天然生长的植物（表6-13）。其中分布范围最广且数量最多的是3种蕨类植物，常密集生长，如华南毛蕨、狗脊蕨和蜈蚣草；次多是5种多年生或一年生的禾草，通常呈簇状分布，如棕叶芦、类芦、狗牙根、高野黍和臭草等。而其他一些植物分布较为分散、数量较少，以多年生草本植物居多，鲜有一年生草本、灌木或小乔木。

表6-13 南坑河河岸生长的主要植物

物 种	科名	属名	生长型	生境
华南毛蕨 *Cyclosorus parasiticus*	金星蕨科 Thelypteridaceae	毛蕨属 *Cyclosorus*	多年生草本	河漫滩
狗脊蕨 *Woodwardia japonica*	乌毛蕨科 Blechnaceae	狗脊蕨属 *Woodwardia*	多年生草本	河漫滩
蜈蚣草 *Pteris vittata*	凤尾蕨科 Pteridaceae	凤尾蕨属 *Pteris*	多年生草本	河漫滩
棕叶芦 *Thysanolaena latifolia*	禾本科 Poaceae	棕叶芦属 *Thysanolaena*	多年生草本	河岸
类芦 *Neyraudia reynaudiana*	禾本科 Poaceae	类芦属 *Neyraudia*	多年生草本	河漫滩
狗牙根 *Cynodon dactylon*	禾本科 Poaceae	狗牙根属 *Cynodon*	多年生草本	河岸
高野黍 *Eriochloa procera*	禾本科 Poaceae	野黍属 *Eriochloa*	一年生草本	河岸或河漫滩
臭草 *Melica scabrosa*	禾本科 Poaceae	臭草属 *Melica*	多年生草本	河岸或河漫滩
藜 *Chenopodium album*	藜科 Chenopodiaceae	藜属 *Chenopodium*	一年生草本	河漫滩
青葙 *Celosia argentea*	苋科 Amaranthaceae	青葙属 *Celosia*	一年生草本	河漫滩
木贼 *Equisetum hyemale*	木贼科 Equisetaceae	木贼属 *Equisetum*	多年生草本	河漫滩

续表 6-13

物 种	科名	属名	生长型	生境
崩大碗 *Centella asiatica*	伞形科 Apiaceae	积雪草属 *Centella*	多年生草本	河漫滩
盐肤木 *Rhus chinensis*	漆树科 Anacardiaceae	盐肤木属 *Rhus*	灌木或小乔木	河漫滩
胡枝子 *Lespedeza bicolor*	豆科 Fabaceae	胡枝子属 *Lespedeza*	灌木	河漫滩
樟树 *Cinnamomum camphora*	樟科 Lauraceae	樟属 *Cinnamomum*	乔木幼苗	河漫滩

目前，世界上已知几种 As 超富集植物均为蕨类凤尾蕨科植物，分别是蜈蚣草（*Pteris vittata*）[229,230]和大叶井口边草（*Pteris cretica*）[209]。本研究中对砷吸附能力最强的当属蜈蚣草，其全株的 As 含量为 2 001.27 mg/kg，而且其叶片中 As 的含量（1 423.97 mg/kg）远远大于根部的 As 含量（577.30 mg/kg）（表 6-14）。蜈蚣草羽叶中的含量可大大高于 1000 mg/kg，是用于 As 污染土壤修复的理想材料。[231]在本研究中蜈蚣草不仅是土壤中砷的富集植物，它对 Fe、Mn、Cu 和 Pb 的吸附能力也远远大于其他河岸植物，尤其是其全株体内的 Fe 和 Mn 含量分别达到 31 857.8 mg/kg 和 3 084.62 mg/kg。因此，蜈蚣草可以作为修复以 As 为主的复合重金属污染土壤的潜力富集植物。

表 6-14 南坑河河岸植物全株（T）、地上部分（S）、
地下部分（R）的污染物含量及其转运系数（S：R）

物种	部位	全铁	全锰	全铜	全锌	全铅	全镉	全铬	全砷	全汞
华南毛蕨	全株 T	6 885.7	362.36	101.78	415.92	35.91	10.109	123.88	72.70	0.095 9
	地上 S	5 585.4	281.79	65.91	332.63	25.71	8.214	114.32	58.48	0.082 1
	地下 R	1 300.3	80.57	35.87	83.29	10.20	1.895	9.56	14.22	0.013 8
	S：R	4.3	3.50	1.84	3.99	2.52	4.334	11.95	4.11	5.953 9
狗脊蕨	全株 T	19 994.1	1 394.42	246.70	262.73	159.94	4.297	163.73	164.74	0.070 1
	地上 S	9 285.2	494.31	69.57	208.22	50.81	1.253	80.66	81.58	0.049 0
	地下 R	10 708.9	900.11	177.13	54.52	109.13	3.044	83.07	83.16	0.021 1
	S：R	0.9	0.55	0.39	3.82	0.47	0.412	0.97	0.98	2.320 5
蜈蚣草	全株 T	31 857.8	3 084.62	335.74	338.12	221.26	9.479	146.84	2 001.27	0.063 0
	地上 S	4 476.2	338.69	45.76	288.74	24.06	3.232	8.41	1 423.97	0.047 6
	地下 R	27 381.7	2 745.93	289.99	49.38	197.19	6.247	138.44	577.30	0.015 4
	S：R	0.2	0.12	0.16	5.85	0.12	0.517	0.06	2.47	3.082 6

续表 6-14

物种	部位	全铁	全锰	全铜	全锌	全铅	全镉	全铬	全砷	全汞
棕叶芦	全株 T	14 175.7	848.67	102.73	192.24	68.23	3.021	305.84	157.70	0.048 4
	地上 S	3 993.0	263.21	27.73	78.78	19.53	1.268	112.31	57.33	0.035 3
	地下 R	10 182.7	585.46	75.00	113.46	48.70	1.753	193.53	100.37	0.013 1
	S:R	0.4	0.45	0.37	0.69	0.40	0.723	0.58	0.57	2.695 1
类芦	全株 T	1 657.8	740.40	32.35	331.44	2.66	0.352	27.23	15.12	0.055 4
	地上 S	554.6	663.19	13.34	293.10	2.02	0.128	14.59	6.32	0.044 3
	地下 R	1 103.2	77.22	19.01	38.34	0.65	0.225	12.64	8.80	0.011 1
	S:R	0.5	8.59	0.70	7.64	3.13	0.568	1.15	0.72	3.979 2
狗牙根	全株 T	17 229.6	1 207.61	128.56	342.92	54.96	2.393	214.39	92.21	0.020 8
	地上 S	2 434.5	213.78	28.58	217.58	9.21	0.619	83.95	15.79	0.006 6
	地下 R	14 795.1	993.82	99.98	125.34	45.75	1.774	130.44	76.42	0.014 2
	S:R	0.2	0.22	0.29	1.74	0.20	0.349	0.64	0.21	0.468 3
高野黍	全株 T	13 099.3	1 142.18	105.01	189.77	39.46	2.155	222.21	76.10	0.023 8
	地上 S	9 306.6	850.08	60.60	77.64	25.22	1.286	192.74	51.03	0.006 7
	地下 R	3 792.7	292.10	44.41	112.12	14.24	0.869	29.47	25.08	0.017 1
	S:R	2.5	2.91	1.36	0.69	1.77	1.481	6.54	2.03	0.394 2
藜	全株 T	3 033.9	278.86	41.97	344.37	11.38	1.806	39.19	28.94	0.018 1
	地上 S	1 789.0	140.58	17.98	169.91	5.67	0.902	36.24	11.46	0.013 5
	地下 R	1 245.0	138.28	23.99	174.45	5.71	0.904	2.95	17.48	0.004 6
	S:R	1.4	1.02	0.75	0.97	0.99	0.997	12.28	0.66	2.947 6
青葙	全株 T	2 040.8	477.87	34.75	214.84	7.52	2.468	6.60	27.43	0.010 9
	地上 S	464.2	236.90	11.03	135.24	1.48	1.170	5.93	9.77	0.006 0
	地下 R	1 576.6	240.97	23.72	79.61	6.03	1.298	0.67	17.66	0.004 9
	S:R	0.3	0.98	0.47	1.70	0.25	0.901	8.87	0.55	1.222 8
木贼	全株 T	8 115.5	449.92	99.36	251.79	114.06	4.433	67.50	152.97	0.032 7
	地上 S	2 321.4	132.54	23.46	169.03	19.65	0.916	41.92	47.63	0.024 9
	地下 R	5 794.1	317.38	75.89	82.76	94.42	3.516	25.58	105.33	0.007 8
	S:R	0.4	0.42	0.31	2.04	0.21	0.261	1.64	0.45	3.207 4
臭草	全株 T	4 760.9	237.67	47.31	55.44	21.36	8.213	167.60	90.66	0.012 9
崩大碗	全株 T	2 890.7	221.56	32.19	117.91	16.08	5.958	3.76	37.34	0.011 9
盐肤木	全株 T	5 286.4	407.42	38.76	36.84	19.51	0.629	6.47	30.88	0.018 4
胡枝子	全株 T	1 142.2	132.58	12.08	122.42	3.90	0.166	4.97	14.64	0.005 4
樟树	全株 T	1 777.8	171.98	21.70	668.50	8.32	0.688	17.66	14.53	0.018 0

蜈蚣草对砷的富集不仅体现在整株的吸附量很大，而且其转运系数也非常高（转运系数为 2.47）。这些特点使其非常适用于修复单一砷污染的土壤，收获非常便利，仅

收获地上部就可以去除大量的污染物质。与 As 的吸附相比，蜈蚣草对 Fe、Mn、Cu 和 Pb 的全株吸附量很大，但转运系数均不高，其吸附主要富集在地下部。因此在多金属复合污染的土壤上种植蜈蚣草，建议在收获时连根拔除，而蜈蚣草植株比较直立，在收获时连根拔除也非常容易。

禾本科植物生长迅速、繁殖力强且各种耐性较高，在华南地区被认为是很好的重金属污染物修复植物。例如，香根草和狼尾草对 Pb 和 Cd 具有较强的吸收能力，[232]百喜草对 Pb、Zn 尾矿中重金属具有较强的抗性，五节芒对 Mn、Ni 和 Zn 等具有较强的吸收能力。[233]在本研究中，棕叶芦根部吸收 Cr 的能力较强，而高野黍地上部分吸收 Fe、Mn 和 Cr 的能力也较强。就整体而言，禾草类植物并非污染物的强富集植物，但由于其往往集中连片生长且生物量较大，也可以选作修复重金属污染土壤或底泥的潜力植物。

5 本章小结

（1）滑坡体治理示范试验表明，在坡度 55°~65°稳定滑坡体坡面上，采用草灌结合穴式点播的种植方式，用蜜草为主，混种小量狗牙根、百喜草，中下部以百喜草为主，配少量狗牙根，混种山毛豆的方法得当，可以有效控制侵蚀。采用耙松表土后播撒草种的方式，草种萌发率生长较均匀，植草效果更好。当植被处于全覆盖状态时水保效果最好。

（2）消涨带植被护坡能够明显减少岸坡径流、减少泥沙流失、减少地表温度变幅，改善局部小环境，改善库区生态环境，促进库区各景观斑块之间的协调和景观格局的合理配置，提升了库区景观的美学价值。

（3）水源涵养林植被优化组合系统试验初步表明，该技术能够有效地防止了消涨带坡面的进一步侵蚀，起到稳定坡体的作用，同时上部坡体速生林草生长良好，植被得到一定恢复，水土保持效果显著，可减少泥沙流失达到 67%，立地环境大为改善。

（4）水源区往往是由一系列不同空间所组成的，因此其空间群落配置需根据水源区立地环境，按照植被建设的空间配置模式，顶部营造速生耐瘠的水土保持林，中下部营造多层次的水源涵养林，沿岸营造固岸的竹林带；岸坡营造抗旱耐淹的护岸草被，形成一个立体的水源植被带。

（5）重金属污染实验结果表明，南坑河水体底泥中多种重金属超标，存在复合污染状况，湍急的水流模糊了底泥-水体的界面，使得河水与上层底泥充分混合。在这一过程中，污染物的形态或许会发生改变，从而引起其毒性的改变。水体的复合污染可以用大藻进行以 As 为主的复合污染修复；底泥所形成的复合污染，难以简单用单一物种进行修复，而蜈蚣草对 As 具有超富集能力，而且它对铁、锰、铜和铅的吸附能力也远远大于其他河岸植物，可以作为良好的修复以 As 为主的复合污染土壤的植物材料。

第7章 库区典型小流域农业非点源污染模拟与综合治理示范

1 典型小流域基本特征

根据研究目标和实地调查情况，选择顺天小流域作为典型小流域（农业集水区）。该小流域位于东源县顺天镇境内（东经114°24′~114°46′、北纬23°38′~24°12′），跨顺天镇的沙溪、大坪、党演3个行政村，位于新丰江水库东北面，是库区上游忠信河的支流，流域面积28.16 km²（图7-1）。

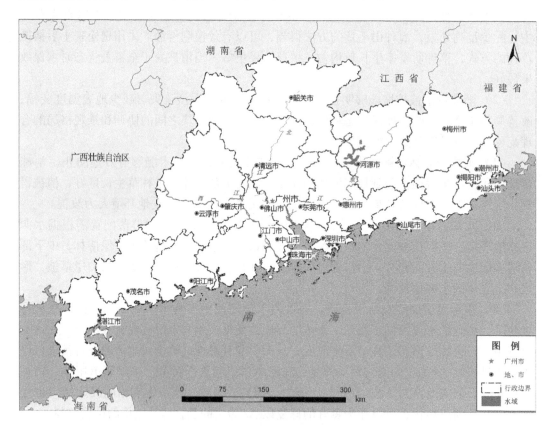

图7-1 顺天小流域地理位置

顺天小流域是一个较为完整的集水区，所有地表径流汇集后从一个排水出口排出，整个地貌类型属于一小盆地，流域出口位于西南方向，其流域高程模型及水系分布见图

7-2左。该流域是一个典型的以农业景观为主的小流域，研究区内土地利用现状以林地为主，占流域面积的67.95%；其次为耕地，占流域面积的19.05%；建设用地最少，仅占流域面积的0.59%（图7-2右）。

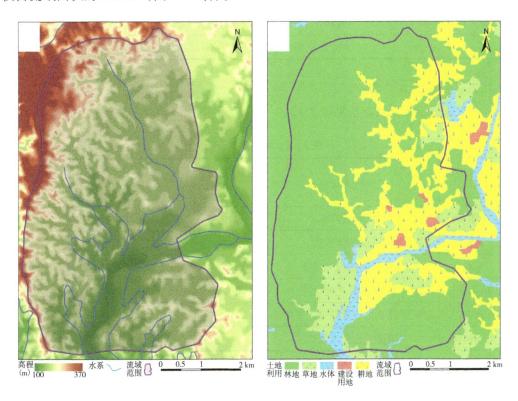

图7-2 顺天小流域数字高程模型与水系分布图（左）以及土地利用现状图（右）

2 流域降雨径流水质评价

2.1 地表水质评价方法

2.1.1 评价指标与标准

新丰江水库通过东江，是广东省的重要水源地，向河源以及惠州、东莞、深圳、广州和香港等城市提供水源。基于新丰江库区水质现状评价，本研究选取可溶性磷、氨氮、COD_{cr}、总磷（TP）、总氮（TN）和硝态氮6项水质指标来反映总体水质和非点源污染状况。顺天小流域是新丰江库区上游的一条支流，其地表水质评价采用《地表水环境质量标准》（GB 3838—2002）Ⅲ类水质标准，即集中式饮用水源地二级保护区适用标准，基准中没有的指标参照 GB 3838—88 的Ⅲ类标准（表7-1）。

表 7-1　水质评价标准

项目	评价标准/mg·L^{-1}	项目	评价标准/mg·L^{-1}
氨氮	≤1.0	TN	≤1.0
COD_{cr}	≤20	硝酸盐	≤20
TP	≤0.2		

2.1.2　水质测定方法

各水样分析指标及方法见表 7-2。

表 7-2　水质监测分析方法

项目	分析方法	最低检出限/mg·L^{-1}	方法来源
化学耗氧量	重铬酸钾法	5.0	GB 11914—89
氨氮	纳氏试剂比色法	0.05	GB 7479—87
总磷	氯化亚锡还原光度法	0.025	GB 11893—89
硝态氮	酚二磺酸分光光度法	0.02	GB 7480—87
总氮	过硫酸钾氧化-紫外分光光度法		《水和废水监测分析方法（第四版）》
可溶性磷	钼锑抗分光光度法		《水和废水监测分析方法（第四版）》

2.1.3　评价方法

水质评价采用《环境影响评价技术导则——地面水环境》（HJ/T 2.3—93）推荐的单因子水质参数标准指数法：

$$S_{i,j} = C_{i,j}/C_{s,i}$$

式中：$S_{i,j}$ 为 i 污染物在 j 点的污染指数；$C_{i,j}$ 为 i 污染物在 j 点的实测浓度（mg/L）；$C_{s,i}$ 为 i 物染物水质标准。

此外，本研究还采用污染负荷比来评估区域主导污染因子：

$$K = \frac{p_i}{p} \times 100\% \qquad P = \sum_{i=1}^{n} p_i \qquad p_i = \sum_{j=1}^{n} S_{i,j}$$

式中：K 为污染负荷比；P 为综合污染负荷；P_i 为第 i 种污染物的负荷。

2.2　降雨径流水质动态监测

2.2.1　流域样点布设

为了便于深入了解农业非点源污染发生的过程与机理，揭示降雨径流与非点源污染物流失之间的关系，摸清流域内不同用地类型的地表景观对非点源污染的贡献率，本研究针对顺天小流域干支流共布设了 3 个采样断面（图 7-3）。各断面布设的意义与功能如下。

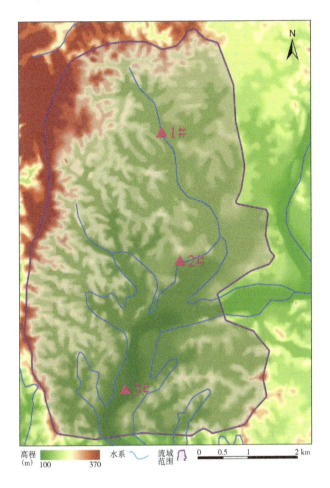

图7-3 水质监测断面示意图

断面1#：布设在小流域上游，主要监测上游集水区以旱地、果园等坡耕地为主的地表径流污染物输出情况。

断面2#：布设在小流域中游，主要监测以水田、居民点为主的地表径流污染物输出情况。

断面3#：即主断面，布设在小流域下游，主要监测小流域出口的水质变化情况。

2.2.2 流域降雨及样品采集方法

2.2.2.1 小流域降雨分析

在监测小流域内设置了自记雨量计，记录流域断面水质监测期间的降水情况。2010年完成了1—10月份的降雨监测记录（表7-3）。1—10月份降雨量总计为1 742.5 mm，降雨天数为116天，降雨量主要集中在4—6月，日降雨最大值为141.0 mm（2010年5月6日）。

表 7-3　顺天小流域 2010 年 1—10 月降雨情况

月份	1	2	3	4	5	6	7	8	9	10
降雨量/mm	126.3	110.8	54.4	291.6	358.6	361.7	106.5	15.8	249.8	67.0

2.2.2.2　样品采集方法

2010 年雨季期间采用实地监测，同步监测每场次降雨过程的径流量和污染物输出浓度，小流域监测采样日期及其降雨情况见表 7-4。当降雨后流域开始产流时采样，样品的采集频率视降雨量大小而定，若强度较大则加密采样（一般 20～30 min 采集 1 次），若降雨强度较小则适当延长采样间隔时间，采样持续至降雨结束后若干小时，以断面径流基本恢复正常为准。每次取样 1 000 mL，取样时静置一定时间，去除粗砂颗粒后测定污染物浓度。采集的样品在 24 h 内送回实验室进行测定，样品分析项目包括：总氮（T-N）、总磷（T-P）、铵态氮（NH_4^+—N）、硝态氮（NO_3^-—N）、COD_{Cr} 和可溶性磷。

表 7-4　监测采样日期及降雨情况

降雨日期	降雨量/mm	历时/min	起止时间	采样时间
2010-05-10	37.7	155	20：40—23：15	20：55—23：20
2010-06-02	19.0	330	3：30—9：00	6：10—9：25
2010-06-23	23.3	120	13：30—15：30	13：30—15：56

2.3　水质测试与评价结果

2.3.1　水质测试结果

断面水质监测统计结果见表 7-5。

表 7-5　顺天小流域断面水质监测结果

日期	采样地点	采样时间	污染物浓度/mg·L^{-1}					
			COD_{Cr}	NO_3^-—N	T-N	T-P	NH_4^+—N	可溶磷
2010-05-10	断面 1#	21：05	1.75	0.45	1.240	0.052	0.150	0.036
		21：22	30.76	1.04	0.745	0.087	0.073	0.040
		21：55	6.00	0.95	0.424	0.130	0.270	0.103
		22：27	25.45	0.09	0.158	0.680	0.130	0.730
		23：20	20.00	0.62	0.288	0.860	0.190	0.670
	断面 2#	21：00	4.10	0.08	2.341	0.063	0.079	0.027
		21：18	34.95	1.120	1.120	0.380	0.190	0.080
		21：50	6.10	1.56	1.580	0.140	0.140	0.110
		22：25	22.25	0.08	0.982	0.950	0.200	0.420
		23：10	26.00	1.15	1.260	0.420	0.300	0.390

续表 7-5

日期	采样地点	采样时间	污染物浓度/mg·L^{-1}					
			COD_{Cr}	NO_3^-—N	T-N	T-P	NH_4^+—N	可溶磷
2010-05-10	断面 3#	20：55	9.25	1.25	2.516	0.160	0.850	0.090
		21：20	34.29	2.02	3.354	0.140	0.770	0.098
		21：48	24.50	1.65	1.957	0.640	0.760	0.092
		22：25	30.00	1.73	3.330	1.500	0.110	0.590
		23：12	27.00	1.94	5.230	1.300	0.800	0.670
2010-06-02	断面 1#	6：25	2.00	1.03	7.100	0.120	0.410	0.129
		6：50	33.00	1.24	5.910	0.740	1.300	0.082
		7：25	26.00	1.24	3.530	0.440	2.000	0.064
		8：00	10.12	0.89	2.120	1.210	0.540	0.250
		8：30	25.67	0.08	3.025	0.450	1.240	0.320
		9：25	7.12	1.02	0.870	0.240	1.320	0.089
	断面 2#	6：30	0.79	1.32	5.720	0.047	0.079	0.073
		7：00	24.00	0.98	5.730	0.510	0.110	0.056
		7：30	43.00	1.71	1.360	0.380	0.790	0.130
		8：00	21.39	1.41	12.400	0.170	1.300	0.071
		8：35	2.56	0.56	2.422	0.210	0.250	0.460
		9：20	15.56	0.08	3.120	0.350	1.230	0.320
	断面 3#	6：10	14.60	1.03	10.800	0.064	0.094	0.013
		6：32	15.80	0.38	3.840	0.085	0.270	0.081
		7：00	22.70	1.28	5.850	0.720	1.300	0.150
		7：30	32.56	0.07	2.256	0.240	0.420	0.230
		8：00	19.25	0.57	0.856	0.120	0.270	0.098
		8：26	10.26	0.08	1.020	0.340	0.750	0.560
		9：15	28.12	0.09	1.234	0.250	0.250	0.210
2010-06-23	断面 1#	13：32	13.60	0.83	2.800	0.074	0.094	0.013
		13：48	28.51	0.18	5.840	0.891	0.127	0.078
		14：15	32.40	1.28	4.800	0.082	1.300	0.125
		14：50	4.50	0.08	0.751	0.024	0.450	0.063
		15：12	30.80	0.78	1.450	0.070	0.047	0.053
		15：52	19.60	0.96	2.450	1.200	0.350	0.250

续表 7-5

日期	采样地点	采样时间	污染物浓度/mg·L^{-1}					
			COD_{Cr}	NO_3^-—N	T-N	T-P	NH_4^+—N	可溶磷
2010-06-23	断面 2#	13：30	14.65	0.07	2.360	0.869	0.240	0.230
		13：50	32.57	0.68	1.320	0.076	0.420	0.10
		14：18	27.65	1.06	4.030	0.542	0.240	0.089
		14：50	23.00	0.84	1.540	1.203	0.087	0.350
		15：15	6.28	0.65	0.972	0.872	0.320	0.240
		15：56	12.25	0.09	0.706	0.782	0.23	0.160
	断面 3#	13：40	32.32	0.12	0.620	0.212	0.24	0.078
		13：55	42.23	0.35	2.130	0.105	0.45	0.520
		14：34	23.21	1.23	3.215	0.845	0.76	0.240
		15：05	20.10	0.54	1.020	1.130	0.32	0.097
		15：50	8.56	0.23	0.872	0.759	0.25	0.320

2.3.2 评价结果

地表水降雨径流过程水质评价指数见表 7-6。从 3 次降雨径流过程采样分析评价结果可知，总体而言，在降雨过程中，总氮与总磷的流失量较大，并且与暴雨过程有很大的相关性，如图 7-4 至图 7-6 所示。在降雨产流初期，各类污染物产生量均较大，随着降雨过程的延续，污染物浓度逐渐下降，污染指数降低，当达到或者超过洪峰后，污染指数又出现一个小的峰值，这可能是在降雨初期，污染物主要是冲刷过程占主导位置，随着降雨历时的延长，淋溶作用逐渐突出。

从表 7-6 可以看出，COD_{Cr}、总氮、总磷等污染物在降雨产流过程中其污染指数平均值大于 1，即水质均超过地表水Ⅲ类标准。氨氮指标除个别断面超过评价标准外其他均符合Ⅲ类水质标准。

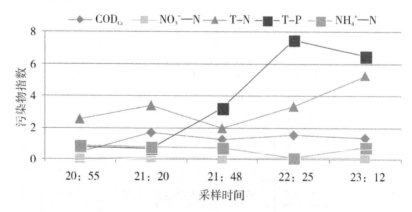

图 7-4 5 月 10 日主断面降雨过程污染物指数变化

第7章 库区典型小流域农业非点源污染模拟与综合治理示范

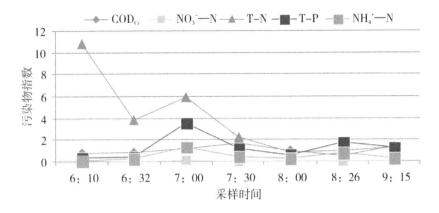

图7-5 6月2日主断面降雨过程污染物指数变化

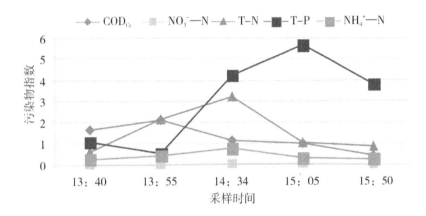

图7-6 6月23日主断面降雨过程污染物指数变化

表7-6 地表水暴雨径流过程中水质污染指数

日期	采样地点	采样时间	COD_{Cr}	NO_3^-—N	T-N	T-P	NH_4^+—N
2010-05-10	断面1#	21：05	0.087 5	0.022 5	1.240	0.260	0.150
		21：22	1.538 0	0.052 0	0.745	0.435	0.073
		21：55	0.300 0	0.047 5	0.424	0.650	0.270
		22：27	1.272 5	0.004 5	0.158	3.400	0.130
		23：20	1.000 0	0.031 0	0.288	4.300	0.190
	断面2#	21：00	0.205 0	0.004 0	2.341	0.315	0.079
		21：18	1.747 5	0.056 0	1.120	1.900	0.190
		21：50	0.305 0	0.078 0	1.580	0.700	0.140
		22：25	1.112 5	0.004 0	0.982	4.750	0.200
		23：10	1.300 0	0.057 5	1.260	2.100	0.300

续表 7-6

日期	采样地点	采样时间	COD_{Cr}	NO_3^-—N	T-N	T-P	NH_4^+—N
2010-05-10	断面 3#	20：55	0.462 5	0.062 5	2.516	0.800	0.850
		21：20	1.714 5	0.101 0	3.354	0.700	0.770
		21：48	1.225 0	0.082 5	1.957	3.200	0.760
		22：25	1.500 0	0.086 5	3.330	7.500	0.110
		23：12	1.350 0	0.097 0	5.230	6.500	0.80
2010-06-02	断面 1#	6：25	0.100 0	0.051 5	7.100	0.600	0.410
		6：50	1.650 0	0.062 0	5.910	3.700	1.300
		7：25	1.300 0	0.062 0	3.530	2.200	2.000
		8：00	0.506 0	0.044 5	2.120	6.050	0.540
		8：300	1.283 5	0.004 0	3.025	2.250	1.240
		9：25	0.356 0	0.051 0	0.870	1.200	1.320
	断面 2#	6：30	0.039 5	0.066 0	5.720	0.235	0.079
		7：00	1.200 0	0.049 0	5.730	2.550	0.110
		7：30	2.150 0	0.085 5	1.360	1.900	0.790
		8：00	1.069 5	0.070 5	12.400	0.850	1.300
		8：35	0.128 0	0.028 0	2.422	1.050	0.250
		9：20	0.778 0	0.004 0	3.120	1.750	1.230
	断面 3#	6：10	0.730 0	0.051 5	10.800	0.320	0.094
		6：32	0.790 0	0.019 0	3.840	0.425	0.270
		7：00	1.135 0	0.064 0	5.850	3.600	1.300
		7：30	1.628 0	0.003 5	2.256	1.200	0.420
		8：00	0.962 5	0.028 5	0.856	0.600	0.270
		8：26	0.513 0	0.004 0	1.020	1.700	0.750
		9：15	1.406 0	0.004 5	1.234	1.250	0.250
2010-06-23	断面 1#	13：32	0.680 0	0.041 5	2.800	0.370	0.094
		13：48	1.425 5	0.009 0	5.840	4.455	0.127
		14：15	1.620 0	0.064 0	4.800	0.410	1.300
		14：50	0.225 0	0.004 0	0.751	0.120	0.450
		15：12	1.540 0	0.039 0	1.450	0.350	0.047
		15：52	0.980 0	0.048 0	2.450	6.000	0.350

续表 7-6

日期	采样地点	采样时间	COD_{Cr}	NO_3^-—N	T-N	T-P	NH_4^+—N
2010-06-23	断面 2#	13：30	0.7325	0.0035	2.360	4.345	0.240
		13：50	1.6285	0.0340	1.320	0.380	0.420
		14：18	1.3825	0.0530	4.030	2.710	0.240
		14：50	1.1500	0.0420	1.540	6.015	0.087
		15：15	0.3140	0.0325	0.972	4.360	0.320
		15：56	0.6125	0.0045	0.706	3.910	0.230
	断面 3#	13：40	1.6160	0.0060	0.620	1.060	0.240
		13：55	2.1115	0.0175	2.130	0.525	0.450
		14：34	1.1605	0.0615	3.215	4.225	0.760
		15：05	1.0050	0.0270	1.020	5.650	0.320
		15：50	0.4280	0.0115	0.872	3.795	0.250

从表 7-7 各个时间段污染负荷比可以看出，在 2010 年 5 月 10 日的降雨过程中，总氮、总磷、COD 对水体污染负荷的贡献较大，分别占 36.37%、41.50%、13.87%。2010 年 6 月 2 日，总氮污染负荷比高达 56.65%。总体而言，在降雨过程中，水体主要污染物为总氮、总磷，这可能与径流造成水土流失，大量的农业化学物质进入水体有关。另一方面，随着降雨的进程，淋溶作用加强，一些土壤养分随径流进入水体，造成水体中营养盐类物质增加。

表 7-7 顺天小流域水质污染负荷比

采样时间	COD_{Cr}	NO_3—N	T-N	T-P	NH_3—N
2010-05-10	13.87%	0.95%	36.37%	41.50%	7.30%
2010-06-02	15.70%	0.38%	56.65%	19.93%	7.35%
2010-06-23	20.02%	0.39%	24.88%	48.31%	6.40%

3 非点源污染模拟

3.1 模拟模型（AnnAGNPS）简介

AnnAGNPS（Annualized Agricultural NonPoint Source）模型是由 AGNPS 模型发展而来，由美国农业部、美国自然资源保护局和农业研究局联合资助开发的计算机模型。[233-238]。AGNPS 模型是一个单事件、参数分散模型，可以用来估计表面径流、沉积物产量和污染负荷等，它最为重要的一个特征是根据地形将流域划分为许多方形的小区域（即 cell），而每一个区域的面积相等，都有 22 个输入参数，包括河渠参数、施肥水平、土壤质地、地形参数等，所有的计算都是基于每个区域进行的，最后再对每个区域所计算出来的结果进行数学统计。之所以说它是单事件模型，是因为该模型只能基于每一场暴雨事件来模拟，而不能进行连续模拟。

与 AGNPS 模型相似，AnnAGNPS 模型的基本思路也是将流域划分为一定的分式（cell）（图 7-7）。所不同的是它按流域水文特征，即集水区来划分单元。AnnAGNPS 的另一个改进是采用 RUSLE 而不是 USLE 来预测各分式的土壤侵蚀。AGNPS 是一种次降雨模型，而 AnnAGNPS 模式是以日为基础连续模拟一个时段内每天累计的径流、泥沙、养分、农药等的输出结果，并可用于评价流域内非点源污染的长期作用（表 7-8）。目前，AnnAGNPS 模式已经实现与 ArcView 的紧密集成，显著提高了模型的运行效率并优化了模拟结果。

AnnAGNPS 模型还包括一些特殊的模型计算点源、畜禽养殖场产生的污染物、沟谷、水坝集水坑对径流、泥沙、营养盐农药产生的影响。

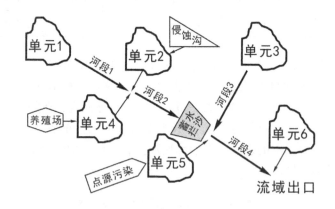

图 7-7　AnnAGNPS 模型污染计算基本结构

表 7-8　AGNPS 与 AnnAGNPS 模型对比

对比项目	AGNPS	AnnAGNPS
空间单元划分	网格	集水区
模拟时间	次降雨（事件模拟）	时间段内连续模拟
泥沙模型	MUSLE	RUSLE
每日气候资料	无	有
所需参数	22 个	34 个

3.1.1　模型结构

AnnAGNPS 模型主要由 3 部分组成：参数准备模块、污染负荷计算模块以及污染负荷输出模块。模型系统和整个运算流程如图 7-8 所示。

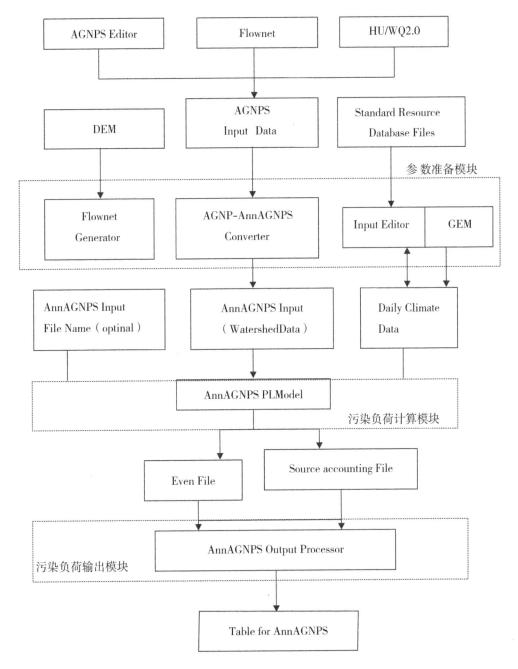

图 7-8 AnnAGNPS 模型结构

（引自：http://www.sedlab.olemiss.edu/AGNPS）

3.1.1.1 模型参数准备模块

如图 7-9 所示，AnnAGNPS 模型参数准备模块主要有以下 4 部分组成。

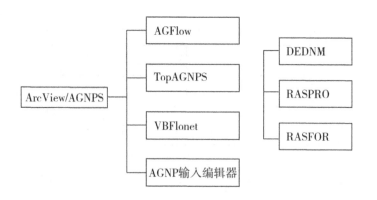

图7-9 ArcView/AGNPS模型基本架构

(1) AnnAGNPS水网生成模块 (Flownet Generator)。该模块主要利用数字高程模型 (DEM) 提取各种地理参数,它包含3个子模块,即TopAGNPS模块、AGFlow模块和VBFlonet模块。

TopAGNPS模块是TOPAZ (Topographic Parameterization) 模型的一个子模块,它通过分析数学高程模型 (DEM),以确定地形特征、划分子流域、确定地表排水网络、对各集水区的参数量化等。由3个FORTRAN-90程序组成:DEDNM、RASPRO和RASFOR。三程序逐一运行,DEDNM (Digital Elevation Drainage Network Model) 首先运行,分析处理DEM。

其流域参数化过程包括对水系和相关子集水区的描述,对水系网络、河道及子集水区的提取等。RASPRO以DEDNM的输出结果为输入,主要是提供一些附加的空间地形信息。RASPRO (RASter FORmatting) 将DEDNM、RASPRO程序的输出结果转换为通用ASCII栅格或GIS栅格形式 (*.arc文件),与其他应用软件进行交流,如ARC/INFO和Arcview等。这些文件在Arcview中用import file即可导入。

TopAGNPS模块运行后才可以执行AGFlow模块。该模块主要功能是提取集水区和集水单元的各种参数、产生流域的流网,生成的部分数据文件AnnAGNPS_ cell.dat和AnnAGNPS_ reach.dat可以导入AnnAGNPS模块。

VBFlonet模块是一个Visual Basic程序,用于显示TopAGNPS的输出结果 (*.out内部栅格文件和*.dat标准栅格文件),其开发初衷是用于对集水单元空间划分的CAS和MSCL参数的地理定位和显示,而VBFlonet为用户提供了一个界面以便进行相关的栅格数据操作。VBFlonet程序的运行需要TopAGNPS、AGFlowl两个模块的输出文件作为其输入文件。随着AGNPS-ArcView集成界面的开发,其作用正被逐步替代。

AGNPS-ArcView交互界面,是在ArcView内嵌AnnAGNPS模型各子模块的一个紧密集成系统界面。它将AnnAGNPS模型的各子模块,包括参数准备模块、年负荷计算模块和输出和显示模块统一集成到ArcView并作为其子菜单,极大地提高了模型参数输入、结果显示的效率,使模型校验工作更为有效。

(2) AnnAGNPS数据输入 (Input Editor) 模块。导入流网生成模块产生的地形参数文件、气象参数,录入CN值、集水单元的土壤和土地利用属性、作物参数等模型运行必需的参数。

（3）AGNPS 数据转换模块（AGNPS-to-AnnAGNPS converter）。提供了转换 AGNPS 模型数据文件的功能，只支持 AGNPS 4.03 版本和 AGNPS 5.0 版本的数据转换。

（4）气象因子产生模块（Generation of weather Elements for Multiple application，GEM）。GEM 模块可模拟产生逐日降雨量、最高最低气温和太阳辐射 4 个参数，但其适用区域仅限于美国。AnnAGNPS 模型也提供了模拟模块（Complete_Climate），采用 Monte Carlo 法将月平均露点温度、云量和风速模拟生成逐日平均露点温度、云量和风速，并与 GEM 模型的四个参数合并，共同构成气象输入（DayClim.inp）导入 AnnAGNPS 模块。

3.1.1.2 污染负荷计算模块

经过了模型参数准备阶段之后，即可运行污染负荷模块进行模拟运算。模拟运算过程包括处理初始时段的模拟时段的逐日气象数据及其对集水单元的非点源污染的影响。还需进一步处理模拟时段，养殖场、溪谷点源及集水区。

3.1.1.3 污染负荷输出模块

模型输出主要有两大文件，一为源文件（AnnAGNPS_AA.dat），表述每一集水单元单位时段内总地表径流负荷、泥沙输出负荷、地表氮磷流失负荷等；另一个为事件文件（AnnAGNPS_EV.dat），表述单位时段内模型设置认为能引起非点源污染的所有场雨事件的地表径流、泥沙输入和氮磷流失量等。由于 AGNPS-ArcView 集密集成界面可通过 Arcview 的数据库链接，得到每一个集水单元的单位时段各种非点源输出，GIS 的可视化功能极大地改善了 AnnAGNPS 模型模拟结果的显示度。

3.1.2 模型参数

AnnAGNPS 包括 23 类参数（AnnAGNPS 模型标识、溪谷参数、集水区参数、集水单元参数、水坝参数、CN 值参数、逐日气象参数、灌溉参数、模拟时段参数、等高耕作参数、作物管理参数、土壤参数、作物参数、非作物相关参数、等高条植作物参数、养殖场参数、输出设置参数、排水沟参数、化肥施用参数、农药参数、流域参数、田间池塘参数、点源参数），约 500 个参数（其中 33 个参数尚未使用，是为模型新版本的开发准备的）。所有的参数统一由 AnnAGNPS 数据准备输入模块 Input Editor 管理。对于不同的流域，并不是所有的参数都是必需的，如牲畜点源、使用和杀虫剂参数等；对于部分参数，模型也提供了典型值或默认值。

3.1.3 模型机理

由于非点源污染机理过程的复杂性，AnnAGNPS 模型作了如下的假定：[239]

（1）不考虑降水的空间变异，整个流域采用统一的降水参数。

（2）单元格可以是任意形状，但是内部的径流只有唯一方向。

（3）单元格内的参数是均匀和统一的。

（4）模型的运行步长为一天，假定所有计算组分（径流、泥沙、营养盐和农药）在第二天模拟开始前都已达流域出口。

（5）模拟期间，点源的流量和营养盐浓度为常量。

（6）模型只考虑地面水，忽略地下水影响。

（7）对于迁移中沉降在溪流的颗粒态营养盐和农药，模型忽略它们其后的影响。

模型的运行主要有4个过程，即径流、泥沙、营养盐和杀虫剂的运算，可以在单元和集水区上模拟这4个部分产生的污染负荷量，也可估算出来各单元及集水区中来自牲畜栏、沟谷、水坝和点源的负荷量。

3.1.3.1 水量处理

AnnAGNPS 模型将土壤剖面划分为2层，顶部200 mm 为耕作层，其余为第二层。每日的土壤水分平衡都考虑了降水、灌溉、融雪、径流、蒸发和渗漏。

（1）地表径流量计算。地表径流量计算采用 SCS 曲线方程（略），按每日的耕作、土壤水分和作物情况，相应调整曲线数；其中土壤前期水分条件由 SWRRB 和 EPIC 模型计算，渗漏计算采用了 Brooks-Corey 方程。用户可以指定径流在单元内的迁移时间，直接计算径流量。

（2）蒸发量计算。模型采用了 Penman 方程计算潜在蒸发量，见式（7-1）。

$$E_0 = \frac{\delta}{\delta+\gamma} \cdot \frac{n_0 - G}{HV} \cdot \frac{\gamma}{\delta+\gamma} \cdot f(V)(e_a - e_d) \tag{7-1}$$

式中：E_0 为潜在蒸发量（mm）；δ 为饱和蒸汽压曲线的斜率（$kPaC^{-1}$）；γ 为干湿计常数（$kPaC^{-1}$）；n_0 为净辐射（MJm^{-2}）；G 为土壤热通量（MJm^{-2}）；HV 为潜在蒸发热（$MJkg^{-1}$）；$f(V)$ 为风速的函数（$mmd^{-1}kPa^{-1}$）；e_a 为平均气温下的饱和蒸汽压（kPa）；e_d 为平均温下的蒸汽压（kPa）。

（3）流量峰值计算。流量峰值计算采用了 TR-55 模型（Theurer and Cronshey, 1998）。流量峰值的计算公式如式（7-2）所示。

$$Qp = 2.777\,777\,778 \cdot P_{24} \cdot Da \cdot \left[\frac{a+(c \cdot Tc)+(c \cdot Tc^2)}{1+(b \cdot Tc)+(d \cdot Tc^2)+(f \cdot Tc^3)}\right] \tag{7-2}$$

式中：Qp 为流量峰值（m^3/s）；D_a 为集水区面积（hm^2）；P_{24} 为24小时有效降雨量（mm）；T_c 为汇流时间（h）；a, b, c, d, e, f 为 I_a/P_{24} 与降雨类型的单位流量峰值的回归系数。

3.1.3.2 泥沙处理

模型中地表泥沙侵蚀量的计算采用了矫正的通用土壤流失方程（Revised Universal Soil Loss Equation, RUSLE）（Renard et al., 1996），并在流域尺度作了矫正（Geter and Theurer, 1998）。

$$A = EI \times K_s \times L_f \times S_f \times C_f \times P_f \times SSF \tag{7-3}$$

式中：A 为土壤侵蚀量；EI 为降雨—径流侵蚀指数；K_s 为土壤可蚀性因子；L_f 为坡长因子；S_f 为坡度因子；C_f 为作物管理因子；P_f 为耕作管理因子；SSF 为坡形调节因子。模型对沟蚀采用了地表径流量估算，河床的剥蚀则由泥沙迁移能力估算。泥沙计算分为5个等级，黏粒（clay）、粉粒（silt）、沙粒（sand）、小团粒（small aggregates）和大团粒（large aggregates）。泥沙进入集水区后，通常要经历3个过程，即泥沙的沉降、冲刷和运输。如果进入泥沙的量大于集水区的输送能力，便产生泥沙沉积。泥沙的迁移采用了 Bagnold 指数方程（Bagnold, 1996），分别计算基流和紊流下的泥沙量，输出结果按

3 种来源（sheet & rill, gully, and bed & bank）分 5 级输出。

3.1.3.3 营养盐和农药处理

模型逐日计算各单元内氮、磷和有机碳的营养盐状况，包括作物对氮磷的吸收、施肥、残留的降解和氮磷的迁移等。氮磷和有机碳的输出按可溶态和颗粒吸附态分别计算，并采用了一组动力学方程计算平衡浓度。作物对可溶态营养盐的吸收计算则采用了简单的作物生长阶段指数。采用与 CREAMS 模型相同的公式计算氮、磷的可溶态浓度和颗粒态浓度。

（1）可溶态浓度的计算。可溶态浓度的计算公式如式（7-4）至式（7-13）所示：

$$RON = 0.892[(CZERON - CHECKN) \times \exp(-XKFN1 \cdot EFI)]$$
$$- \frac{(CZERON - CHECKN) \times \exp(-XKFN1 \cdot EFI - XKFN2 \cdot RO)}{COEEF}$$
$$+ \frac{RN \cdot RO}{EFRAIN} \tag{7-4}$$

$$CZERON = [SOLN + FN(X) \cdot FA(X)] \cdot COEFF \tag{7-5}$$

$$SOLN = 0.1 CSN \cdot POR \tag{7-6}$$

$$POR = 1 - \frac{soilbulkdensity}{2.65} \tag{7-7}$$

$$COEFF = \frac{0.00001}{POR} \tag{7-8}$$

$$CHECKN = RCN \times 1.0E - 06 \tag{7-9}$$

$$XKFN1 = \frac{EXKN1}{10POR} \tag{7-10}$$

$$EF1 = EFRAIN - RO \tag{7-11}$$

$$XKFN2 = \frac{EXKN2}{10POR} \tag{7-12}$$

$$RN = 0.01 RCN \cdot R \tag{7-13}$$

式中：RON 为径流中的溶解氧；$CZERON$ 为土壤中所含的有效溶解氮量；$CHECKN$ 为土壤中来自雨水的有效溶解氮量；$XKFN1$ 为土壤中的氮向下移动的速率常数；$XKFN2$ 为土壤中氮溶入径流的速率常数；RO 为暴雨的总径流量；RN 为降雨提供的溶解氮；$EFRAIN$ 为有效降雨量；EFI 为暴雨总入渗量；$COEFF$ 为孔隙度因子；$SOLN$ 为表层 10 mm 土壤中原先所含的可溶解氮；$FN(X)$ 为第 X 集水单元的氮肥施用量；$FA(X)$ 为第 X 集水单元氮肥留于地表 10 mm 土壤中的比例；CSN 为表层 10 mm 土壤内的孔隙水中的氮含量；POR 为土壤孔隙度。

（2）可溶态磷浓度估算。在模型中对可溶态磷浓度的计算方程与可溶态氮浓大致相同，主要的差异是不考虑雨对可溶性磷的贡献，计算方程如式（7-14）所示：

$$ROP = 0.892[(CZEROP - CHECKP) \times \exp(-XKFP1 \cdot EFI)]$$
$$- \frac{(CZEROP - CHECKP) \times \exp(-XKFP1 \cdot EFI - XKFP2 \cdot RO)}{COEEF} \tag{7-14}$$

式中：ROP 为径流中的溶解磷；$CZEROP$ 为土壤中所含溶解的有效溶解磷量；$CHECKP$ 为土壤中来自雨水的有效溶解磷量；$XKFP1$ 为土壤中的氮向下移动的速率常数；$XKFP2$ 为土壤中氮溶入径流的速率常数；RO 为暴雨的总径流量；$EF1$ 为暴雨总入渗量；$COEFF$ 为孔隙度因子。其余同可溶态氮浓度公式。

（3）泥沙结合态氮磷养分计算。模型采用 CREAMS 中的养分计算子模式进行泥沙结合氮磷输出计算，如式（7-15）所示：

$$SEDnutrient = 0.892 \cdot SOIL \times SED \times ER \qquad (7-15)$$

式中：$SEDnutrient$ 为泥沙结合态氮和磷；$SOIL$ 为土壤中氮或磷的浓度；SED 为泥沙产量；ER 为氮磷的富集比值。

（4）杀虫剂计算。在 AnnAGNPS 模型中采用 GLEAMS 模型计算各种杀虫剂的质量平衡，对每一种杀虫剂按独立的方程分别计算。计算主要考虑了作物洗脱、土壤中的垂直迁移，以及降解过程，结果按可溶态和颗粒吸附态逐日输出。

3.2 模拟过程

3.2.1 模拟环境

AnnAGNPS 模型模拟是在 AGNPS-ArcView 系统环境下进行的，其基本流程见图 7-10。整个系统运行共包括 12 个步骤。

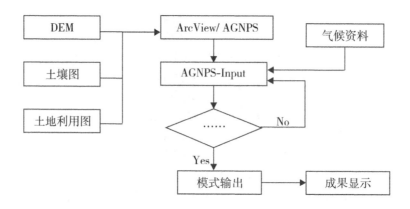

图 7-10　AnnAGNPS 模型模拟流程

3.2.2 模拟步骤

整个模拟过程分为 3 个阶段：准备阶段、模拟处理和污染负荷输出。其中模拟处理为最重要的阶段，包括各种参数的率定和文件的转换。

3.2.2.1 准备阶段

第一步是通过 AGNPS 网站（http：/www.sedlab.olemiss.edu/agnps.html），下载 AGNPS_Complete.zip 文件，解压后进行安装，所有文件应解压于同一目录下。

第二步启动应用程序 agnps.apr 文件，并调整程序运行的目录。也就是程序所需要的数据及其运行过程中所生成的文件应和运行目录相一致。启动后打开 ArcView 扩展模块，添加空间分模块和地理处理模块。另外将已经处理好的 DEM 数据、土壤数据、土地利用数据等加到界面上，为模型的模拟做好准备。

3.2.2.2 模拟处理阶段

整个模拟阶段的参数处理过程见图 7-11。

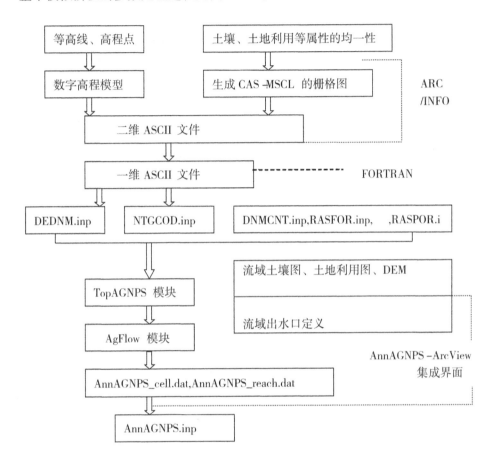

图 7-11 AnnAGNPS 模型地理参数确定流程

第一步是处理 DEM 数据，生成数字流域。通过 DEM（数字高程模型）和指定的流域出口，自动追踪流域边界、河网和次一级集水区，并截取相应的流域范围。

第二步是进行 AnnAGNPS 模型数据的准备。整个系统的运算从第一步到第十步主要的功能就是进行数据准备，将 GIS 数据改变成模型可以运算的数据。其中包括土壤、土地利用、气候以及 DEM 等。这一步主要的功能是创建 TopAGNPS 的输入文件、AgFlow 文件。通过流域 DEM 的截取以及流域出口栅格点的定义，已实现数据转换。最后流域可自动划分成 cell，每一个 cell 有其相对应的数据库。

第三步是在现有的数据库基础上，插入土壤数据、土地利用数据和气象站点数据。

3.2.2.3 污染负荷输出

第一步是处理 annagnps，生成输出文件并存放在相应的目录下。

第二步是创建数据库（.dbf）文件，该文件将被添加在表单下面，能显示出单个

cell 的相关数据和污染负荷数据。

3.2.3 模型参数率定与校正

3.2.3.1 CN 值参数的率定

CN 值（curve number）是用来综合反映降雨前流域特征的一个综合参数，它与流域前期土壤湿润状况（antecedent moisture condition，AMC）、坡度、植被、水文状况、土地利用和土壤类型等因素有关。为了确定和区分 CN 值，美国土壤保持局按照不同的土壤渗透性能和产流能力的大小，分为 4 种土壤水文类型：A 类（透水）、B（较透水）、C（较不透水）、D（接近不透水）。根据典型小流域的土壤、植被、水文状况和土地利用类型等，参照 CN 取值条件，确定了不同土地利用方式下的 CN 值（表 7-9）。

表 7-9　顺天小流域 CN 值查算

土地利用方式	水文条件	土壤类别			
		A	B	C	D
住宅地	好	72	80	87	91
	差	56	70	80	85
林地	好	25	55	68	77
	差	45	65	70	80
水田	好	71	84	90	93
	差	63	74	84	87
旱地	好	60	72	82	90
	差	70	80	85	91
果园	好	50	65	75	85
	差	60	70	80	88
水体	—	100	100	100	100

其中水文状况好坏通常根据样方的植被密度和地表残余物覆盖度来估计，本研究则以作物生长季节为依据，这是因为不同的生长季节，作物及植被覆盖度不同。其中住宅区的水文条件按不透水面积占总面积的比例进行划分，>50% 的表示水文条件较好，<50% 的表示水文条件一般。

3.2.3.2 其他参数的率定

AnnAGNPS 包括 23 类参数，约 500 个参数，所有参数统一由 AnnAGNPS 参数准备模块 InputEditor 管理。在模型参数的取值上，并非所有的参数都是必需的，如牲畜点源、施用杀虫剂参数等；对于一些不易确定的参数，可参照模型提供的典型值或默认值。具体参数来源见表 7-10。

表7-10 模型参数的取值来源

输入参数类	参数文件或数据源	输入参数类	参数文件或数据源
AnnAGNPS模型标识	视实际情况而定	非作物相关参数	土地利用图、调查资料等
集水单元参数	AnnAGNPS_Cell.dat	输出设置参数	视实际情况而定
逐日气象参数	DayClim.inp	农药参数	土地利用图、调查资料等
等高耕作参数	土地利用图、调查资料等	点源参数	土地利用图、调查资料等
作物参数	土地利用图、调查资料等	集水区参数	AnnAGNPS-Reach.dat
养殖场参数	土地利用图、调查资料等	CN值参数	土地利用图、调查资料等
化肥施用参数	土地利用图、调查资料等	模拟时段参数	视实际情况而定
田间池塘参数	土地利用图、调查资料等	土壤参数	土壤图、实验、调查资料
溪谷参数	土地利用图、调查资料等	等高条植作物参数	土地利用图、调查资料等
水坝参数	土地利用图、调查资料等	排水沟参数	土地利用图、调查资料等
灌溉参数	土地利用图、调查资料等	流域参数	视实际情况而定
作物管理参数	土地利用图、调查资料等	流域参数	视实际情况而定

3.2.4 模型评估

模型评估主要采用两个指标来模拟实测值与模拟值的拟合度。一是模拟偏差（Dv），计算公式：$Dv = (V - V')/V' \times 100$，式中，$V$为模型模拟值，$V'$为实测值，$Dv$值越趋向于0，则拟合度越好。二是绘制1:1连线图和回归曲线，反映径流及氮磷营养盐的拟合度。在1:1连线图上，数据点越接近于1:1连线，则拟合度越高。回归系数R^2越大，则表示实测值与模拟值的相关关系越好。

3.3 模拟结果

3.3.1 次降雨模拟结果

3.3.1.1 次降雨地表径流模拟

分别对实际监测的3场降雨进行了模拟，模拟及其实测结果见表7-11。模拟结果显示，利用AnnAGNPS模型模拟，最大模拟偏差为-10.6%，最小模拟偏差为-1.8%。模拟值与实测值在1:1连线上分布较好（图7-12），两者之间也具备较好的相关性，相关系数$R^2 = 0.946$。

表7-11 顺天小流域降雨径流模拟值与实测值对照表

降雨日期	降雨量/mm	历时/min	径流量/m³ 模拟值	径流量/m³ 实测值	模拟偏差
2010-05-10	37.7	155	309 524.6	315 436.8	-1.8%
2010-06-02	19.0	330	193 526.7	216 470.3	-10.6%
2010-06-23	23.3	120	192 762.1	183 792.4	4.9%

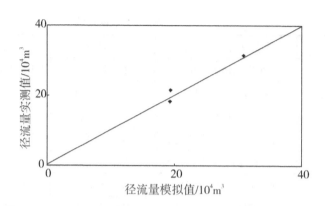

图 7-12　顺天小流域地表径流模拟值与实测值拟合比较

3.3.1.2 次降雨氮、磷输出模拟

顺天小流域氮磷污染负荷模拟结果见表 7-12，与实测值比较，其偏差较小。除 6 月 23 日监测与模拟偏差较大之外，其余所监测和模拟的两场降雨其模拟偏差都在 10% 以内。其中氮素污染负荷模拟偏差最大值为 11.1%，最小值是 1.2%。磷素污染负荷模拟偏差最大值是 13.6%，最小值是 1.4%。表中数据也说明模型的模拟偏差与降雨量径流量之间存在着一定的相关关系，总体上是随着径流量的增加模拟精度也相应增加。

另外，通过图 7-13，也可以看出，氮磷负荷实测值与模拟值能较好地落在 1∶1 连线上。氮磷模拟与实测之间也呈现出较好的相关性，其相关系数 R^2 分别为 0.992 8 和 0.986 1，其中氮素污染负荷的模拟效果要好于磷素污染负荷。

表 7-12　顺天小流域氮磷污染负荷模拟值与实测值对照

降雨日期	降雨量/mm	历时/min	总氮/kg			总磷/kg		
			模拟值	实测值	模拟偏差	模拟值	实测值	模拟偏差
2010-05-10	37.7	155	1 021.25	1 033.81	-1.2%	228.32	235.95	-3.2%
2010-06-02	19.0	330	748.37	799.58	-6.4%	55.45	56.24	-1.4%
2010-06-23	23.3	120	320.76	288.81	11.1%	127.36	112.15	13.6%

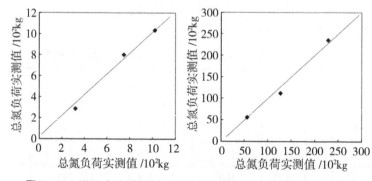

图 7-13　顺天小流域总氮、总磷负荷模拟值与实测值拟合比较

3.3.2 连续模拟结果

利用 AnnAGNPS 模型对 2010 年顺天小流域的年径流量及其氮、磷污染负荷进行连续模拟,模拟结果见表 7-13。

模拟结果显示,2010 年顺天小流域出口断面年均非点源地表径流输出为 3 015.2 万 m^3,年均总氮负荷为 91 377.4 kg,年均总磷负荷为 19 661.8 kg。单位面积总氮负荷为 32.45 kg/($hm^2 \cdot a$),单位面积总磷肥负荷为 6.98 kg/($hm^2 \cdot a$)。

不同月份氮磷污染负荷总量的变化也有显著的差异,氮磷负荷总量主要集中在雨季和耕作季节,在一年 12 个月中呈现正态分布,主要集中在 5 月和 6 月。

应用 AnnAGNPS 模型能初步模拟出流域径流量及其氮磷污染负荷,但是引起氮磷污染变化的原因还得从非点源污染发生机理等方面作进一步的探讨。同时由于模型所涉及的参数繁多,对参数的敏感性检验也需要作进一步研究。

表 7-13 AnnAGNPS 模型对顺天小流域的连续模拟结果(2010 年)

月份	降雨量/mm	径流量/m^3	TN/kg	TP/kg
1	126.3	1 032 449.8	1 342.1	256.7
2	110.8	877 138.9	786.4	175.6
3	54.4	401 194.6	563.0	124.8
4	291.6	4 650 520.8	1 735.8	365.2
5	358.6	8 364 635.2	34 672.6	6 825.0
6	361.7	9 067 501.3	47 823.7	10 834.2
7	106.5	835 426.9	1 248.7	317.5
8	15.8	102 523.4	112.4	10.6
9	249.8	3 842 250.0	2 756.2	678.4
10	67.0	494 118.3	156.2	35.7
11	34.0	250 746.6	65.7	13.2
12	38.5	233 723.7	114.6	24.9
合计	1 815.0	30 152 229.5	91 377.4	19 661.8

3.3.3 不同源类型污染负荷

利用 AnnAGNPS 模型对 2010 年顺天小流域不同源类型农业非点源污染负荷进行模拟估算,得出不同源类型的农业非点源污染年负荷总量及其强度(表 7-14)。

根据模拟结果可以看出,顺天小流域总氮和总磷的年负荷强度为:水田 > 旱地 > 果园 > 林地。总体上,水田、旱地、果园源类型由于受人类干扰较为显著,非点源负荷强度也明显高于林地,水田、旱地和果园是非点源污染发生的关键源区。

表 7-14 顺天小流域不同源类型非点源污染负荷及强度

源类型	非点源污染年负荷/kg·a^{-1}		非点源污染负荷强度/kg·hm^{-2}·a^{-1}	
	TN	TP	TN	TP
林地	20 450.88	3 282.24	12.96	2.08
果园	12 143.75	1 758.75	36.25	5.25
水田	19 056.82	3 794.38	49.37	9.83
旱地	5 864.84	1 144.58	38.84	7.58

但是，从流域内的污染负荷总量来看，总氮负荷总量为林地＞水田＞果园＞旱地，总磷负荷总量为水田＞林地＞果园＞旱地。林地和水田是非点源负荷输出的主要源类型，这主要原因是流域内林地和水田面积大于果园和旱地面积，所以面积成为决定非点源负荷总量的主要因素。

4 农业非点源污染控制对策与建议

4.1 存在问题

（1）制度缺陷。现行耕地使用制度暴露出农民"懒种田"的问题。经济的发展使农民种植业收入占总收入的份额越来越低，种田已经不能够激发农民的积极性，但受传统思想的影响，又不愿意彻底放弃农田，这样就出现了省工省时心理，化肥比有机肥省工，撒施比深施省工，于是就出现了重视化肥、普遍撒施，轻视有机肥、很少深施等"懒种田"现象。这种施肥耕作方式不仅加重环境污染，经济上也是一种浪费。直接的后果就是肥料的用量增加，同时流失量也在增加。

（2）科技水平滞后。现代农业生产尚离不开农药、化肥、农膜等生产要素，而只要使用农药、化肥、农膜就会对环境造成程度不同的污染。从这个意义上讲在现有的科技水平下，我们只能减轻污染程度，不能彻底消除污染。以氮素污染为例，假定在目前的科技水平下尿素的最高利用率为60%，剩下的40%必然造成对环境的危害，随着尿素使用量的增加，尿素对环境的破坏也越来越重。我国仍然不能摆脱高产目标，污染压力巨大。因此，目前的科技水平满足不了农业污染防治工作的需求。

总的来说，农业非点源污染具有以下几个方面的特点：①污染者数目，指大量污染个体的存在，管理者获得污染者个体的信息以及污染者之间获得信息者存在困难。②空间差异，是指同样的行为在不同位置会有不同的环境影响。③随机影响，即大多数非点源问题都涉及随机变量或生产中的随机影响。在农田流失养分的转运过程中，不同的流域条件影响着溶解性和颗粒性磷的分配，从而影响着养分可利用程度和对水体富营养化产生不同的效应。因此，减少农田养分流失的所有治理措施都应以减少藻类可利用的养分为目的，以此达到治理水体富营养化的目的。

由于农业非点源污染具有以上几个方面的特点，因此，它的治理无法采取像点源污染那样集中治理的方法加以治理，只有从整个农业生态系统或流域出发，建立稳定、和谐和良性循环的生态系统，才能既减少非点源污染的数量，又使系统具有较强的非点源污染净化能力，使其营养物质和有害成分在进入受纳水体前就显著降低，从而从根本上达到治理非点源污染的目的。

4.2 管理与控制措施

（1）科学施肥。肥料是现行非点源污染的主要物质来源，因此科学施肥，是从源头上控制面源污染的有效方法。在肥料的使用上政府可以制定一系列相关措施。如强制性措施：对那些肥料面源污染严重的地区，政府制定法律，严格控制水源保护地的施氮量（规定化肥和有机肥施用上限量）、规定施肥时期和肥料种类、规划栽培作物种类，发放肥料购买数量限额指标，或实施超额购买肥料征税的办法，强制人们改变不合理的施肥行为。刺激性手段：发展生态农业，实施生态农业政策，给予生态农业补贴，通过农产品市场手段控制肥料施用的方法，刺激人们采取最佳的施肥行为。帮助性方法：建立政府施肥技术信息免费服务平台，使农民能够方便快速地获得自己土地的最佳施肥量和施肥技术的信息，鼓励人们自觉地科学施肥。

（2）重视和加强对非点源污染的调查和监测，以确定非点源污染关键控制区，分析并确认流域内非点源污染的类型及主要原因，掌握其形成机理、迁移转化特征及规律，对于特殊问题可寻找替代性的解决办法，强调定量化研究，为制定政策提供科学依据。

（3）探讨在法律基础上，运用经济刺激手段（如污染治理收费、排污交易等）、教育和自愿参与协商手段解决非点源污染问题。非点源污染控制和治理实行市场化运作，辅以经济政策调节的杠杆作用。要利用税收调节杠杆作用，将农业过量使用化肥从源头上控制起来，同时补贴有机农业户。建议逐步征收磷、氮税，实施以税代费。要以民营资本为基础，包括建立环保资本的生成机制、组合机制、竞争机制和增值机制，建立环保持续发展战略投资体系。

（4）逐步形成有效的控制技术体系。非点源污染控制可结合区域的实际情况，建立相应的技术体系，并进行示范推广。非点源污染的控制有许多工程、技术措施，其中最佳管理措施（best management practice，BMPs）就是一种有效的控制非点源污染的管理措施。它是通过采用"清洁生产"或提供水污染预防措施来达到水环境保护的目的。BMPs 也可以被理解为各种具有特定设计标准或操作系数的设施或操作程序工程或非工程措施。现已提出的最佳管理措施有：免耕法、少耕法、综合病虫害防治、灌溉水的生态化、防护林、人工湿地、植被过滤带、草地缓冲带、岸边缓冲区、地下水位控制等方法和措施。

（5）加强宣传教育及环境信息传播，提高公众的环保觉悟和参与意识，非点源污染事关千家万户，要使流域内每一位公民都清楚地认识到自己既是污染的贡献者，又是污染的受害者、治理的责任人、决策的监督人，更是治理纳税的付费人。

5 农村非点源污染控制技术应用示范——顺天镇金史村塘景观改造

5.1 鱼塘的景观改造

5.1.1 鱼塘概况

金史村鱼塘主要分布在村落聚集区周边，村落区雨水和生活污水直接汇集到鱼塘。鱼塘是金史村主要的景观水体和污水收集系统，也是村－塘生态系统的重要组成部分。现状鱼塘水质总体上达到Ⅲ类，部分水质指标劣于Ⅲ类，枯水季总体水质劣于Ⅳ类。

5.1.2 整治目标

鱼塘水质总体达到Ⅲ类以上水平，鱼塘及其周边景观等到改善。

5.1.3 工程措施

(1) 池塘周边景观绿化：构建生态绿化过滤带，减少地表径流污染物输入。
(2) 污泥疏浚：对表层污泥进行疏浚。
(3) 引水与增氧：就近引入地表水，并在池塘安放增氧设施。
(4) 水体生物修复：水面安置生物绿（浮）岛，池底添加微生物复合材料。

5.2 村塘水体景观改造

5.2.1 村塘概况

村塘未改造前纳入的污水现已统一收集，经由污水管道排入污水处理设备。现村塘引水自村旁河水，水体水质较好，故水体景观搭配植物以造景植物为主，水体净化植物为辅。根据景观改造需求，考虑当地原生物种，搭配浮水植物睡莲与挺水植物旱伞草（莎草）作为村塘水体的植物景观。如平面布置图（图7-14）所示，于村塘东北处布置睡莲9～12棵，于村塘西北处布置睡莲6～9棵；另外于进水口与排水口处布置具有吸附水体富营养物质的旱伞草6～9棵（图7-15）。既可美化水体景观，亦可净化水质。此外另可根据水体水质，按需在村塘中布置净化水质的沉水植物——狐尾藻（图7-16）。各植物布置可根据现场情况调整棵数。

5.2.2 村塘护岸景观改造

现村塘护岸已作浆砌石护岸，并建有水泥质栏杆。考虑到村民可在村塘周边进行散步、赏景、休憩等活动，故在护岸上间隔式布置绿化花槽。花槽布置间隔为每3个栏杆（或约10 m）布置一组，花槽形状如设计图所示，成"凹"字型，面向行车道一边长为90 cm，面向村塘一边应与护岸平行，宽60 cm，深20～30 cm（视行人道高度而定），高出行人道约为10 cm。花槽底应与土壤面接触，以吸收养分，减少日常人工护理时间。花槽配种植物为：面向行车道搭配易造型的低矮灌丛，如黄榕、米仔兰；面向村塘搭配攀垂植物，如天门冬、爬墙虎。根据花槽大小，每组花槽搭配米仔兰2棵，天门冬2～4棵（图7-17）。

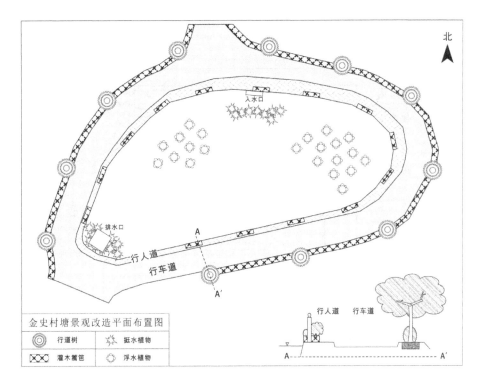

图 7-14 金史村塘景观改造平面布置

图 7-15 旱伞草造景

图 7-16 狐尾藻造景

另外，护岸边上可安装简易靠墙式花槽。简易靠墙式花槽有两种方案（图 7-18、图 7-19）：

（1）废弃轮胎式。选用废弃轮胎，直径为 50～60 cm，横向平均切开，向水塘一侧装上木板，固定在护岸上，轮胎中填入适量土壤，种植合果芋、天门冬、凤仙花、海棠、太阳花等耐旱粗生植物。

（2）PVC 管式。选用 PVC 排水管，管径约 30 cm，管长为 1.5～2.5 m，固定在护岸上。管上平均开挖 3～5 个花槽，填入适量土壤，种植合果芋、天门冬、凤仙花、海棠、太阳花等耐旱粗生植物。

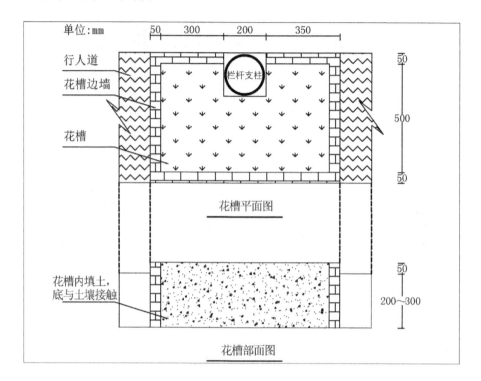

图 7-17　行人道绿化花槽设计

图 7-18　花槽近景（搭配天门冬与太阳花）

图 7-19　护岸上错落有致的花槽

上述两种花槽制作工艺较简单，废弃轮胎式花槽造价相对便宜，PVC 管式花槽外形相对美观，可根据需要进行选择。

5.2.3　村塘周边景观改造

村塘周边景观改造主要包括行车道与民居间绿化篱笆与行道树。绿化篱笆布置在行车道外侧，搭配中低高度到灌草植物——福建茶（图 7-20）或米仔兰。篱笆每间隔 15~20 m 设置开口，开口长 2 m，若为行车道开口，长度为 3.5~4 m。行道树布置在行车道外侧,种植于绿化篱笆中间,种植间隔为 10～15 m。搭配当地原生树种或南方耐虫害物种,如小叶榕、芒果树(图 7-21)。

图 7-20　植物篱笆——福建茶

图 7-21　行道树——芒果树

6　本章小结

(1)新丰江库区顺天小流域农业非点源污染状况。

1)通过降雨径流的同步调查监测发现,流域地表水存在着明显的非点源污染现象,不同源类型,地表径流的污染程度不同。

2)年内氮磷污染负荷总量的变化不同月份有显著的差异,氮磷负荷总量主要集中在雨季和耕作季节,污染负荷输出主要集中在 4—9 月。

3)不同源类型农业非点源污染负荷强度不同,其中水田、旱地单位面积非点源负荷强度较大,林地的单位面积非点源负荷强度较小。受地表扰动、施肥等人类活动影响,流域内水田、旱地是农业非点源污染发生的关键源区。

4)流域范围内,不同源类型农业非点源负荷总量不同,其中,林地和水田的污染物非点源负荷总量最大,旱地非点源负荷输出总量较小。流域范围内,源面积成为影响非点源负荷总量的主要因素。

5)由于农业非点源发生的普遍性、随机性以及污染物浓度相对较低但负荷总量巨大等特点,相应的非点源污染治理不仅是关键源区,同时应关注大面积流失区。

(2)农村非点源污染控制技术应用示范。基于生态治理理念,以东源县顺天镇金史村为例,通过对村塘周边一系列景观改造工程以及村塘自身的污泥疏浚、引水与增氧以及水体生物修复工程,整体上改善了村塘水质及其周边的景观配置。

参 考 文 献

[1] 孔兰. 新丰江水库水资源综合利用存在问题初探 [J]. 2012: 58-60, 64.
[2] 邵全琴, 赵志平, 刘纪远, 等. 近30年来三江源地区土地覆被与宏观生态变化特征 [J]. 地理研究, 2010 (8): 1439-1451.
[3] 刘纪远, 张增祥, 徐新良, 等. 21世纪初中国土地利用变化的空间格局与驱动力分析 [J]. 地理学报, 2009 (12): 1411-1420.
[4] 刘纪远, 邓祥征. LUCC时空过程研究的方法进展 [J]. 科学通报, 2009 (21): 3251-3258.
[5] 刘纪远, On Dls. Iogac., 布和敖斯尔. 中国土地利用变化现代过程时空特征的研究——基于卫星遥感数据 [J]. 第四纪研究, 2000 (3): 229-239.
[6] 高志强, 刘纪远, 庄大方. 基于遥感和GIS的中国土地利用/土地覆盖的现状研究 [J]. 遥感学报, 1999 (2): 51-55.
[7] 张树文, 张养贞, 李颖, 等. 东北地区土地利用/覆被时空特征分析 [M]. 北京: 科学出版社, 2006.
[8] 史培军, 江源, 王静爱, 等. 土地利用/覆盖变化与生态安全响应机制 [M]. 北京: 科学出版社, 2004.
[9] 臧淑英, 冯仲科. 资源型城市土地利用/土地覆盖变化与景观动态——大庆市案例分析 [M]. 北京: 科学出版社, 2008.
[10] 全斌. 土地利用与土地覆盖变化学导论 [M]. 北京: 中国环境科学出版社, 2010.
[11] 刘纪远, 刘明亮, 庄大方, 等. 中国近期土地利用变化的空间格局分析 [J]. 中国科学 (D辑: 地球科学), 2002 (12): 1031-1040.
[12] 邵景安, 李阳兵, 魏朝富, 等. 区域土地利用变化驱动力研究前景展望 [J]. 地球科学进展, 2007 (8): 798-809.
[13] 杨梅, 张广录, 侯永平. 区域土地利用变化驱动力研究进展与展望 [J]. 地理与地理信息科学, 2011 (1): 95-100.
[14] 郭斌, 陈佑启, 姚艳敏, 等. 土地利用与土地覆被变化驱动力研究综述 [J]. 中国农学通报, 2008 (4): 408-414.
[15] 王思远, 刘纪远, 张增祥, 等. 中国土地利用时空特征分析 [J]. 地理学报, 2001 (6): 631-639.
[16] 唐华俊, 陈佑启, 邱建军, 等. 中国土地利用/土地覆盖变化研究 [M]. 北京: 中国农业科学技术出版社, 2004.
[17] 朱会义, 李秀彬. 关于区域土地利用变化指数模型方法的讨论 [J]. 地理学报, 2003 (5): 643-650.
[18] 于嵘. 基于遥感时序数据的中国陆地植被覆盖变化分析研究 [D]. 中国科学院研究生院 (遥感应用研究所), 2006.
[19] 钟非亚. 嘉陵江上游小流域土壤侵蚀与植被恢复关系研究 [D]. 四川农业大学, 2004.
[20] Crippen R E. Calculating the vegetation index faster [J]. Remote Sensing of Environment, 1990, 34

(1): 71-73.
- [21] Gutman G, Ignatov A. The derivation of the green vegetation fraction from NOAA/AVHRR data for use in numerical weather prediction models [J]. International Journal of Remote Sensing, 1998, 19 (8): 1533-1543.
- [22] 杨凯. 平原河网地区水系结构特征及城市化响应研究 [D]. 华东师范大学, 2006.
- [23] 邢忠, 陈诚. 河流水系与城市空间结构 [J]. 城市发展研究, 2007 (1): 27-32.
- [24] 周洪建, 史培军, 王静爱, 等. 近30年来深圳河网变化及其生态效应分析 [J]. 地理学报, 2008 (9): 969-980.
- [25] 杨凯, 袁雯, 赵军, 等. 感潮河网地区水系结构特征及城市化响应 [J]. 地理学报, 2004 (4): 557-564.
- [26] 黄奕龙, 王仰麟, 刘珍环, 等. 快速城市化地区水系结构变化特征——以深圳市为例 [J]. 地理研究, 2008 (5): 1212-1220.
- [27] 周洪建, 王静爱, 史培军, 等. 深圳市1980—2005年河网变化对水灾的影响 [J]. 自然灾害学报, 2008 (1): 97-103.
- [28] 周家维, 胡冀. 北盘江流域水系结构特征及分析 [J]. 贵州林业科技, 1997 (1): 26-31.
- [29] 冯平, 冯焱. 河流形态特征的分维计算方法 [J]. 地理学报, 1997 (4): 38-44.
- [30] 孟飞, 刘敏, 吴健平, 等. 高强度人类活动下河网水系时空变化分析——以浦东新区为例 [J]. 资源科学, 2005 (6): 156-161.
- [31] 周家维, 胡冀. 北盘江流域水系结构特征及分析 [J]. 贵州林业科技, 1997 (1): 26-31.
- [32] 周洪建, 史培军, 王静爱, 等. 近30年来深圳河网变化及其生态效应分析 [J]. 地理学报, 2008 (9): 969-980.
- [33] 黄奕龙, 王仰麟, 刘珍环, 等. 快速城市化地区水系结构变化特征——以深圳市为例 [J]. 地理研究, 2008 (5): 1212-1220.
- [34] 冯平, 冯焱. 河流形态特征的分维计算方法 [J]. 地理学报, 1997 (4): 38-44.
- [35] 叶亚平, 刘鲁君. 中国省域生态环境质量评价指标体系研究 [J]. 环境科学研究, 2000, 13 (3): 33-36.
- [36] 曾永年, 冯兆东, 曹广超. 基于GIS的黄河上游龙羊峡库区生态环境遥感监测研究 [J]. 山地学报, 2003, 21 (2): 140-148.
- [37] 孙彩歌, 钟凯文, 刘旭拢. 东江流域近20年来生态安全时空变化遥感分析 [J]. 国土与自然资源研究, 2012 (2): 51-52.
- [38] 韩旭. 青岛市生态系统评价与生态功能分区研究 [D]. 东华大学, 2008.
- [39] 傅伯杰, 刘国华, 陈利顶, 等. 中国生态区划方案 [J]. 生态学报, 2001 (1): 1-6.
- [40] 崔光琦, 黄国锋, 张永波, 等. 广东省生态环境现状, 存在问题和对策 [J]. 生态环境, 2003, 12 (3): 313-316.
- [41] 张永民, 赵士洞. 千年生态系统评估项目的后续计划 [J]. 自然资源学报, 2010, 25 (3).
- [42] Zhang Z, Ming D, Xing T. Eco-environmental Monitoring and Evaluation of the Tekes Watershed in Xinjiang Using Remote Sensing Images [J]. Procedia Environmental Sciences, 2011, 10, Part A: 427-432.
- [43] 孟庆香. 基于遥感、GIS和模型的黄土高原生态环境质量综合评价 [D]. 西北农林科技大学, 2006.
- [44] 庄大方, 王桥, 江东, 等. 宏观生态环境遥感监测技术与应用 [M]. 北京: 科学出版社, 2012.
- [45] 彭望琭, 白振平, 刘湘南, 等. 遥感概论 [M]. 北京: 高等教育出版社, 2002.

[46] 刘瑞民,沈珍瑶. 大宁河流域生态环境综合评价及其演变[J]. 北京师范大学学报:自然科学版,2006(2):200-203.

[47] Basso F, Bove E, Dumontet S, et al. Evaluating environmental sensitivity at the basin scale through the use of geographic information systems and remotely sensed data: an example covering the Agri basin (Southern Italy)[J]. Catena, 2000, 40(1):19-35.

[48] Smith W, Meredith T C, Johns T. Exploring methods for rapid assessment of woody vegetation in the Batemi Valley, North-central Tanzania[J]. Biodiversity and Conservation, 1999, 8(4):447-470.

[49] 申文明,张建辉,王文杰,等. 基于RS和GIS的三峡库区生态环境综合评价[J]. 长江流域资源与环境,2004(2):159-162.

[50] 王鹏,魏信,乔玉良. 多尺度下汾河流域生态环境质量评价与时序分析[J]. 遥感技术与应用,2011,26(6):798-807.

[51] 任斐鹏,江源,熊兴,等. 东江流域近20年土地利用变化的时空差异特征分析[J]. 资源科学,2011(1):143-152.

[52] 朱晓华,杨秀春. 层次分析法在区域生态环境质量评价中的应用研究[J]. 国土资源科技管理,2001(5):43-46.

[53] 曹长军,黄云. 层次分析法在县域生态环境质量评价中的应用[J]. 安徽农业科学,2007(11):3344-3345.

[54] 王宗仁,武子远,段彩环,等. 特尔斐——模糊综合比较法评价生态环境质量变化[J]. 城市环境与城市生态,2001(3):47-49.

[55] Haykin S S, Haykin S S, Haykin S S, et al. Neural networks and learning machines[M]. New York: Prentice Hall, 2009.

[56] Mas J F, Flores J J. The application of artificial neural networks to the analysis of remotely sensed data[J]. International Journal of Remote Sensing, 2008, 29(3):617-663.

[57] Muukkonen P, Heiskanen J. Estimating biomass for boreal forests using ASTER satellite data combined with standwise forest inventory data[J]. Remote sensing of Environment, 2005, 99(4):434-447.

[58] 李洪义,史舟,沙晋明,等. 基于人工神经网络的生态环境质量遥感评价[J]. 应用生态学报,2006,17(8):1475-1480.

[59] 张丽,彭小金,周丰. 物元分析在区域雨水资源开发利用综合评价中的应用[J]. 中国农村水利水电,2008,6:46-48.

[60] 吴华军,刘年丰,何军,等. 基于物元分析的生态环境综合评价研究[J]. 华中科技大学学报:城市科学版,2006,23(1):52-55.

[61] 李丽. 小城镇生态环境质量评价指标体系及其评价方法的研究[D]. 华中农业大学,2008.

[62] 王思远,王光谦,陈志祥. 黄河流域生态环境综合评价及其演变[J]. 山地学报,2004(2):133-139.

[63] 徐燕,周华荣. 初论我国生态环境质量评价研究进展[J]. 干旱区地理,2003(2):166-172.

[64] Campbell K R, Bartell S M. Ecological models and ecological risk assessment[J]. Risk assessment: Logic and measurement, 1998, 69:100.

[65] 王思远,张增祥,赵晓丽,等. 遥感与GIS技术支持下的湖北省生态环境综合分析[J]. 地球科学进展,2002,17(3):426-431.

[66] 周小成,汪小钦,江洪,等. 九龙江流域生态环境质量遥感评价与分析[J]. 地球信息科学学报,2009,11(2):231-236.

[67] Mati B M, Morgan R P, Gichuki F N, et al. Assessment of erosion hazard with the USLE and GIS: A

case study of the Upper Ewaso Ngíro North basin of Kenya [J]. International Journal of Applied Earth Observation and Geoinformation, 2000, 2 (2): 78 - 86.

[68] 潘美慧, 伍永秋, 任斐鹏, 等. 基于 USLE 的东江流域土壤侵蚀量估算 [J]. 自然资源学报, 2010 (12): 2154 - 2164.

[69] Wang X, Cao Y, Zhong X, et al. A New Method of Regional Eco - environmental Quality Assessment and Its Application [J]. Journal of Environmental Quality, 2012, 41 (5): 1393 - 1401.

[70] Lathrop R G, Bognar J A. Applying GIS and landscape ecological principles to evaluate land conservation alternatives [J]. Landscape and Urban Planning, 1998, 41 (1): 27 - 41.

[71] 麻素挺, 汤洁, 林年丰. 基于 GIS 与 RS 多源空间信息的吉林西部生态环境综合评价 [J]. 资源科学, 2004, 26 (4): 140 - 145.

[72] 李靖华, 郭耀煌. 主成分分析用于多指标评价的方法研究——主成分评价 [J]. 管理工程学报, 2002, 16 (1): 39 - 43.

[73] 邱东. 多指标综合评价方法的系统分析 [M]. 北京: 中国统计出版社, 1991.

[74] 刘凯, 王雪娜, 张虹鸥, 等. 新丰江流域水网结构演变特征分析 [J]. 热带地理, 2010, 30 (4): 380 - 385.

[75] 梁福庆. 水库供水环境安全问题研究 [J]. 水利经济, 2010 (2): 62 - 64.

[76] 郝晓地, 刘壮, 刘国军. 欧洲水环境控磷策略与污水除磷技术 (上) [J]. 给水排水, 1998 (8): 68 - 72.

[77] 郝晓地, 刘壮, 刘国军. 欧洲水环境控磷策略与污水除磷技术 (下) [J]. 给水排水, 1998 (9): 68 - 71.

[78] 北京市水利局水环境治理考察团. 日本韩国的水环境治理 [J]. 北京水利, 2003 (4): 30 - 32.

[79] 齐学斌, 刘景祥. 国外水资源可持续利用发展动态浅析 [J]. 西北水资源与水工程, 2001 (4): 40 - 43.

[80] 冯玉琦. 我国水环境的现状、存在问题及治理方略 [J]. 农业与技术, 2003 (2): 12 - 15.

[81] 王惠中. 浅海与湖泊三维环流及水质数值模拟研究和应用 [D]. 河海大学, 2001.

[82] 郭劲松, 王红, 龙腾锐. 水资源水质评价方法分析与进展 [J]. 重庆环境科学, 1999 (6): 1 - 3.

[83] 王梦. 水环境质量评价中几种方法的比较 [J]. 渤海大学学报: 自然科学版, 2008 (1): 34 - 37.

[84] 孙宝权, 董少杰, 邵作玖, 等. 探讨模糊评价法在水质评价中的应用 [J]. 水利与建筑工程学报, 2009 (3): 127 - 128.

[85] 张小君, 徐中民, 宋晓谕, 等. 几种水环境质量评价方法在青海湖入湖河流中的应用 [J]. 环境工程, 2013 (1): 117 - 121.

[86] 苏德林, 武斌, 沈晋. 水环境质量评价中的层次分析法 [J]. 哈尔滨工业大学学报, 1997 (5): 108 - 110.

[87] 游秀花, 杨其霞, 江茂生. 水质污染综合评价方法的研究 [J]. 农业系统科学与综合研究, 2002 (2): 119 - 121.

[88] 蒋佰权. 人工神经网络在水环境质量评价与预测上的应用 [D]. 首都师范大学, 2007.

[89] 崔宝侠. 基于 GIS 的水环境评价决策支持系统研究 [D]. 东北大学, 2005.

[90] 孔兰. 新丰江水库水资源综合利用存在问题初探 [J]. 中国农村水利水电, 2012 (10): 58 - 60.

[91] 韩博平. 中国水库生态学研究的回顾与展望 [J]. 湖泊科学, 2010 (2): 151 - 160.

[92] 王磊, 俞建军. 浙江省水库饮用水源地保护政策机制初探 [J]. 浙江水利科技, 2013 (4): 25 - 28.

[93] 林叔忠. 对广东省大中型水库管理的思考 [J]. 广东水利水电, 2009 (2): 5 - 10.

[94] 黄东亮. 我国饮用水源水质评价的新方法 [J]. 水文, 2001 (S1): 62-64.

[95] 吕乐婷, 彭秋志, 廖剑宇, 等. 近50年东江流域降雨径流变化趋势研究 [J]. 资源科学, 2013 (3): 514-520.

[96] 朱立忠. 河源市供水系统规划研究 [D]. 西南交通大学, 2010.

[97] 潘玉敏. 东江三大水库转变功能目的及调节计算原理 [J]. 广东水利电力职业技术学院学报, 2004 (3): 51-55.

[98] 东江流域管理局. 东江流域三大水库供水调度方案获批试行 [Z]. 2012: 2012.

[99] 叶艺娟, 郑桂莲, 周国惠, 等. 河源市城区居民生活饮用水卫生状况调查 [J]. 实用预防医学, 2009 (6): 1842-1843.

[100] 龚建文, 周永章, 张正栋. 广东新丰江水库饮用水源地生态补偿机制建设探讨 [J]. 热带地理, 2010 (1): 40-44.

[101] 杨龙, 温美丽, 周霞, 等. 南坑河污染初步调查及河岸植物的富集能力 [J]. 热带地理, 2013 (5): 549-554.

[102] 何中发, 方正, 温晓华, 等. 长江口海域表层沉积物重金属元素赋存形态特征 [J]. 上海国土资源, 2012 (2): 69-73.

[103] 余秀娟, 霍守亮, 昝逢宇, 等. 巢湖表层沉积物中砷的分布特征及其污染评价 [J]. 环境工程技术学报, 2012 (2): 124-132.

[104] 卢仁骏, 严小龙, 黄志武, 等. 广东省砖红壤旱地土壤养分状况的网室调查 [J]. 华南农业大学学报, 1992 (2): 74-80.

[105] 乔光建, 张均玲, 刘春广. 流域植被对水质的影响分析 [J]. 水资源保护, 2004 (4): 28-30.

[106] 欧阳球林. 水土流失对清林径水库水质的影响研究 [J]. 水土保持通报, 1999 (3): 22-25.

[107] 马立珊. 苏南太湖水系农业非点源氮污染及其控制对策研究 [J]. 应用生态学报, 1992 (4): 346-354.

[108] Gomez B. Assessing the impact of the 1985 farm bill on sediment-related nonpoint source pollution [J]. Journal of soil and water conservation, 1995, 50 (4): 374-377.

[109] 薛晋萍. 太原市城市水环境人为影响因素及防治对策 [J]. 太原科技, 2006 (3): 34-36.

[110] Pancel L. Troptcal Forestry Handbook [G]. Berlin: Springer-verlag New York, 1993.

[111] 钟旭和, 颜江河. 翡翠水库集水区之土地利用与溪流水质关系 [R]. 台湾: 台湾省林业试所, 1985.

[112] 施立新, 余新晓, 马钦彦. 国内外森林与水质研究综述 [J]. 生态学杂志. 2000 (3): 52-56.

[113] 刘贤赵, 王巍, 王学山, 等. 基于缓冲区分析的城市化与地表水质关系研究——以烟台沿海区县为例 [J]. 测绘科学, 2008 (1): 163-166.

[114] 邓国军, 刘凯, 王树功, 等. 土地利用快速变化对松山湖水库水质的影响分析 [J]. 热带地理, 2008 (2): 124-128.

[115] 张筑元, 李晓, 叶翠, 等. 悬浮物对三峡水库水质测定结果的影响 [J]. 中国环境监测, 2006 (5): 52-54.

[116] 黄廷林. 水体沉积物中重金属释放动力学及试验研究 [J]. 环境科学学报, 1995 (4): 440-446.

[117] 徐毓荣, 徐钟际, 徐玮. 阿哈水库沉积物中Fe, Mn的二次污染研究 [J]. 贵州环保科技, 1998 (1): 6-11.

[118] 黄梅芳. 水库铁、锰超标原因分析及防治对策 [J]. 引进与咨询, 2006 (6): 50-52.

[119] 周鹏. 地下水中铁和锰的危害及去除方法 [J]. 山西建筑, 2008 (23): 189-190.

[120] 李然, 李嘉, 赵文谦. 水环境中重金属污染研究概述 [J]. 四川环境, 1997 (1): 19-23.

[121] 赵塈, 柴立元, 王云燕, 等. 水环境中铬的存在形态及迁移转化规律 [J]. 工业安全与环保, 2006 (8): 1-3.

[122] 周保学, 周定. 铬与人体健康 [J]. 化学世界, 2000 (2): 112.

[123] 奚旦立, 孙裕生, 刘秀英. 环境监测 [G]. 北京: 高等教育出版社, 1995: 9-10.

[124] Environmental Protection Agency. IRIS database [DB/CD]. U.S., 1996.

[125] 刘宝元, 谢云, 张科利. 土壤侵蚀预报模型 [M]. 北京: 中国科学技术出版社, 2001.

[126] 张光辉. 土壤水蚀预报模型研究进展 [J]. 地理研究, 2001 (3): 274-281.

[127] 王铁锋, 张帜, 易越, 等. 应用遥感技术推算入库泥沙量 [J]. 东北水利水电, 1998 (6): 20-22.

[128] 赵忠海. 遥感技术在密云水库北部土壤侵蚀调查中的应用 [J]. 中国地质灾害与防治学报, 2003 (4): 103-107.

[129] 蒋德麒, 赵诚信, 陈章霖. 黄河中游小流域径流泥沙来源初步分析 [J]. 地理学报, 1966 (1): 20-36.

[130] 江忠善, 宋文经. 黄河中游黄土丘陵沟壑区小流域产沙量计算 [M]. 北京: 水利出版社, 1982.

[131] 曾伯庆. 晋西黄土丘陵沟壑区水土流失规律及治理效益 [J]. 人民黄河, 1980 (2): 20-25.

[132] 牟金泽. 陕北小流域产沙量: 预报及水土保持措施拦沙计算 [M]. 北京: 水利出版社, 1981.

[133] 金争平, 赵焕勋, 和泰, 等. 皇甫川区小流域土壤侵蚀量预报方程研究 [J]. 水土保持学报, 1991 (1): 8-18.

[134] 加生荣. 黄丘一区径流泥沙来源研究 [J]. 中国水土保持, 1992 (1): 24-27.

[135] 张平仓, 唐克丽, 郑粉丽, 等. 皇甫川流域泥沙来源及其数量分析 [J]. 水土保持学报, 1990 (4): 29-36.

[136] 江忠善, 王志强, 刘志. 黄土丘陵区小流域土壤侵蚀空间变化定量研究 [J]. 土壤侵蚀与水土保持学报, 1996 (1): 1-9.

[137] 刘黎明, 林培. 黄土高原丘陵沟壑区土壤侵蚀定量方法与模型的研究 [J]. 水土保持学报, 1993 (3): 73-79.

[138] 陈浩. 黄河中游小流域的泥沙来源研究 [J]. 土壤侵蚀与水土保持学报, 1999 (1): 20-27.

[139] 蔡强国, 陆兆熊, 王贵平. 黄土丘陵沟壑区典型小流域侵蚀产沙过程模型 [J]. 地理学报, 1996 (2): 108-117.

[140] 陆桂华, 王卫平, 罗健. 一种确定水库库容曲线的新方法 [J]. 水文, 1997 (1): 39-42.

[141] 于文波, 杨极, 李靖, 等. GPS卫星定位技术在水库库区测量中的应用 [J]. 东北水利水电. 1999 (3): 35-36.

[142] 余赛英. NGD-60实时动态差分GPS测量系统在水库库容测量中的应用 [J]. 水利科技, 2001 (3): 32-34.

[143] 杨中华, 陈琳. 基于GIS的水库库容测量方法的研究与实践 [J]. 测绘通报, 2002 (11): 28-30.

[144] 熊春宝, 冯平, 林继镛, 等. GPS-RTK技术在水库库容测量中的应用 [J]. 水利水电技术, 2003 (7): 76-78.

[145] 袁博宇. GPS技术在官厅水库清淤工程中的应用 [J]. 北京水利, 2003 (2): 24-25.

[146] Wischmeier W H. A rainfall erosion index for a universal soil-loss equation [J]. Soil Science Society of America Proceedings, 1959, 23 (3): 246-249.

[147] 陈法扬, 王志明. 小良水土保试验站降雨侵蚀动能研究 [J]. 水土保持通报, 1992 (1): 42-

51.

[148] 王万忠,焦菊英. 黄土高原坡面降雨产流产沙过程变化的统计分析 [J]. 水土保持通报, 1996 (5): 21-28.

[149] Renard K G, Freimund J R. Using monthly precipitation data to estimate the $<i>R$ - factor in the revised USLE [J]. Journal of hydrology, 1994, 157 (1): 287-306.

[150] Yu B, Rosewell C J. A robust estimators of the R - reaction for the Universal Soil Loss Equation [J]. Transactions of the ASAE, 1996, 39 (2): 559-561.

[151] 叶芝菡,刘宝元,章文波,等. 北京市降雨侵蚀力及其空间分布 [J]. 中国水土保持科学, 2003 (1): 16-20.

[152] Ferro V, Porto P, Yu B. A comparative study of rainfall erosivity estimation for southern Italy and southeastern Australia [J]. Hydrological sciences journal, 1999, 44 (1): 3-24.

[153] Richardson C W, Foster G R, Wright D A. Estimation of erosion index from daily rainfall amount. [J]. Transactions, American Society of Agricultural Engineers, 1983, 26 (1): 153-156, 160.

[154] 章文波,付金生. 不同类型雨量资料估算降雨侵蚀力 [J]. 资源科学, 2003 (1): 35-41.

[155] Renard K G, Foster G R, Weesies G A, et al. RUSLE: Revised universal soil loss equation [J]. Journal of soil and Water Conservation, 1991, 46 (1): 30-33.

[156] Sharpley A N, Williams J R. Erosion Productivity Impact Calculator: 1. Model Documentation (EPIC) [G]. US Department of Agriculture Technical Bulletin, 1990: 1768.

[157] 陈明华,周福建. 土壤可蚀性因子的研究 [J]. 水土保持学报, 1995, 1 (9): 19-24.

[158] 梁音,史学正. 长江以南东部丘陵山区土壤可蚀性K值研究 [J]. 水土保持研究, 1999 (2): 48-53.

[159] 吕喜玺,沈荣明. 土壤可蚀性因子K值的初步研究 [J]. 水土保持学报, 1992 (1): 63-70.

[160] 马志尊. 应用卫星影像估算通用土壤流失方程各因子值方法的探讨 [J]. 中国水土保持, 1989 (3): 26-29.

[161] 张宪奎,许靖华,卢秀琴,等. 黑龙江省土壤流失方程的研究 [J]. 水土保持通报, 1992 (4): 1-9.

[162] 陈法扬. 不同坡度对土壤冲刷量影响试验 [J]. 中国水土保持, 1985 (2): 20-21.

[163] 江忠善,李秀英. 黄土高原土壤流失预报方程中降雨侵蚀力和地形因子的研究 [J]. 中国科学院西北水土保持研究所集刊, 1988 (1): 40-45.

[164] Glymph L M. Studies of sediment yields from watersheds [J]. International Association for Hydrological Sciences Publication, 1954, 36: 173-191.

[165] 牟金泽,孟庆枚. 降雨侵蚀土壤流失预报方程的初步研究 [J]. 中国水土保持, 1983 (6): 25-29.

[166] 杨艳生. 论土壤侵蚀区域性地形因子值的求取 [J]. 水土保持学报, 1988 (2): 89-96.

[167] 黄炎和,卢程隆,付勤,等. 闽东南土壤流失预报研究 [J]. 水土保持学报, 1993 (4): 13-18.

[168] 陈振金,刘用清,郑大增. USLE方程在我省生态型建设项目环评中的应用 [J]. 福建环境, 1995 (2): 12-14.

[169] 余新晓. 森林植被减弱降雨侵蚀能量的数理分析 [J]. 水土保持学报, 1988 (2): 24-30.

[170] 侯喜禄,梁一民,曹清玉. 黄土丘陵沟壑区主要水保林类型及草地水保效益的研究 [J]. 中国科学院水利部西北水土保持研究所集刊 (森林水文生态与水土保持林效益研究专集), 1991 (2): 96-103.

[171] 卢玉东,尹光志,熊有胜,等. 应用TM图像分析重庆南川市土壤侵蚀与植被覆盖度的关系

[J]. 南京农业大学学报, 2005 (4): 72-75.

[172] Walling D E. The sediment delivery problem [J]. Journal of Hydrology, 1983, 65 (1-3): 209-237.

[173] Wolman M G. Changing needs and opportunities in the sediment field [J]. Water Resources Research, 1977, 13 (1): 50-54.

[174] Walling D E. Measuring sediment yield from river basins [J]. Soil erosion research methods. 1988: 39-73.

[175] Roehl J E. Sediment source areas, delivery ratios and influencing morphological factors [J]. International Association of Hydrological Sciences, 1962, 59: 202-213.

[176] 蔡强国, 王贵平, 陈永宗. 黄土高原小流域侵蚀产沙过程与模拟 [M]. 北京: 科学出版社, 1998.

[177] Mutchler C K, Young R A. SOIL DETACHMENT BY RAINDROPS. [J]. Sediment - Yield Workshop, Present and Prospective Technol for Predict Sediment Yields and Sources, Proc, USDA Sediment Lab, 1975: 113-117.

[178] Vanoni V A. Sedimentation engineering. [J]. NEW YORK, AM. SOC. CIV. ENGRS., 1975, III, 1975 (54).).

[179] 张凤洲. 珠江流域的水土流失治理重点和基本对策 [J]. 水土保持通报, 1990 (3): 25-29.

[180] 文安邦, 张信宝, 王玉宽, 等. 云贵高原区龙川江上游泥沙输移比研究 [J]. 水土保持学报, 2003 (4): 139-141.

[181] 孙厚才, 李青云. 应用分形原理建立小流域泥沙输移比模型 [J]. 人民长江, 2004 (3): 12-13.

[182] 孙佳, 何丙辉. 不同降雨条件下紫色土母质水沙输移动态研究 [J]. 水土保持研究, 2007, 14 (4): 457-459.

[183] 广东省水利厅水保农水处广东省水利水电科学研究所. 北江上游水土流失与治理 [J]. 水土保持研究, 1997 (3): 1-77.

[184] 余剑如, 史立人, 冯明汉, 等. 长江上游的地面侵蚀与河流泥沙 [J]. 水土保持通报, 1991 (1): 9-17.

[185] 陆国琦, 等. 华南大型水库泥沙淤积研究 [M]. 广州: 广东科技出版社, 1993.

[186] 国家发改委和交通运输部. 国家公路网规划 (2013—2030) [R]. 2013.

[187] 刘春霞, 韩烈保. 高速公路边坡植被恢复研究进展 [J]. 生态学报, 2007 (5): 2090-2098.

[188] 王文生, 杨晓华, 谢永利. 公路边坡植物的护坡机理 [J]. 长安大学学报: 自然科学版, 2005 (4): 26-30.

[189] 任海, 彭少麟. 恢复生态学导论 [M]. 北京: 科学出版社, 2001.

[190] 张华君, 吴曙光. 边坡生态防护方法和植物的选择 [J]. 公路交通技术, 2004 (2): 84-86.

[191] 谭少华, 汪益敏. 高速公路边坡生态防护技术研究进展与思考 [J]. 水土保持研究, 2004 (3): 81-84.

[192] 肖生鸿, 刘金祥, 邓晓. 糖蜜草的光合特性研究 [J]. 草原与草坪, 2007 (3): 1-4.

[193] 田海涛, 张振克, 李彦明, 等. 中国内地水库淤积的差异性分析 [J]. 水利水电科技进展, 2006 (6): 28-33.

[194] 戴方喜, 许文年, 陈芳清. 对三峡水库消落区生态系统与其生态修复的思考 [J]. 中国水土保持, 2006 (12): 6-8.

[195] 陈天富, 林建平, 冯炎基. 新丰江水库消涨带岸坡侵蚀研究 [J]. 热带地理, 2002 (2): 166-170.

[196] 方华, 陈天富, 林建平, 等. 李氏禾的水土保持特性及其在新丰江水库消涨带的应用 [J]. 热

带地理, 2003 (3): 214-217.

[197] 李川, 周倩, 王大铭, 等. 模拟三峡库区淹水对植物生长及生理生化方面的影响 [J]. 西南大学学报: 自然科学版, 2011 (10): 46-50.

[198] 袁兴中, 熊森, 李波, 等. 三峡水库消落带湿地生态友好型利用探讨 [J]. 重庆师范大学学报: 自然科学版, 2011 (4): 23-25.

[199] 李强, 丁武泉, 朱启红, 等. 水位变化对三峡库区低位狗牙根种群的影响 [J]. 生态环境学报, 2010 (3): 652-656.

[200] 付奇峰, 方华, 林建平. 华南地区水库消涨带生态重建的植物筛选 [J]. 生态环境, 2008 (6): 2325-2329.

[201] 朱桂才, 杨中艺. 水分胁迫下李氏禾营养器官的解剖结构研究 [J]. 长江大学学报: 自然科学版农学卷, 2008 (3): 17-20.

[202] 樊克. 水库塌岸研究与进展综述 [J]. 中国水运 (下半月), 2010 (6): 212-214.

[203] 陆国琦. 华南大型水库泥沙淤积研究 [M]. 广州: 广东科技出版社, 1993.

[204] 宋岳, 段世委, 陈书文. 官厅水库塌岸影响因素分析 [J]. 水利水电工程设计, 2004 (1): 34-37.

[205] 白建光, 许强. 三峡水库塌岸演化模式研究 [J]. 内蒙古农业大学学报: 自然科学版, 2008 (3): 108-111.

[206] 高德松, 席占平, 王历超, 等. 三峡水库塌岸量的计算分析 [J]. 人民黄河, 1997 (3): 13-15.

[207] 夏星辉, 陈静生. 土壤重金属污染治理方法研究进展 [J]. 环境科学, 1997 (3): 74-78.

[208] 韦朝阳, 陈同斌, 黄泽春, 等. 大叶井口边草——一种新发现的富集砷的植物 [J]. 生态学报, 2002 (5): 777-778.

[209] 韦朝阳, 陈同斌. 重金属污染植物修复技术的研究与应用现状 [J]. 地球科学进展, 2002 (6): 833-839.

[210] 吴志强, 顾尚义, 李海英, 等. 重金属污染土壤的植物修复及超积累植物的研究进展 [J]. 环境科学与管理, 2007 (3): 67-71.

[211] 聂发辉. 关于超富集植物的新理解 [J]. 生态环境, 2005 (1): 136-138.

[212] 沈振国, 刘友良. 重金属超量积累植物研究进展 [J]. 植物生理学通讯, 1998 (2): 133-139.

[213] 刘凤枝. 农业环境监测实用手册 [M]. 北京: 中国标准出版社, 2001.

[214] 金雪莲, 任婧, 夏峰. 我国河流湖泊砷污染研究进展 [J]. 环境科学导刊, 2012 (5): 26-31.

[215] 王萍, 王世亮, 刘少卿, 等. 砷的发生、形态、污染源及地球化学循环 [J]. 环境科学与技术, 2010 (7): 90-97.

[216] 王金翠, 孙继朝, 黄冠星, 等. 土壤中砷的形态及生物有效性研究 [J]. 地球与环境, 2011 (1): 32-36.

[217] 张楠, 韦朝阳, 杨林生. 淡水湖泊生态系统中砷的赋存与转化行为研究进展 [J]. 生态学报, 2013 (2): 337-347.

[218] 何中发, 方正, 温晓华, 等. 长江口海域表层沉积物重金属元素赋存形态特征 [J]. 上海国土资源, 2012 (2): 69-73.

[219] 余秀娟, 霍守亮, 昝逢宇, 等. 巢湖表层沉积物中砷的分布特征及其污染评价 [J]. 环境工程技术学报, 2012 (2): 124-132.

[220] Who. World Health Organization (WHO). Guidelines for drinking water quality [M]. Geneva: WHO Press, 2011: 1.

[221] 王颖, 吕斯丹, 李辛, 等. 去除水体中砷的研究进展与展望 [J]. 环境科学与技术, 2010 (9): 102-107.

[222] 朱参胜, 梁晓聪. 砷的毒理及其对人体健康的影响 [J]. 环境与健康杂志, 2009 (6): 561-563.

[223] 苑宝玲, 李坤林, 邢核, 等. 饮用水砷污染治理研究进展 [J]. 环境保护科学, 2006 (1): 17-19.

[224] 潘雨齐, 李时卉, 彭亮, 等. 环境中砷元素的分布、化学形态、生物毒性及其污染治理 [J]. 农业环境与发展, 2012 (3): 64-67.

[225] 高雷, 李博. 入侵植物凤眼莲研究现状及存在的问题 [J]. 植物生态学报, 2004 (6): 735-752.

[226] 谭彩云, 林玉满, 陈祖亮. 凤眼莲净化水中重金属的研究 [J]. 亚热带资源与环境学报, 2009 (1): 47-52.

[227] 易锋. 复合污染下大藻和凤眼莲对重金属的吸收和富集特征 [D]. 昆明理工大学, 2011.

[228] Ma L Q, Komar K M, Tu C, et al. A fern that hyperaccumulates arsenic [J]. Nature, 2001, 409 (6820): 579.

[229] 陈同斌, 韦朝阳, 黄泽春, 等. 砷超富集植物蜈蚣草及其对砷的富集特征 [J]. 科学通报, 2002 (3): 207-210.

[230] 陈同斌, 黄泽春, 黄宇营, 等. 蜈蚣草羽叶中砷及植物必需营养元素的分布特点 [J]. 中国科学 (C辑: 生命科学), 2004 (4): 304-309.

[231] 夏汉平, 孔国辉, 敖惠修, 等. 4 种草本植物对油页岩矿渣土中铅镉的吸收特性比较试验研究 [J]. 农村生态环境, 2000 (4): 28-32.

[232] 张崇邦, 王江, 柯世省, 等. 五节芒定居对尾矿砂重金属形态、微生物群落功能及多样性的影响 [J]. 植物生态学报, 2009 (4): 629-637.

[233] Baginska B, Milne-Home W, Cornish P S. Modelling nutrient transport in Currency Creek, NSW with AnnAGNPS and PEST [J]. Environmental Modelling & Software, 2003, 18 (8): 801-808.

[234] Shrestha S, Babel M S, Das Gupta A, et al. Evaluation of annualized agricultural nonpoint source model for a watershed in the Siwalik Hills of Nepal [J]. Environmental Modelling & Software, 2006, 21 (7): 961-975.

[235] Polyakov V, Fares A, Kubo D, et al. Evaluation of a non-point source pollution model, AnnAGNPS, in a tropical watershed [J]. Environmental Modelling & Software, 2007, 22 (11): 1617-1627.

[236] Das S, Rudra R P, Gharabaghi B, et al. Applicability of AnnAGNPS for Ontario conditions [J]. Canadian Biosystems Engineering, 2008, 50 (1): 1-11.

[237] Yuan Y, Locke M A, Bingner R L. Annualized agricultural non-point source model application for Mississippi Delta Beasley Lake watershed conservation practices assessment [J]. journal of soil and water conservation, 2008, 63 (6): 542-551.

[238] Chahor Y, Casalí J, Giménez R, et al. Evaluation of the AnnAGNPS model for predicting runoff and sediment yield in a small Mediterranean agricultural watershed in Navarre (Spain) [J]. Agricultural Water Management, 2014, 134: 24-37.